OBJECT-ORIENTED PYTHON

OBJECT-ORIENTED
PYTHON
以GUI和遊戲程式學物件導向程式設計

Irv Kalb 著／H&C 譯

no starch press

獻給我的妻子 Doreen。
妳維繫連結了我們一家人。

在多年前，我說「我願意娶您」，
但我的意思是「我永遠都願意」。

作者簡介

Irv Kalb 是 UCSC Silicon Valley Extension 和矽谷大學（前身為 Cogswell 理工學院）的兼職教授，他在那裡教授 Python 入門和物件導向的程式設計課程。Irv 擁有電腦科學學士和碩士學位，30 多年來一直使用多種不同的電腦程式語言進行物件導向程式開發，並從事教學工作 10 多年，他擁有多年的軟體開發經驗，專注於教育軟體的開發。是 Furry Pants Productions 的成員，他和他的妻子根據 Darby the Dalmatian 這個角色創作發行了兩張寓教於樂的光碟作品。Irv 也是《Learn to Program with Python 3: A Step-by-Step Guide to Programming (Apress)》一書的作者。

Irv 積極參與了 Ultimate Frisbee® 終極飛盤運動的早期推廣，他領導並編寫了許多版本的官方規則說明書，並與人合著和自行出版了第一本關於終極飛盤運動的書《Ultimate: Fundamentals of the Sport》。

技術審校者簡介

Monte Davidoff 是一位獨立的軟體開發顧問。他的專業領域包括 DevOps 和 Linux。Monte 使用 Python 開發程式已有 20 多年的經驗，他使用 Python 開發了很多種軟體，其中包括商業領域的關鍵業務應用程式和嵌入式軟體等。

致謝

我要感謝以下這些幫助我成功出版這本書的人們：

Al Sweigart，讓我能活用 pygame（尤其是他開發的「Pygbutton」程式碼），並允許我運用他的「Dodger」遊戲的概念。

Monte Davidoff，他教導我如何利用放在 GitHub、Sphinx 和 ReadTheDocs 上的原始程式碼和相關說明文件來正確建構應用程式。他創造了很多奇蹟，使用過無數的工具來讓適當的檔案能順利提交到網路上。

Monte Davidoff（是的，同一個人），因為他是一位出色的技術審校者。Monte 為本書中提出了很多出色的技術和寫作建議，由於他的建議和評論，書中的許多程式碼範例更加符合 Pythonic 和 OOP-ish 風格。

Tep Sathya Khieu，書中非常出色的相關圖解和圖表都是由他繪製的。我不是藝術家，但 Tep 能夠把我原本以鉛筆素描的草圖變成清晰、一致的藝術作品。

Harrison Yung、Kevin Ly 和 Emily Allis，感謝他們在一些遊戲藝術中的創作和貢獻。

Illya Katsyuk、Jamie Kalb、Gergana Angelova 和 Joe Langmuir 都是初稿的審稿人，他們發現並修正了許多錯別字，也為本書的修訂提出了極好的建議。

本書的所有參與編輯人員：Liz Chadwick（開發編輯）、Rachel Head（文案編輯）和 Kate Kaminski（製作編輯）。他們對本書大綱提出質疑和修正建議，對我在改寫和重組的概念與寫作解釋上有很大的貢獻。他們在文句的標點符號方面也給與了很多幫助，讓我更能掌握「which」與「that」的使用，並更加了解逗號以及破折號的使用時機，很感謝他們！另外還要感謝 Maureen Forys（組稿編排人員）對本書版面編排成果的寶貴貢獻。

多年來在 UCSC Silicon Valley Extension 和矽谷大學（前身為 Cogswell 理工學院）上過我課程的所有學生。他們的反饋、建議、微笑、皺眉、發呆、沮喪、會意的點頭，甚至豎起大拇指（在 COVID 疫情下的網路 Zoom 課程中），對於本書的內容和我的整體教學風格非常有幫助。

最後是我的家人，他們在我「編寫、測試、編輯、重寫、編輯、除錯、編輯、重寫、編輯 … …」這本書和相關程式碼的漫長過程中支持我，沒有他們我真的做不到。我不確定圖書館是否有足夠的書，所以我又寫了一本！

簡介

這本書的主題是關於**物件導向程式設計（OOP，object-oriented programming）**的軟體開發技術以及如何讓它與 Python 搭配運用。在 OOP 之前，程式設計師使用的開發方法是稱為**程序式程式設計（procedural programming）**，也稱為**結構化程式設計（structured programming）**，此方法涉及建構一組函式（程序）並透過呼叫這些函式來傳遞資料。而本書主講的 OOP 範式為程式設計師提供了一種更有效率的做法，可以把程式碼和資料組合成具有高度可重用的內聚單元。

在準備編寫本書時，我對現有的文獻和網路上的視訊教學進行了廣泛的研究，特別關注了解釋說明這個重要且範圍廣泛的方法論。我發現老師和作者們通常會從定義某些關鍵術語開始：**類別（class）**、**實例變數（instance variable）**、**方法（method）**、**封裝（encapsulation）**、**繼承（inheritance）**、**多型（polymorphism）**等等。

雖然這些都是重要的觀念，而我也會在本書中深入介紹這些觀念，但我會以不同的方式著手：會利用「我們要解決什麼問題？」這個題目來思考，也就是說，如果 OOP 是解決方案，那麼問題是什麼呢？為了回答這個題目，我會先展示一些以程序式程式設計所建構的程式範例，並確定這種做法的複雜性，然後再向您展示物件導向的做法，讓您了解怎麼樣才能讓此類程式的建構變得更容易。此外這種程式本身很容易維護。

本書適用對象

本書適用於已經熟悉 Python 並能使用 Python 標準程式庫中基本函式的讀者。我假設您已了解 Python 語言的基本語法，並且能夠使用變數、指定值陳述句、if/elif/else 陳述句、while 和 for 迴圈、函式和函式呼叫、串列、字典等等語法。如果您對所有這些基本概念還不太熟悉，那麼我建議您閱讀我之前寫的書《Learn to Program with Python 3》（Apress 出版）。

本書的內容算是中階的程度，因此有許多更高階的主題是不會討論的，例如，為了保持本書的實用性，我不會詳細介紹 Python 的內部實作。為了讓書中的知識簡單明瞭，並專注於掌握 OOP 的技術，書中的程式範例都是使用 Python 的常用功能來編寫的，雖然 Python 還有更高階、更簡潔的寫法，但超出了本書的適用範圍。

我所介紹的 OOP 底層細節是獨立於程式語言的，但會指出 Python 和其他 OOP 語言之間的差異。透過本書所學習到的 OOP 風格的程式設計基礎知識和技術，也能夠輕鬆地套用到其他 OOP 語言中。

Python 版本與安裝

本書中的所有範例程式碼都是使用 Python 3.6 到 3.9 版本編寫和測試的。所有範例程式都適用於 3.6 或更高版本。

Python 可在 https://www.python.org 網站免費取得。如果您還沒有安裝 Python，或者您想升級到最新版本，請連到該網站，找到「Download」標籤，然後按下 **Download** 鈕，這樣就能把安裝檔下載到您的電腦。連按二下剛才下載的檔案就能安裝 Python。

> **NOTE**
>
> 我知道「PEP 8 – Style Guide for Python」指引中其對變數和函式名稱是使用 snake_case 大小寫的慣例來命名。但是，在 PEP 8 出來之前，我已經使用駝峰式（camelCase）命名慣例很多年，而且在我的職涯中已經習慣了這種方式。因此，本書的所有變數和函式名稱都是以駝峰式的慣例來命名。

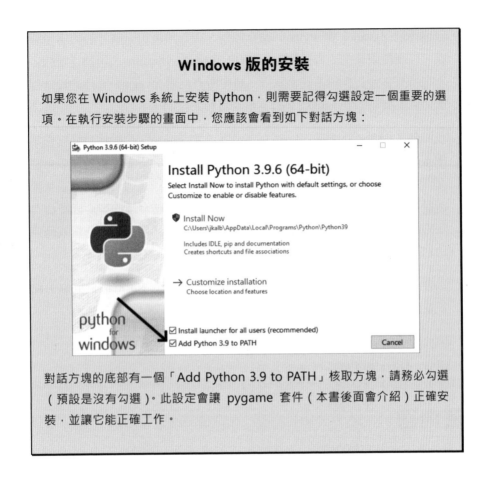

Windows 版的安裝

如果您在 Windows 系統上安裝 Python，則需要記得勾選設定一個重要的選項。在執行安裝步驟的畫面中，您應該會看到如下對話方塊：

對話方塊的底部有一個「Add Python 3.9 to PATH」核取方塊，請務必勾選（預設是沒有勾選）。此設定會讓 pygame 套件（本書後面會介紹）正確安裝，並讓它能正確工作。

我會怎麼樣解釋說明 OOP 這個觀念？

前幾章的例子使用文字式互動的 Python 程式來解說，這些範例程式會從使用者那裡獲取輸入資料，並以純文字的形式向使用者輸出資訊。我會透過展示怎麼開發這種文字式實體物件模擬的程式碼，以此來講述和介紹 OOP 觀念。我們一開始是以電燈開關、調光開關和電視遙控器為例，並把它們製作成「物件」來表示，隨後講解怎麼使用 OOP 來模擬銀行帳戶和控制多個帳戶。

在學習了 OOP 的基礎知識後，我會介紹 pygame 模組，這個模組允許程式設計師開發 GUI（圖形使用者介面）的遊戲程式和應用程式。在 GUI 型式的程式中，使用者可以直觀地與按鈕、核取方塊、文字輸入和輸出欄位以及其他對使用者友善的小元件進行互動。

我選擇把 pygame 與 Python 結合運用，因為這種組合讓我能使用螢幕上的元素，以高度視覺化的方式來展示 OOP 的觀念。pygame 的可攜性很強，幾乎可以在所有平台和作業系統上執行。書中所有使用 pygame 套件的範例程式都是使用最近發布的 pygame 2.0 版本來編寫和測試的。

我開發了一個名為 pygwidgets 的套件，它與 pygame 一起搭配並實作了許多基本 widgets 小工具，所有這些小工具都是使用 OOP 方法建構的。我會在本書後面介紹這個套件，並提供可以執行和試用的範例程式碼。這種方法會讓讀者學習到物件導向關鍵概念的真實和實用範例，同時結合這些技術來製作有趣、好玩的遊戲程式。我還會介紹我開發的 pyghelpers 套件，其中的程式碼能用來協助您編寫開發更複雜的遊戲程式和應用程式。

本書中顯示的所有範例程式碼和相關資源都可以從 No Starch 的官方網站單獨下載：https://www.nostarch.com/object-orientated-python/。

這些程式碼也可以從我的 GitHub 倉庫中逐章取得：https://github.com/IrvKalb/Object-Oriented-Python-Code/。

本書內容

本書分為四篇。

Part 1 篇介紹物件導向程式設計：

- 第 1 章回顧了程序式程式設計的做法。這裡會展示如何實作文字型的紙牌遊戲程式，並模擬銀行系統對一個或多個帳戶執行相關操作。在此過程中，我會討論程序式方法的常見問題。

- 第 2 章介紹了類別和物件，並展示如何使用類別在 Python 中表示現實世界的物件，並以電燈開關或電視遙控器為例來示範。您將會學到怎麼用物件導向的方法來解決第一章中強調的問題。

- 第 3 章介紹了兩個心智模型，當您在 Python 中建立物件時，可以利用它們來思考幕後發生的事情。我們會使用 Python Tutor 逐步執行程式碼並觀察物件是怎麼建立的。

■ 第 4 章介紹物件管理器物件的概念，示範處理同一類型多個物件的標準方法。我們會使用類別來擴充銀行帳戶程式的模擬範例，並展示如何使用例外來處理錯誤。

Part 2 篇把焦點放在使用 pygame 建構 GUI 程式：

■ 第 5 章介紹了 pygame 套件和程式設計的事件驅動模型。我們會建構一些簡單的程式來幫助您開始在 Windows 視窗中放置影像圖型並處理鍵盤和滑鼠的輸入，隨後還會開發更為複雜的球彈跳 ball-bouncing 程式。

■ 第 6 章更詳細介紹在 pygame 程式怎麼運用 OOP 的概念。我們將以 OOP 風格重寫 ball-bouncing 程式，並開發一些簡單的 GUI 元素。

■ 第 7 章介紹 pygwidgets 模組，此模組中含有許多標準 GUI 元素（按鈕、核取方塊等）的完整實作，每一種都可當作一個類別來進行開發。

Part 3 篇深入探討 OOP 的主要原則：

■ 第 8 章討論封裝，這個概念涉及對外部程式碼隱藏實作細節並將所有相關方法放在一個地方——那就是放在「類別」中。

■ 第 9 章介紹多型——多個類別可以有相同名稱的方法——並展示了多型如何讓您能夠呼叫多個物件中的方法，而且不必知道每個物件的型別。我們會建構一個 Shapes 程式來示範這個概念。

■ 第 10 章介紹繼承，此概念允許您建立一組子類別，而這些子類別都共用內建在基礎類別中的通用程式碼，不必重新發明輪子再重複建立類似的類別功能。我們會介紹繼承應用的實際範例，例如實作一個只接受數字的輸入欄位，然後重寫之前的 Shapes 範例程式來使用此功能。

■ 第 11 章透過討論一些其他重要的 OOP 主題來總結這一篇的內容，這些主題大多與記憶體管理相關。我們會觀察一個物件的生命週期，並以一個實例來解說，這裡會建構一個小型的氣球遊戲程式來示範。

Part 4 篇探討了與在遊戲開發中使用 OOP 相關的幾個主題：

■ 第 12 章展示如何把第 1 章中開發的紙牌遊戲重新建構成以 pygame 為基礎的 GUI 程式。這一章還會展示如何建構可在開發其他紙牌遊戲中能重複使用的 Deck 和 Card 類別。

■ 第 13 章討論了時間的處理。我們會開發不同的計時器類別，允許程式在持續執行中同步檢查給定的時間限制。

■ 第 14 章解說可用於顯示影像序列的動畫類別。我們會探究兩種動畫技術：從一組單獨的影像檔來建構動畫，以及從單個拼合圖檔中擷取和使用多個影像。

■ 第 15 章解釋了狀態機的概念，狀態機可以用來表示和控制程式的流程。另外還解說場景管理器，您可以使用它來建構具有多個場景的程式。為了示範其中每種程式的用法，我們會建構兩個版本的 Rock、Paper、Scissors 遊戲程式。

■ 第 16 章討論了不同類型的模態互動對話方塊，這是另一個重要的使用者互動功能。隨後會逐步建構一個名為 Dodger 的全功能電玩遊戲程式，此程式是以 OOP 為基礎來建構的，該遊戲程式示範了書中所講述的許多技術。

■ 第 17 章介紹了設計模式的概念，重點介紹說明了 MVC 模式（Model View Controller pattern），隨後製作了一個擲骰子的程式，該程式是使用 MVC 模式允許使用者以多種不同的方式來視覺化處理和呈現資料。另外這裡也為本書做簡短的學習總結。

開發環境

在本書中，您只需要最低限度地使用命令列來安裝軟體。所有安裝說明都會清楚地寫出來，因此無需學習其他命令列的語法。

我強烈建議使用互動式開發環境（IDE，interactive development environment），而不是使用命令列進行開發。IDE 為我們處理了底層作業系統的許多細節，允許我們對單個程式來編寫、編輯和執行程式碼。IDE 通常是跨平台的，允許程式設計師輕鬆地從 Mac 移到 Windows 的電腦，反之亦然。

書中的簡短範例程式可以在安裝 Python 所內附的 IDLE 開發環境中執行。IDLE 使用起來非常簡單，很適合編寫單個檔案的程式。當我們遇到需要使用多個 Python 檔案的更複雜的程式時，我建議您使用更強大的開發環境來配合，我使用的是 JetBrains PyCharm 開發環境，它可以更輕鬆地處理多個檔案的程式專案。社群版可從網站：https://www.jetbrains.com/ 免費取得，我強烈推薦它。PyCharm 還有一個完全整合的 debugger，在編寫大型程式時非常有用。有關如何使用 debugger 的更多資訊，請參閱 YouTube 視訊「Debugging Python 3 with PyCharm」，網址為 https://www.youtube.com/watch?v=cxAOSQQwDJ4&t=43s/。

Widgets 小工具和範例遊戲程式

本書介紹並提供了兩個 Python 套件：pygwidgets 和 pyghelpers。使用這些套件，您就能夠建構完整的 GUI 程式。但更重要的是，您會了解各個 widgets 小工具是怎麼寫成一個類別並當作物件來使用。

書中的範例遊戲程式的開發會搭配結合各種 widgets 小工具，一開始會以相對簡單的例子來說明，隨後範例程式逐漸加強而變得複雜。第 16 章會引導您開發和實作一個功能齊全的電玩遊戲程式，還能儲存遊戲得分記錄到檔案中。

學習到本書的最後，您應該能夠寫出自己的遊戲程式，像紙牌遊戲程式、或是像 Pong、Hangman、Breakout、Space Invaders 等風格的電玩遊戲程式。物件導向程式設計會讓您能夠寫出使用者介面的相關應用，讓您輕鬆顯示和控制介面中相同類型的多個項目元素，這也是電玩遊戲程式中經常需要的功能。

物件導向程式設計是一種通用的開發風格，可用於程式開發的各個層面，遠遠超出我在本書開發電玩遊戲程式所示範的 OOP 技術。我由衷希望讀者覺得這種學習 OOP 的方式很有趣。

讓我們開始這趟學習的旅程吧！

目錄

第 3 章　物件的心智模式與 Self 的意義　　53

第 4 章　管理多個物件　　63

PART 2　使用 Pygame 開發 圖形使用者介面（GUI）程式

第 5 章　Pygame 入門

第 6 章　物件導向 Pygame　　　　133

第 7 章　Pygame GUI widgets 小工具　　　　157

PART 1

物件導向程式設計入門

本書的這一篇是物件導向程式設計的入門簡介。我們會先介紹程序式程式碼固有的問題，然後再探究物件導向程式設計是怎麼解決這些問題。思考「物件（狀態和行為）」會讓您對於怎麼編寫程式有一個全新的視角。

第 1 章回顧了程序式 Python 程式的寫法。我會先展示了一個名為「Higher or Lower」的文字型比大小紙牌遊戲程式，然後再以較為複雜一點的銀行帳戶為例，透過 Python 實作來讓您更好地理解以程序式風格編寫程式時會碰到的常見問題。

第 2 章展示了怎麼在 Python 中使用類別來表示現實世界的物件。我們會編寫程式來模擬電燈的開關，然後修改加入調光功能，接著繼續開發更複雜的電視遙控器模擬程式。

第 3 章的內容提供了兩種不同的方式來思考在 Python 中建立物件時幕後所發生的事情。

第 4 章展示了處理多個相同型別物件的標準方法（以一個簡單的銀行帳戶為例，從一個帳戶到多個帳戶的變化）。本章會擴充第 1 章中的銀行帳戶程式範例，探討物件管理器物件、如何處理錯誤、介面等主題。

1

程序式的 Python
程式範例

入門介紹性質的課程和書籍通常都會使用程序式程式設計風格來教授軟體開發,其中就有講述把程式拆分為多個函式(也有稱為程序或次程式)。您把資料傳遞給函式,而函式會執行一個或多個運算,然後傳回結果。

本書則介紹另一種不同的程式設計範式,稱之為**物件導向程式設計**(OOP,**object oriented programming**),這種設計範式允許程式設計師以不同的方式來思考如何建構軟體。物件導向程式設計為程式設計師提供了一種把程式碼和資料組合成內聚單元的方法,從而避免了程序式程式設計中固有的一些複雜性問題。

我會透過建構兩個含有各種 Python 結構的小程式來回顧 Python 的一些基礎概念。第一個範例名稱為「Higher or Lower」的小型紙牌遊戲程式;第二個範例為模擬銀行的程式,對一個、兩個和多個帳戶執行銀行業務的相關操作。

兩者都會使用程序式程式設計的方法來建構,也就是使用資料和函式的標準技術來實作。隨後我還會利用 OOP 技術重寫這些程式。本章的目的是展示程序式程式設計中固有的一些關鍵問題,有了這種認知和理解後,接下來的章節會講解 OOP 是怎麼解決這些問題。

Higher or Lower 比大小紙牌遊戲

我的第一個範例是簡單的紙牌遊戲程式,名稱叫做 Higher or Lower(比大小遊戲)。在這個遊戲中,從一副牌中隨機挑選 8 張牌。第一張牌面朝上,遊戲要求玩家預測選中的下一張牌是否會比目前顯示的牌面「大(Higher)」或「小(Lower)」。舉例來說,假設顯示的牌面是 3,玩家選「大(Higher)」,然後翻開下一張牌。如果那張牌面的值真的比較大,則玩家猜對。在這個例子中,如果玩家選了「小(Lower)」,那就表示猜錯了。

如果玩家猜對了,就會得到 20 分,如果猜錯了,就扣 15 分。若下一張翻出的牌面與前一張的牌面大小相同,則算玩家猜錯。

表示資料

這支程式需要表示一副 52 張紙牌的資料,我會建構為一個串列(list)來進行處理。串列的 52 個元素中的每一個都是一個字典值(一組鍵/值對)。為了能表示任何一張紙牌,每個字典會有三個鍵/值對:牌名「rank」、花色「suit」和牌面值「value」。rank 是紙牌的名稱(Ace, 2, 3, ... 10, Jack, Queen, King),而 value 則是牌面的整數值(1, 2, 3, ... 10, 11, 12, 13)。例如,梅花 J(Jack of Clubs)會表示為以下字典:

```
{'rank': 'Jack', 'suit': 'Clubs', 'value': 11}
```

在玩家玩一輪之前,代表牌組的串列被建立並洗牌,讓牌的順序隨機化。我沒有讓紙牌以圖形來表示,所以每次使用者選擇「大(Higher)」或「小(Lower)」時,程式都會從牌組中取得牌的字典並為使用者印出 rank 和 suit,然後程式把新牌的牌面值與前一張牌的牌面值進行比較,並根據使用者猜答的正確性給出反饋。

實作

Listing 1-1 顯示了「Higher or Lower」遊戲的程式碼內容。

> **NOTE**
>
> 提醒一下，本書中所有相關的程式碼檔案都可從 https://www.nostarch.com/
> object-orientated-python/ 或是作者的倉庫：https://github.com/IrvKalb/Object-
> Oriented-Python-Code/ 下載。您可以下載並執行範例程式碼，也可以自己練
> 習輸入這些程式碼範例檔。

↳ 檔案：HigherOrLowerProcedural.py

Listing 1-1：使用程序式 Python 所編的 Higher or Lower 遊戲程式

```python
#  HigherOrLower

import random

# 紙牌常數
SUIT_TUPLE = ('Spades', 'Hearts', 'Clubs', 'Diamonds')
RANK_TUPLE = ('Ace', '2', '3', '4', '5', '6', '7', '8', '9', '10', 'Jack', 'Queen',
'King')

NCARDS = 8

# 傳入一個牌組，此函式會從牌組中返回一張隨機的牌
def getCard(deckListIn):
    thisCard = deckListIn.pop() # 從牌組頂端彈出一張牌並將其返回
    return thisCard

# 傳入一個牌組，此函式會返回牌組的洗牌後的副本
def shuffle(deckListIn):
    deckListOut = deckListIn.copy()   # 對起始牌組進行複製
    random.shuffle(deckListOut)
    return deckListOut

#  主程式
print('Welcome to Higher or Lower.')
print('You have to choose whether the next card to be shown will be higher or lower
than the current card.')
print('Getting it right adds 20 points; get it wrong and you lose 15 points.')
print('You have 50 points to start.')
print()

startingDeckList = []
for suit in SUIT_TUPLE: ❶
    for thisValue, rank in enumerate(RANK_TUPLE):
        cardDict = {'rank':rank, 'suit':suit, 'value':thisValue + 1}
        startingDeckList.append(cardDict)
```

```
score = 50

while True:  # 進行多次遊戲
    print()
    gameDeckList = shuffle(startingDeckList)
❷ currentCardDict = getCard(gameDeckList)
    currentCardRank = currentCardDict['rank']
    currentCardValue = currentCardDict['value']
    currentCardSuit = currentCardDict['suit']
    print('Starting card is:', currentCardRank + ' of ' + currentCardSuit)
    print()

❸ for cardNumber in range(0, NCARDS):    # 玩多張牌中的一場
        answer = input('Will the next card be higher or lower than the ' +
                                currentCardRank + ' of ' +
                                currentCardSuit + '?  (enter h or l): ')
        answer = answer.casefold()  # 強制轉成小寫字母
    ❹ nextCardDict = getCard(gameDeckList)
        nextCardRank = nextCardDict['rank']
        nextCardSuit = nextCardDict['suit']
        nextCardValue = nextCardDict['value']
        print('Next card is:', nextCardRank + ' of ' + nextCardSuit)

    ❺ if answer == 'h':
            if nextCardValue > currentCardValue:
                print('You got it right, it was higher')
                score = score + 20
            else:
                print('Sorry, it was not higher')
                score = score - 15

        elif answer == 'l':
            if nextCardValue < currentCardValue:
                score = score + 20
                print('You got it right, it was lower')

            else:
                score = score - 15
                print('Sorry, it was not lower')

        print('Your score is:', score)
        print()
        currentCardRank = nextCardRank
        currentCardValue = nextCardValue  # 不需要目前的花色

❻ goAgain = input('To play again, press ENTER, or "q" to quit: ')
    if goAgain == 'q':
        break

print('OK bye')
```

這支程式會先建立一個作為串列來放牌組❶。每張牌都是一個由 rank、suit 和
value 組成的字典。對於每一輪遊戲，我從牌堆中取出第一張牌並將其字典的
元件儲存在變數中❷。對於接下來的 7 張牌，要求使用者猜測下一張牌比最近

出現的牌是大或是小❸。從牌堆中取出下一張牌，並將其字典的元件儲存到第二組變數中❹。遊戲把使用者的猜答與抽出的牌面值進行比較，並根據結果給予使用者反饋和分數❺。當使用者已經完成所有 7 張牌的猜答，我們會詢問是否要再次玩一次❻。

這支程式展示了許多程式設計的元素，特別是 Python 的變數、指定值陳述語、函式和函式呼叫、if/else 陳述句、print 陳述句、while 迴圈、串列、字串和字典等。本書是假設讀者對此範例中顯示的這些內容已有一定程度的熟悉。如果此程式中有任何您還不熟悉或不清楚的，那麼在繼續之前，您可能需要花一點時間查閱或複習相關的素材。

可重用程式碼

由於這是一款以紙牌為基礎的遊戲程式，因此程式碼顯然會建立和模擬一副紙牌的相關操作。如果我們想編寫另一種以紙牌為基礎的遊戲，能夠重用牌組和紙牌的程式碼會是很好的事情。

在程序式的程式中，通常很難完全識別出與程式某部分相關聯的所有程式碼片段，例如本範例中的牌組和紙牌的程式碼。在 Listing 1-1 中，牌組的程式碼由兩個元組常數、兩個函式、主程式中一些用來建構全域串列的相關程式碼所組成。全域串列中第一個是用來表示 52 張牌的起始牌組，而另一個全域串列則是用來表示正在玩的牌組。此外還請留意，就算在這樣的小程式中，資料和操作資料的程式碼也可能不會緊密地組合在一起。

因此，在另一支程式中重用牌組和紙牌的程式碼並不是那麼容易或直接。在第 12 章中，我們會重新審視這支程式，並展示 OOP 的解決方案，讓您了解以 OOP 開發的程式碼在重用時會怎麼變得更加容易的。

銀行帳戶模擬程式

在程序式程式碼的第二個範例中，我會展示模擬銀行營運的多個變體版本的程式碼，在程式的每個新版本中，我都會新增更多功能進去。請注意，這些程式並不符合真實上線執行，因為有無效的使用者輸入或誤用會造成錯誤。這裡程式的焦點放在讓您專注於程式碼與一個或多個銀行帳戶所關聯的資料進行互動交流。

首先是考量客戶想要對銀行帳戶進行哪些操作，以及代表的帳戶需要放入哪些資料。

分析所需的操作和資料

假設使用者想要對銀行帳戶進行的相關操作包括：

- 建立一個帳戶（create an account）

- 存款（deposit）

- 提款（withdraw）

- 查看餘額（check balance）

接下來是代表銀行帳戶所需的資料中至少要有：

- 顧客姓名

- 密碼

- 餘額

請留意，上述列出的所有操作都是動作（動詞），所有資料項目都是事物（名詞）。真實的銀行帳戶當然可以進行更多的操作，以及放入更多額外的資料（例如帳戶持有人的地址、電話和社會安全號碼），但為了讓書中的說明能更簡單清楚表達，我就以上述列出的 4 個動作和 3 個資料為起始。此外，為了保持範例的簡單和集中，所有金額的值都設為整數美元。另外還要提醒一點，在真實的銀行應用程式中，密碼不會像範例是以明文（未加密）的形式來儲存。

實作 1：單個帳戶且還沒有使用函式

在 Listing 1-2 一開始的版本中只有單個帳戶。

🖹 檔案：Bank1_OneAccount.py
Listing 1-2：單個帳戶的銀行模擬程式

```
# Non-OOP
# Bank Version 1
# 單個帳戶
```

```
accountName = 'Joe' ❶
accountBalance = 100
accountPassword = 'soup'

while True:
 ❷ print()
    print('Press b to get the balance')
    print('Press d to make a deposit')
    print('Press w to make a withdrawal')
    print('Press s to show the account')
    print('Press q to quit')
    print()

    action = input('What do you want to do? ')
    action = action.lower()  # 強制轉成小寫字母
    action = action[0]  # 只用第一個字母
    print()

    if action == 'b':
        print('Get Balance:')
        userPassword = input('Please enter the password: ')
        if userPassword != accountPassword:
            print('Incorrect password')
        else:
            print('Your balance is:', accountBalance)

    elif action == 'd':
        print('Deposit:')
        userDepositAmount = input('Please enter amount to deposit: ')
        userDepositAmount = int(userDepositAmount)
        userPassword = input('Please enter the password: ')

        if userDepositAmount < 0:
            print('You cannot deposit a negative amount!')

        elif userPassword != accountPassword:
            print('Incorrect password')

        else:  #OK
            accountBalance = accountBalance + userDepositAmount
            print('Your new balance is:', accountBalance)

    elif action == 's':  # 顯示
        print('Show:')
        print('      Name', accountName)
        print('      Balance:', accountBalance)
        print('      Password:', accountPassword)
        print()

    elif action == 'q':
        break

    elif action == 'w':
        print('Withdraw:')
```

```
        userWithdrawAmount = input('Please enter the amount to withdraw: ')
        userWithdrawAmount = int(userWithdrawAmount)
        userPassword = input('Please enter the password: ')

        if userWithdrawAmount < 0:
            print('You cannot withdraw a negative amount')

        elif userPassword != accountPassword:
            print('Incorrect password for this account')

        elif userWithdrawAmount > accountBalance:
            print('You cannot withdraw more than you have in your account')

        else:   #OK
            accountBalance = accountBalance - userWithdrawAmount
            print('Your new balance is:', accountBalance)

print('Done')
```

這支程式會先初始化三個變數來表示一個帳戶的資料❶。隨後顯示一個允許選擇操作的功能表❷。程式的主要程式碼直接作用於全域帳戶變數。

在這個例子中,所有的動作都放在一個主要層級中,程式碼中沒有函式。該程式執行良好,只是看起來可能有點長。想要讓較長的程式能更清晰且結構分明,其典型的做法是將某些功能相關的程式碼移到函式中,並在用到時呼叫這些函式。我們會在下一個實作銀行模擬程式的專案中對此進行探討。

實作 2:單個帳戶且有使用函式

在 Listing 1-3 的程式版本中,程式碼被分解為多個單獨的函式,每項功能對應一個函式。與前面程式相同的是這個模擬程式也只針對單個帳戶。

↰ 檔案:Bank2_OneAccountWithFunctions.py
Listing 1-3:單個帳戶且有函式的銀行模擬程式

```
# Non-OOP
# Bank 2
# 單個帳戶


accountName = ''
accountBalance = 0
accountPassword = ''

def newAccount(name, balance, password):  ❶
    global accountName, accountBalance, accountPassword
    accountName = name
```

```
    accountBalance = balance
    accountPassword = password

def show():
    global accountName, accountBalance, accountPassword
    print('        Name', accountName)
    print('        Balance:', accountBalance)
    print('        Password:', accountPassword)
    print()

def getBalance(password):  ❷
    global accountName, accountBalance, accountPassword
    if password != accountPassword:
        print('Incorrect password')
        return None
    return accountBalance

def deposit(amountToDeposit, password):  ❸
    global accountName, accountBalance, accountPassword
    if amountToDeposit < 0:
        print('You cannot deposit a negative amount!')
        return None

    if password != accountPassword:
        print('Incorrect password')
        return None

    accountBalance = accountBalance + amountToDeposit
    return accountBalance

def withdraw(amountToWithdraw, password):  ❹
  ❺ global accountName, accountBalance, accountPassword
    if amountToWithdraw < 0:
        print('You cannot withdraw a negative amount')
        return None

    if password != accountPassword:
        print('Incorrect password for this account')
        return None

    if amountToWithdraw > accountBalance:
        print('You cannot withdraw more than you have in your account')
        return None

  ❻ accountBalance = accountBalance - amountToWithdraw
    return accountBalance

newAccount("Joe", 100, 'soup')  # 建立一個帳戶

while True:
    print()
    print('Press b to get the balance')
    print('Press d to make a deposit')
    print('Press w to make a withdrawal')
    print('Press s to show the account')
```

```
    print('Press q to quit')
    print()

    action = input('What do you want to do? ')
    action = action.lower()  # 強制轉成小寫
    action = action[0]  # 只使用第一個字母
    print()

    if action == 'b':
        print('Get Balance:')
        userPassword = input('Please enter the password: ')
        theBalance = getBalance(userPassword)
        if theBalance is not None:
            print('Your balance is:', theBalance)

❼ elif action == 'd':
        print('Deposit:')
        userDepositAmount = input('Please enter amount to deposit: ')
        userDepositAmount = int(userDepositAmount)
        userPassword = input('Please enter the password: ')

    ❽ newBalance = deposit(userDepositAmount, userPassword)
        if newBalance is not None:
            print('Your new balance is:', newBalance)

---版面有限，省略呼叫對應函式的其他程式碼---

print('Done')
```

在這個版本中，我為銀行帳戶確定的每項操作（建立❶、檢查餘額❷、存款❸和提款❹）建構了一個函式，並重新排放了程式碼的位置，以便讓主程式部分可以取用呼叫對應其操作的函式。

從結果來看，主程式更具可讀性。舉例來說，如果使用者鍵入 d 表示他們想要存款❼，程式碼會呼叫名為 deposit() 的函式❸，傳入要存款的金額和使用者輸入的帳戶密碼。

不過，如果您查看任何一個函式的定義（例如，withdraw() 函式），您會看到程式碼是使用 global 陳述句❺來存取（取得或設定）代表帳戶的變數。在 Python 的語法中，只當您想更改函式中全域變數的值時才需要用到 global 陳述句。而我在這裡使用這種語法是為了更清楚地表明這些函式所參照指到的是全域變數，就算只是取得某個值也一樣。

以一般程式設計的原則來看，函式是不應該修改全域變數。函式應該只使用傳給它的資料，根據該資料進行運算，並返回一個或多個結果。在這支程式中的

withdraw() 函式確實能用，但是它違反了這個規則，它裡面修改了全域變數 accountBalance 的值❻（另外也存取了全域變數 accountPassword 的值）。

實作 3：兩個帳戶的版本

在 Listing 1-4 的程式版本中的銀行模擬程式使用與 Listing 1-3 相同的方法，但增加了處理兩個帳戶的能力。

↳ 檔案：Bank3_TwoAccounts.py
Listing 1-4：兩個帳戶且有函式的銀行模擬程式

```python
# Non-OOP
# Bank 3
# 兩個帳戶

account0Name = ''
account0Balance = 0
account0Password = ''
account1Name = ''
account1Balance = 0
account1Password = ''
nAccounts = 0

def newAccount(accountNumber, name, balance, password):
❶   global account0Name, account0Balance, account0Password
    global account1Name, account1Balance, account1Password

    if accountNumber == 0:
        account0Name = name
        account0Balance = balance
        account0Password = password
    if accountNumber == 1:
        account1Name = name
        account1Balance = balance
        account1Password = password

def show():
❷   global account0Name, account0Balance, account0Password
    global account1Name, account1Balance, account1Password

    if account0Name != '':
        print('Account 0')
        print('      Name', account0Name)
        print('      Balance:', account0Balance)
        print('      Password:', account0Password)
        print()
    if account1Name != '':
        print('Account 1')
        print('      Name', account1Name)
```

```
          print('        Balance:', account1Balance)
          print('        Password:', account1Password)
          print()

def getBalance(accountNumber, password):
❸   global account0Name, account0Balance, account0Password
    global account1Name, account1Balance, account1Password

    if accountNumber == 0:
        if password != account0Password:
            print('Incorrect password')
            return None
        return account0Balance
    if accountNumber == 1:
        if password != account1Password:
            print('Incorrect password')
            return None
        return account1Balance

---以下省略其他 deposit() 和 withdraw() 函式的程式碼---

---以下省略主程式呼叫上述函式的程式碼---

print('Done')
```

就算只有兩個帳戶，您也會看到這種設計和編寫程式的方式很快就會失控。首先我們要為每個帳戶設定三個全域變數，分別在❶、❷和❸的位置。此外，每個函式現在都有一個 if 陳述句來判別要存取或更改哪一組全域變數。將來若是想要再添加另一個帳戶時，我們都需要在每個函式中添加另一組全域變數和更多的 if 陳述句來判定要處理哪個帳戶。這根本不是可行的開發設計方法。我們需要一種不同的方式來處理多個帳戶。

實作 4：使用串列的多個帳戶版本

為了能更輕鬆地容納多個帳戶，在 Listing 1-5 中，我會用串列來代表資料。我在這個版本的程式中會使用三個平行串列（parallel list）：accountNamesList、accountPasswordsList 和 accountBalancesList。

↳檔案：Bank4_N_Accounts.py
Listing 1-5：使用平行串列的銀行模擬程式

```
# Non-OOP Bank
# Version 4
# 多個帳戶：使用串列
```

```
accountNamesList = [] ❶
accountBalancesList = []
accountPasswordsList = []

def newAccount(name, balance, password):
    global accountNamesList, accountBalancesList, accountPasswordsList
    accountNamesList.append(name)
❷   accountBalancesList.append(balance)
    accountPasswordsList.append(password)

def show(accountNumber):
    global accountNamesList, accountBalancesList, accountPasswordsList
    print('Account', accountNumber)
    print('      Name', accountNamesList[accountNumber])
    print('      Balance:', accountBalancesList[accountNumber])
    print('      Password:', accountPasswordsList[accountNumber])
    print()

def getBalance(accountNumber, password):
    global accountNamesList, accountBalancesList, accountPasswordsList
    if password != accountPasswordsList[accountNumber]:
        print('Incorrect password')
        return None
    return accountBalancesList[accountNumber]

---版面有限，不印出其他函式---

# 建立兩個樣本帳戶
print("Joe's account is account number:", len(accountNamesList)) ❸
newAccount("Joe", 100, 'soup')

print("Mary's account is account number:", len(accountNamesList)) ❹
newAccount("Mary", 12345, 'nuts')

while True:
    print()
    print('Press b to get the balance')
    print('Press d to make a deposit')
    print('Press n to create a new account')
    print('Press w to make a withdrawal')
    print('Press s to show all accounts')
    print('Press q to quit')
    print()

    action = input('What do you want to do? ')
    action = action.lower()  # force lowercase
    action = action[0]  # just use first letter
    print()

    if action == 'b':
        print('Get Balance:')
      ❺ userAccountNumber = input('Please enter your account number: ')
        userAccountNumber = int(userAccountNumber)
        userPassword = input('Please enter the password: ')
```

```
        theBalance = getBalance(userAccountNumber, userPassword)
        if theBalance is not None:
            print('Your balance is:', theBalance)

---版面有限，不印出其他的使用者介面的程式碼---

print('Done')
```

在程式開始時，我把三個串列設定為空串列❶。將來在建立新帳戶時，我會把適當的值新增到三個串列中的每一個適當的位置❷。

由於現在的程式需要處理多個帳戶，因此我會使用最基本的銀行帳戶編號概念來處理。每次使用者建立帳戶時，程式碼都會對其中一個串列使用 len() 函式來取得長度值，並返回這個數字值當作使用者的帳戶編號❸❹。當我為第一位使用者建立帳戶時，accountNamesList 的長度為 0。因此，建立的第一個帳戶編號就會被指定為 0，第二個帳戶編號則指定為 1，依此類推。隨後就像在真實的銀行一樣，建立帳戶之後就可進行任何操作（如存款或提款），但使用者必須提供他們的帳戶編號❺。

不過在這裡的程式碼仍是處理全域資料，這個範例有三個全域資料的串列。

請想像一下，若以表格的形式來檢視這些資料，那排放的方式有可能類似於表 1-1 所示。

表 1-1：帳戶的資料表

Account number	Name	Password	Balance
0	Joe	soup	100
1	Mary	nuts	3550
2	Bill	frisbee	1000
3	Sue	xxyyzz	750
4	Henry	PW	10000

資料存放在三個全域的 Python 串列，其中每個串列代表此表中的一欄。舉例來說，正如從上表反白顯示的那一欄中所看到的那樣，所有密碼（password）值都被分組放在一個串列中。使用者的名稱（name）則被分組到在另一個串列內，而餘額（Balance）被分組到在第三個串列。使用這種方法後，若想要取得有關一個帳戶的全部資訊，您需要使用索引值分別存取這些串列中的值。

雖然這種處理方式可行，但似乎有點尷尬，資料並未按照正常邏輯來分組。舉例來說，把所有使用者的密碼放在一起似乎不太對。此外，每次想要在帳戶中加入新的屬性（例如地址或電話號碼）時，您都需要建立和存取其他全域串列才能配合。

相反地，您真正想要的存放方式應該像表 1-2 這樣，在表格中以橫向一列來進行分組。

表 1-2：帳戶的資料表

Account number	Name	Password	Balance
0	Joe	soup	100
1	Mary	nuts	3550
2	**Bill**	**frisbee**	**1000**
3	Sue	xxyyzz	750
4	Henry	PW	10000

使用這種方法來分析，每一列所代表的就是與單個銀行帳戶關聯的資料。雖然都是相同的資料，但這種分組方式能更自然地表示帳戶的內容。

實作 5：使用帳戶字典串列的版本

為了實作最後的版本，我會使用稍微複雜一點的資料結構。在這個版本中，我將建立一個帳戶串列，其中每個帳戶（串列的每個元素）都是一個字典，如下所示：

```
{'name':<someName>, 'password':<somePassword>, 'balance':<someBalance>}
```

NOTE
在本書中的程式碼內，每當我在尖括號（<>）中表示某個值時，這代表著您應該改用您選擇的值來替換該項目（包括括號）。舉例來說，在前面的程式碼行中，<someName>、<somePassword> 和 <someBalance> 是佔位符號，應讓替換成您使用的實際值。

最後實作版本的程式碼展示在 Listing 1-6 中。

↳ 檔案：Bank5_Dictionary.py
Listing 1-6：使用字典串列的銀行模擬程式

```python
# Non-OOP Bank
# Version 5
# 多個帳戶：使用字典串列

accountsList = []  ❶

def newAccount(aName, aBalance, aPassword):
    global accountsList
    newAccountDict = {'name':aName, 'balance':aBalance, 'password':aPassword}
    accountsList.append(newAccountDict)  ❷

def show(accountNumber):
    global accountsList
    print('Account', accountNumber)
    thisAccountDict = accountsList[accountNumber]
    print('      Name', thisAccountDict['name'])
    print('      Balance:', thisAccountDict['balance'])
    print('      Password:', thisAccountDict['password'])
    print()

def getBalance(accountNumber, password):
    global accountsList
    thisAccountDict = accountsList[accountNumber]  ❸
    if password != thisAccountDict['password']:
        print('Incorrect password')
        return None
    return thisAccountDict['balance']

---版面有限，不印出 deposit() 和 withdraw() 函式---

# 建立二個樣本帳戶
print("Joe's account is account number:", len(accountsList))
newAccount("Joe", 100, 'soup')

print("Mary's account is account number:", len(accountsList))
newAccount("Mary", 12345, 'nuts')

while True:
    print()
    print('Press b to get the balance')
    print('Press d to make a deposit')
    print('Press n to create a new account')
    print('Press w to make a withdrawal')
    print('Press s to show all accounts')
    print('Press q to quit')
    print()

    action = input('What do you want to do? ')
    action = action.lower()  # 強制轉成字寫
    action = action[0]  # 只用第一個字母
    print()
```

```
    if action == 'b':
        print('Get Balance:')
        userAccountNumber = input('Please enter your account number: ')
        userAccountNumber = int(userAccountNumber)
        userPassword = input('Please enter the password: ')
        theBalance = getBalance(userAccountNumber, userPassword)
        if theBalance is not None:
            print('Your balance is:', theBalance)

    elif action == 'd':
        print('Deposit:')
        userAccountNumber= input('Please enter the account number: ')
        userAccountNumber = int(userAccountNumber)
        userDepositAmount = input('Please enter amount to deposit: ')
        userDepositAmount = int(userDepositAmount)
        userPassword = input('Please enter the password: ')

        newBalance = deposit(userAccountNumber, userDepositAmount, userPassword)
        if newBalance is not None:
            print('Your new balance is:', newBalance)

    elif action == 'n':
        print('New Account:')
        userName = input('What is your name? ')
        userStartingAmount = input('What is the amount of your initial deposit? ')
        userStartingAmount = int(userStartingAmount)
        userPassword = input('What password would you like to use for this account? ')

        userAccountNumber = len(accountsList)
        newAccount(userName, userStartingAmount, userPassword)
        print('Your new account number is:', userAccountNumber)

---版面有限，不印出使用者介面的程式碼---

print('Done')
```

使用這種方法就可以在單個字典中找到與一個帳戶相關聯的所有資料❶。若想要建立一個新帳戶，我們建構一個字典並將其新增到帳戶串列❷即可。每個帳戶都會分配一個數字編號（一個簡單的整數值），在對該帳戶執行任何操作時必須提供這個帳戶編號。舉例來說，使用者在存款時要提供帳戶的編號，get Balance() 函式會使用該編號作為帳戶串列的索引❸。

這樣的做法會清理很多東西，讓資料的組織更加合乎邏輯。但程式中的每個函式仍然必須去存取全域的帳戶串列。正如我們會在下一節中學到的，授予函式存取所有帳戶資料的權限會帶來潛在的安全風險。在理想情況下，每個函式應該只能影響單個帳戶的資料。

程序式實作的常見問題

本章中的範例程式都有一個共同的問題：函式操作的所有資料都儲存在一個或多個全域變數中。由於以下原因，在程序式程式設計中使用大量的全域資料是不好的設計習慣：

1. 任何使用和（或）更改全域資料的函式都不能輕易地在不同的程式中重用。存取全域資料的函式是對放在與函式本身程式碼不同（更高）層級的資料進行操作，該函式會需要一個 global 陳述句來存取這些資料。您無法直接取用一個依賴於全域資料的函式並在另一程式中重用。這樣的函式只能在具有相似全域資料的程式中重複使用。

2. 許多程序式的程式往往有大量的全域變數。根據定義，全域變數可以被程式中任何地方的任何程式碼使用或更改。對全域變數指定值的寫法通常會廣泛分佈在整個程序式的程式中，包括在主程式和函式內部。因為變數的值會在任何地方發生變化，以這種方式來編寫的程式在除錯和維護都非常困難。

3. 為了使用全域資料而設計編寫的函式通常會存取超過本身需要的資料內容。當函式使用全域串列、字典或任何其他全域資料結構時，它能存取該資料結構中的所有資料，但函式應該只需要對該資料的某部分（或少量）進行操作。能夠讀取和修改大型資料結構中的所有資料可能會造成錯誤，例如意外使用或覆蓋了函式不打算接觸的某些資料。

物件導向的解決方案：第一個類別

Listing 1-7 是一種物件導向的開發方法，它把單個帳戶的所有程式碼和相關資料結合起來。這裡有很多新的概念觀點，我會從下一章開始詳細介紹這些新的概念。目前我並不希望您能完全理解這個範例程式，但請留意，在這個腳本（稱為**類別**）中有程式碼和資料的結合成果。這是您在本書中看到的第一個物件導向程式碼。

↳ 檔案：Account.py
Listing 1-7：第一個以 Python 編寫的類別範例程式碼

```python
# Account class

class Account():
    def __init__(self, name, balance, password):
        self.name = name
        self.balance = int(balance)
        self.password = password

    def deposit(self, amountToDeposit, password):
        if password != self.password:
            print('Sorry, incorrect password')
            return None

        if amountToDeposit < 0:
            print('You cannot deposit a negative amount')
            return None

        self.balance = self.balance + amountToDeposit
        return self.balance

    def withdraw(self, amountToWithdraw, password):
        if password != self.password:
            print('Incorrect password for this account')
            return None

        if amountToWithdraw < 0:
            print('You cannot withdraw a negative amount')
            return None

        if amountToWithdraw > self.balance:
            print('You cannot withdraw more than you have in your account')
            return None

        self.balance = self.balance - amountToWithdraw
        return self.balance

    def getBalance(self, password):
        if password != self.password:
            print('Sorry, incorrect password')
            return None
        return self.balance

    # 用來除錯所顯示的內容
    def show(self):
        print('        Name:', self.name)
        print('        Balance:', self.balance)
        print('        Password:', self.password)
        print()
```

現在請看一下這些函式，看看它們與之前的程序式的程式範例有何相似之處。這些函式的名稱與前面程式碼中所用的大致相同：show()、getBalance()、deposit() 和 withdraw()，但您還會看到 self（或 self.）這個字貫穿整支程式碼，您會在本書接下來的章節中了解這個字所代表的什麼意思。

總結

本章是從名為「Higher or Lower」比大小紙牌遊戲程式的實作開始。在第 12 章中我會展示如何製作這個紙牌遊戲的圖形使用介面物件導向版本。

接著介紹了模擬銀行相關操作的程式，從單個帳戶到多個帳戶的版本。這裡討論了使用程序式實作所模擬的幾種不同方法，並描述了這些方法所產生的一些問題。最後則是展示第一個以物件導向方法所編寫的類別，以這個類別來模擬銀行帳戶和相關操作。

2

使用 OOP 對實體物件
進行塑模

在本章中，我會介紹物件導向程式設計（OOP）背後的一般概念。這裡會先展示一個以程序式程式設計風格所編寫的簡單範例程式，接著介紹 OOP 程式碼的最基礎觀念：類別，並解釋類別的元素是怎麼一起協同工作的。隨後還會把原本的程序式範例程式改寫成物件導向風格的類別，並展示如何從類別中建立物件。

在本章的其餘部分則會介紹一些用來表示實體物件越來越複雜的類別，以此來示範 OOP 是怎麼解決我們在第 1 章中遇到的程序式程式設計所產生的問題。這樣會讓您對底層的物件導向概念有一個紮實的理解，也能提升您的程式設計技巧。

建構實體物件的軟體模型

為了描述我們日常生活中的實體物件（physical object），我們經常參照引用它的屬性。在談論桌子時，您可能會描述桌子的顏色、尺寸、重量、材料等。某些物件的屬性只適用於該物件本身而不適用於其他物件。一輛車可以用它有幾個門來描述，但一件襯衫就不能這麼描述。一個盒子可以是密封的或打開的，空的或滿的，但這些特徵就不適用於一塊木頭。此外，某些物件能夠執行動作，例如汽車可以前進、後退、左轉或右轉。

為了在程式碼中對現實世界的物件進行建模，我們需要決定哪些資料會用來代表該物件的屬性以及它可以執行哪些操作。這兩個概念分別稱為物件的**狀態**（**state**）和**行為**（**behavior**）：狀態是物件記住的資料，而行為是物件可以做的動作。

狀態和行為：以電燈開關程式為例

Listing 2-1 是一個用 Python 編寫的標準雙位電燈開關的軟體模型。這是個簡單的範例，但程式會示範怎麼表現狀態和行為。

↳ 檔案：LightSwitch_Procedural.py
Listing 2-1：以程序式程式碼編寫的電燈開關模型

```
# 程序式電燈開關程式

def turnOn(): ❶
    global switchIsOn
    # 開燈
    switchIsOn = True

def turnOff(): ❷
    global switchIsOn
    # 關燈
    switchIsOn = False


# 主程式
switchIsOn = False  # 全域布林變數 ❸

# 測試程式碼
print(switchIsOn)
turnOn()
print(switchIsOn)
turnOff()
```

```
print(switchIsOn)
turnOn()
print(switchIsOn)
```

開關的切換只能處於以下兩個位置之一：開或關。為了對「狀態」建模，我們需要一個布林變數，此變數命名為 switchIsOn❸，其值為 True 表示開啟，False 表示關閉。當開關出廠時，預設狀態是處於在關閉位置，因此最初把 switchIsOn 設為 False。

接下來，我們看看「行為」是怎麼處理的。這個開關只能執行兩個動作：「開啟」和「關閉」。因此，我們建構了兩個函式 turnOn() ❶和 turnOff() ❸，它們分別會把布林變數的值設為 True 和 False。

我在最後新增了一些測試程式碼來進行幾次開啟和關閉。輸出正是我們所期望的結果：

```
False
True
False
True
```

這是個非常簡單的範例，但從這樣的小函式開始可以更容易過渡到 OOP 方法。正如第 1 章中所說明的，因為使用了全域變數來表示狀態（在本例中為 switchIsOn 變數），所以這段程式碼僅適用於單個電燈開關，但設計編寫函式的主要目標之一是製作出可重用的程式碼。因此，我會使用物件導向程式設計來重新建構電燈開關的程式，但這裡需要先講述一些基礎理論。

簡介類別和物件

了解物件是什麼以及運作原理的第一步是了解類別和物件之間的關係。稍後我會列出正式的定義，但現在我們先把類別看成是範本或藍圖，用於定義物件在建立時所要呈現的樣貌。我們會從類別來建立物件。

以一個例子來比喻，請想像一下我們現在要進行按需烘焙蛋糕的業務。以「按需」字面意思來看，只有在看到訂單時才製作蛋糕。我們是專門烘焙圓環磅蛋糕，所以花了很多時間開發如圖 2-1 中的蛋糕烤盤，以確保烘焙出來的蛋糕不僅美味而且外觀一致。

烤盤定義了我們製作出來的圓環磅蛋糕樣貌，但它肯定不是蛋糕本身。這裡的烤盤就可以比喻成「類別」。在收到訂單後，我們用烤盤製作出一個圓環磅蛋糕（圖 2-2）。這個蛋糕是利用蛋糕烤盤製作出來的物件。

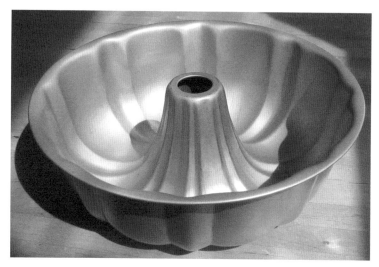

圖 2-1：蛋糕烤盤可以比喻為類別

圖 2-2：蛋糕可以比喻為物件，是由蛋糕烤盤類別所製成的

利用烤盤可以製作出任意數量的蛋糕，而蛋糕可能有不同的屬性，比如有不同的口味、不同類型的糖霜，以及巧克力片等可選擇的附加內容，但所有的蛋糕都來自同一個蛋糕烤盤。

表 2-1 提供了一些真實世界的其他範例，可以幫助讀者了解類別和物件之間的關係。

表 2-1：真實世界中類別和物件的各種範例

類別	從類別製作的物件
屋子的藍圖	屋子
列在菜單上的三明治	您手上的三明治
用於製造 25 美分硬幣的模具	25 美分硬幣
作者寫書的手稿	發行出去的實體書或電子書

類別、物件和實例化

讓我們看看這在程式碼中是怎麼運作的。

類別（class）
定義物件會記下來的內容（它的資料或狀態）以及能夠做的事情（它的功能或行為）的程式碼。

為了講解類別的樣貌，接下來就以一個寫成類別的電燈開關程式碼來說明：

```
# OO_LightSwitch

class LightSwitch():
    def __init__(self):
        self.switchIsOn = False

    def turnOn(self):
        # 開燈
        self.switchIsOn = True

    def turnOff(self):
        # 關燈
        self.switchIsOn = False
```

我們稍後會詳細介紹其寫法，在這裡需要注意的是，這段程式碼定義了一個變數 self.switchIsOn，它在一個函式中進行初始化，另外還包含兩個對應開關行為的函式：turnOn() 和 turnOff()。

如果您寫了這個類別的程式碼並嘗試執行，那結果好像什麼也沒發生，就像您執行了一個只寫了函式而沒有對函式進行呼叫的 Python 程式一樣。您必須明確告知 Python 要從類別中建立一個物件。

若想要從 LightSwitch 類別建立一個 LightSwitch 物件，我們通常會寫出下面的程式行：

```
oLightSwitch = LightSwitch()
```

這行程式代表著：找到 LightSwitch 類別，從該類別建立一個 LightSwitch 物件，並將生成的物件指定給變數 oLightSwitch。

> **NOTE**
>
> 在本書的命名慣例中，這個代表物件的變數名稱是使用小寫字母 o 為前置。在寫程式時這種命名方式並不是必需的，但這樣的寫法能提醒我們，變數代表一個物件。

您會在 OOP 中會常常遇到的另一個詞是「**實例（instance）**」。實例和物件這兩個詞本質上是可以互換的，但準確的說法是，LightSwitch 物件是 LightSwitch 類別的一個實例。

實例化（instantiation）
從類別建立物件的處理過程。

在前面的指定值陳述句中，我們透過實例化的過程從 LightSwitch 類別建立了一個 LightSwitch 物件。我們也可以將「實例化」當作動詞來看：我們從 LightSwitch 類別實例化了一個 LightSwitch 物件。

以 Python 語法編寫一個類別

接著討論類別的不同部分以及實例化和使用物件的細節。Listing 2-2 顯示了 Python 語法寫出來之類別的通用形式。

↳ Listing 2-2：以 Python 寫出來之類別的典型樣貌

```
class <ClassName>():

    def __init__(self, <optional param1>, ..., <optional paramN>):
        # 實例化的程式碼放在這裡

    # 存取資料的函式
    # 函式的形式：

    def <functionName1>(self, <optional param1>, ..., <optional paramN>):
        # 函式本體

    # ... 更多函式

    def <functionNameN>(self, <optional param1>, ..., <optional paramN>):
        # 函式本體
```

這裡是從一個 class 陳述句開始類別的定義，該語法指定您為類別所取的名稱。類別名稱的慣例是使用駝峰式大小寫來命名的，第一個字母大寫（如 LightSwitch）。在名稱之後可以選擇性加入一組括號，但該陳述句必須以冒號結尾，表示接下來要開始放入類別的本體（我會在第 10 章討論繼承時深入說明括號的相關細節內容）。

在類別的本體中是可以定義任意數量的函式。所有函式都被視為是類別的一部分，定義函式時的程式碼必須內縮。各個函式代表的是從類別建立的物件可以執行的一些行為。所有函式都必須至少有一個參數，按照慣例命名為 self（我會在第 3 章解釋這個名稱的含義）。OOP 中的函式還有一個特別的名稱：**方法**（**method**）。

> **方法**（method）
> 定義在類別的函式。方法通常至少會有一個參數，其名稱通常為 self。

每個類別中的第一個方法應該要取 __init__ 這個特別的名稱。每當您從類別建立一個物件時，這個方法就會自動執行。因此，無論何時從類別實例化一個物件，此方法所放置的程式碼應該都是您想要執行的任何初始化處理邏輯。名稱 __init__ 是 Python 為這項工作保留的，它必須完全照這樣取名，在 init 單字（必須是小寫的）之前和之後有兩個底線。實際上，__init__() 方法並不是嚴格要求一定要放入。但常把它寫進去來進行相關初始化的處理是一種良好的習慣。

NOTE

當您從類別中實例化一個物件時，Python 會為您建構物件（配置記憶體空間）。__init__() 這個特別的方法是「initializer」的縮寫，您可以在方法中為變數指定初始值（大多數其他 OOP 語言需要一個名為 new() 的方法來進行，通常是指建構函式）。

範圍與實例變數

在程序式程式設計中，有兩個主要級別的範圍：在主程式中建立的變數具有**全域**範圍，在程式中的任何地方都可使用，而在函式內部建立的變數則是**區域**範圍，只有在函式執行時才存在。當函式結束退出時，所有區域變數（具有區域範圍的變數）都會消失。

物件導向程式設計和類別則引入了第三層的範圍，通常這稱為**物件範圍**，有時也稱為**類別範圍**或**實例範圍**（這個名稱較少用），但它們都代表著同一件事：範圍由類別定義中的所有程式碼組成的。

方法中可以同時具有區域變數和**實例變數**。在方法內任何名稱不以 self. 開頭的變數就是區域變數，當該方法結束退出時就會消失，這表示類別中的其他方法不能再使用該變數。實例變數具有物件範圍，意味著它們讓類別中的所有方法使用。實例變數和物件範圍是理解物件怎麼記憶資料的關鍵。

實例變數（instance variable）

在方法中，其名稱按照慣例是以 self. 當作前置開頭的所有變數（例如，self.x）。實例變數具有物件範圍。

就像區域變數和全域變數一樣，實例變數在第一次被指定值時建立，不需要任何特別宣告。__init__() 方法是放置初始化實例變數處理邏輯的位置。這裡以一個類別範例來說明，其中 __init__() 方法把實例變數 self.count（讀作「self dot count」）初始化為 0，而另一個 increment() 方法則是把 self.count 加 1：

```python
class MyClass():
    def __init__(self):
        self.count = 0 # 建立 self.count 並設定為 0
    def increment(self):
        self.count = self.count + 1 # 對變數加 1
```

當您從 MyClass 類別實例化一個物件時，__init__() 方法會執行並把實例變數 self.count 的值設為 0。隨後若呼叫 increment() 方法，self.count 的值會從 0 變為 1，如果再次呼叫 increment()，則值會從 1 變為 2，之後若再呼叫則不斷加 1 下去。

從類別建立的每個物件都有自己的一組實例變數，與從該類別實例化的其他物件相互獨立。以 LightSwitch 類別來看，只有一個實例變數 self.switchIsOn，因此每個 LightSwitch 物件都有自己的 self.switchIsOn。因此，您可以擁有多個 LightSwitch 物件，而每個物件的 self.switchIsOn 變數都有自己獨立的 True 或 False 值。

函式和方法的區別

回顧一下，函式和方法之間存有三個關鍵的區別：

1.　類別的所有方法都必須在 class 陳述句之下，並內縮排放。

2.　所有方法都有一個特別的第一參數，（按照慣例）命名為 self。

3.　類別中的方法可以使用實例變數，寫成 self.<變數名稱> 形式即可使用。

現在您知道什麼是方法了，我將向您展示如何從類別中建立物件以及如何使用類別中可用的不同方法。

從類別建立物件

正如我之前所說，類別只是定義了物件的外觀樣貌。若要使用一個類別，您必須告知 Python 從這個類別建立一個物件。執行此操作的典型語法是使用如下指定值陳述句：

```
<object> = <ClassName>(<optional arguments>)
```

這行程式碼牽扯了一系列的處處理步驟，最後 Python 會返回一個新的類別實例，您通常會把返回值指定存放到一個變數中。隨後該變數就指到這個生成的物件。

實例化的過程

圖 2-3 顯示了從 LightSwitch 類別實例化生成 LightSwitch 物件所涉及的處理步驟，從指定值陳述句開始進入 Python，隨後到類別的程式碼，然後再次經由 Python 退出，最後返回指定值陳述句。

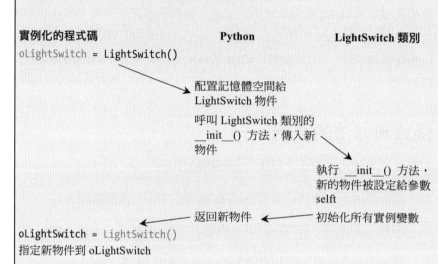

圖 2-3：實例化物件的過程

這個過程包括五個步驟：

1. 我們的程式碼要求 Python 從 LightSwitch 類別建立一個物件。

2. Python 為 LightSwitch 物件配置記憶體空間，然後呼叫 LightSwitch 類別的 __init__() 方法，傳入新建立的物件。

3. LightSwitch 類別的 __init__() 方法執行。新的物件被設定給參數 selft。__init__() 的程式碼會初始化物件中的所有實例變數（在本例中為實例變數為 self.switchIsOn）。

4. Python 把新物件返回給原始的呼叫方。

5. 原始呼叫的返回結果被指定給 oLightSwitch 變數，所以變數現在代表的是一個物件。

您可以透過兩種方式來讓類別變成可取用的程式：您可以把類別的程式碼與主程式放在同一個程式檔案內，或者您可以把類別的程式碼放在外部檔案，並使用 import 陳述句引入這個檔案的內容。我會在本章中展示第一種方法，在第 4 章則會展示第二種方法。唯一的規則是類別的定義必須放在實例化物件程式碼之前。

呼叫物件的方法

從類別建立物件之後，要呼叫物件的方法可利用下面這個通用的語法：

```
<object>.<methodName>(<any arguments>)
```

Listing 2-3 中列出了 LightSwitch 類別以及從該類別實例化物件的程式碼，另外還有透過呼叫其 turnOn() 和 turnOff() 方法來開啟和關閉 LightSwitch 物件的程式碼。

↳ 檔案：OO_LightSwitch_with_Test_Code.py
Listing 2-3：建立物件並呼叫其方法的 LightSwitch 類別和測試程式碼

```python
# OO_LightSwitch

class LightSwitch():
    def __init__(self):
        self.switchIsOn = False

    def turnOn(self):
        # 開燈
        self.switchIsOn = True

    def turnOff(self):
        # 關燈
        self.switchIsOn = False

    def show(self):  # 新增這個函式來測試
        print(self.switchIsOn)

# Main code
oLightSwitch = LightSwitch()  # 建立一個 LightSwitch 物件

#  呼叫方法
oLightSwitch.show()
oLightSwitch.turnOn()
oLightSwitch.show()
oLightSwitch.turnOff()
```

```
oLightSwitch.show()
oLightSwitch.turnOn()
oLightSwitch.show()
```

程式一開始是建立一個 LightSwitch 物件並將其指定給 oLightSwitch 變數。隨後使用該變數呼叫 LightSwitch 類別中可用的方法。我們會把這些程式行讀作「oLightSwitch dot show」、「oLightSwitch dot turnOn」等。如果我們執行這段程式碼，它會輸出：

```
False
True
False
True
```

請回想一下，這個類別有一個名為 self.switchIsOn 的實例變數，但是當同一個物件的不同方法執行時，它的值會被記住而且很容易存取。

從同一個類別建立多個實例

OOP 的一個關鍵特性是可以從一個類別實例化出多個物件，就像您可以從圓環磅蛋糕的烤盤製作出很多很多蛋糕是同一個道理。

因此，如果您想要有兩個、三個或更多個電燈開關物件，您可以從 LightSwitch 類別中建立這些物件，如下所示：

```
oLightSwitch1 = LightSwitch() # 建立一個電燈開關物件
oLightSwitch2 = LightSwitch() # 建立另一個電燈開關物件
```

這裡的重點是，您從類別建立的每個物件都是擁有和維護自己的資料。在這種情況下，oLightSwitch1 和 oLightSwitch2 都有自己的實例變數 self.switchIsOn。您對某個物件的資料所做的任何修改是不會影響另一個物件的資料。您可以使用任一物件來呼叫類別中的任何方法。

Listing 2-4 中的範例建立了兩個電燈開關物件，並以各自的物件來呼叫方法。

↳ 檔案：OO_LightSwitch_Two_Instances.py
Listing 2-4：建立類別的兩個實例並以每個實例來呼叫方法

```
# OO_LightSwitch

class LightSwitch():
---版面有限，省略 LightSwitch 類別，此類別可參考 Listing 2-3---

# 主程式
oLightSwitch1 = LightSwitch() # 建立一個 LightSwitch 物件
oLightSwitch2 = LightSwitch() # 建立另一個 LightSwitch 物件

# 測試程式
oLightSwitch1.show()
oLightSwitch2.show()
oLightSwitch1.turnOn() # 把第 1 個開關開啟
# 第 2 個開關一開始應該是關閉的，但為了讓說明更清楚所以執行關閉
oLightSwitch2.turnOff()
oLightSwitch1.show()
oLightSwitch2.show()
```

上述程式執行後的輸出結果如下所示：

```
False
False
True
False
```

這段程式碼讓 oLightSwitch1 開啟，並讓 oLightSwitch2 關閉。請注意，類別中的程式碼並沒有全域變數。

各個 LightSwitch 物件都有自己的一組在類別中定義的實例變數（在這個範例只有一個）。

雖然與擁有兩個可用於做同樣事情的簡單全域變數相比，這似乎不是什麼巨大的改進，但這種技術運用的影響是巨大的。在第 4 章中您會對此有更好的理解，我會在這一章討論如何建立和維護由類別建構的大量實例。

Python 資料型別被實作為類別

您可能不會太訝異於 Python 中的所有內建資料型別都實作為類別。舉一個簡單的例子來說明：

```
>>> myString = 'abcde'
>>> print(type(myString))
<class 'str'>
```

我們把字串值指定給變數，當我們呼叫 type() 函式並印出結果時，會看到這是個 str 字串類別的實例。str 類別為我們提供了許多可以用字串來呼叫的方法，包括 myString.upper()、myString.lower()、myString.strip() 等。

串列的運作方式也很類似：

```
>>> myList = [10, 20, 30, 40]
>>> print(type(myList))
<class 'list'>
```

所有串列都是 list 類別的實例，它有很多方法可以用，包括 myList.append()、myList.count()、myList.index() 等。

當您編寫一個類別時，其實就是在定義一種新的資料型別。您的程式碼透過定義它維護哪些資料以及可以執行哪些操作來提供詳細的資訊。在建立類別的實例並將其指定給變數後，就可以利用 type() 內建函式來確定用於建立讓實例物件的類別是什麼，就像前面範例中所使用的內建資料型別一樣。這裡我們實例化一個 LightSwitch 物件並印出出它的資料型別：

```
>>> oLightSwitch = LightSwitch()
>>> print(type(oLightSwitch))
<class 'LightSwitch'>
```

就像 Python 的內建資料型別一樣，我們可以使用 oLightSwitch 變數來呼叫 oLightSwitch 類別中可用的方法。

物件的定義

為了總結這一小節，我會列出我對物作的正式定義。

物件
隨著時間的推移，資料和作用於該資料的程式碼。

類別定義實例化物件時物件的外觀樣貌。物件是一組實例變數以及實例化讓物件之類別中方法的程式碼。可以從一個類別來實例化出任意個物件，並且每個物件都有屬於自己的一組實例變數。當您以物件來呼叫其方法時，該方法的執行是以這個物件中的這組實例變數來進行處理。

建構一個稍微複雜的類別

讓我們以目前所介紹的概念為基礎，並透過第二個稍微複雜的範例來製作出調光開關的類別。調光開關除了開啟/關閉之外，還有一個影響燈光亮度的多位滑塊（multiposition slider）。

滑塊可用來切換在一系列亮度值。為了簡單起見，調光數值的滑塊有 11 個位置，從 0（完全關閉）到 10（完全打開）。想要最大程度地提高或降低電燈的亮度，您必須在設定移動滑塊的位置。

這個 DimmerSwitch 類別比前面的 LightSwitch 類別有更多的功能，而且還需要存放更多的資料：

■ 開關的狀態（開燈或關燈）

■ 亮度等級（0 到 10）

以下是 DimmerSwitch 物件可以執行的行為：

■ 開燈

■ 關燈

■ 調高亮度等級

■ 調低亮度等級

■ 顯示（用於除錯）

DimmerSwitch 類別使用前面 Listing 2-2 所列示的標準範本：它以一個 class 陳述句和一個名為 __init__() 的起始方法開始，隨後也定義了多個附加的方法，用於處理每種行為。該類別的完整程式碼如 Listing 2-5 所示。

↳ 檔案：DimmerSwitch.py
Listing 2-5：稍微複雜一點的 DimmerSwitch 類別

```
# DimmerSwitch class

class DimmerSwitch():
    def __init__(self):
        self.switchIsOn = False
        self.brightness = 0
```

```
    def turnOn(self):
        self.switchIsOn = True

    def turnOff(self):
        self.switchIsOn = False

    def raiseLevel(self):
        if self.brightness < 10:
            self.brightness = self.brightness + 1

    def lowerLevel(self):
        if self.brightness > 0:
            self.brightness = self.brightness - 1

    # 其他用於除錯的方法
    def show(self):
        print('Switch is on?', self.switchIsOn)
        print('Brightness is:', self.brightness)
```

在這個 __init__() 方法中有兩個實例變數：您已熟悉的 self.switchIsOn 和一個新的 self.brightness，它能存放亮度級別。我們為這兩個實例變數指定初始值。所有其他方法都可以存取這兩個實例變數目前存放的值。除了 turnOn() 和 turnOff() 之外，我們還為這個類別新增了兩個新方法：raiseLevel() 和 lower Level()，其功用正如其名，調高亮度等級和調低亮度等級。show() 方法是在開發和除錯期間使用，僅印出實例變數目前存放的值。

Listing 2-6 的主程式透過建立 DimmerSwitch 物件（oDimmer）來測試這個類別，隨後以此物件來呼叫各種方法。

↳ 檔案：OO_DimmerSwitch_with_Test_Code.py
Listing 2-6：DimmerSwitch 類別進行測試的程式碼

```
# DimmerSwitch class 和其測試程式碼

class DimmerSwitch():
---版面有限，省略 DimmerSwitch 類別的程式，請參閱 Listing 2-5---

# 主程式
oDimmer = DimmerSwitch()
# 開燈，並調高亮度 5 次
oDimmer.turnOn()
oDimmer.raiseLevel()
oDimmer.raiseLevel()
oDimmer.raiseLevel()
oDimmer.raiseLevel()
oDimmer.raiseLevel()
oDimmer.show()
```

```
# 調低亮度 2 次後關燈
oDimmer.lowerLevel()
oDimmer.lowerLevel()
oDimmer.turnOff()
oDimmer.show()

# 開燈，並調高亮度 3 次
oDimmer.turnOn()
oDimmer.raiseLevel()
oDimmer.raiseLevel()
oDimmer.raiseLevel()
oDimmer.show()
```

執行上述程式碼後的輸出結果如下所示：

```
Switch is on? True
Brightness is: 5
Switch is on? False
Brightness is: 3
Switch is on? True
Brightness is: 6
```

主程式建立 oDimmer 物件，然後呼叫各種方法。每次我們呼叫 show() 方法時，都會印出開關的狀態和亮度級別。這裡要記住的關鍵是 oDimmer 代表一個物件，它能存取實例化它的類別（DimmerSwitch 類別）中的所有方法，**並且**這個物件具有類別所定義的所有實例變數（self.switchIsOn 和 self.brightness）。同樣地，實例變數在呼叫物件的方法之間維持著存放的值，因此每次呼叫 oDimmer.raiseLevel() 時 self.brightness 實例變數都會加 1。

把更複雜的實體物件表示為一個類別

讓我們思考一個更複雜的實體物件：電視（TV）。透過這個更複雜的範例，我們會仔細研究引數在類別中的運作方式。

電視需要比電燈開關更多的資料來表示其狀態，並且它有更多的動作行為。若想要建立 TV 類別，我們必須思考使用者通常是怎麼使用 TV 以及 TV 必須記住的內容是什麼。讓我們看一下典型 TV 遙控器上的一些重要按鈕（圖 2-4）。

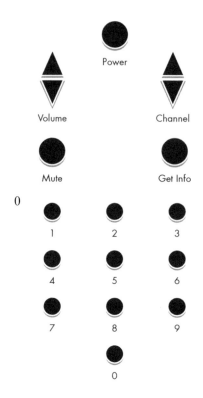

圖 2-4：簡易型的 TV 遙控器

由這個簡易型的 TV 遙控器來看，我們可以確定要追蹤其狀態，TV 類別必須維護以下資料：

■ 電源狀態（開或關）

■ 靜音狀態（是否靜音？）

■ 可用頻道的串列

■ 目前的頻道設定

■ 目前的音量設定

■ 可用的音量範圍

TV 必須提供的操作包括：

■ 開啟和關閉電源

- 提高和降低音量

- 頻道上下切變

- 靜音和取消靜音

- 取得有關目前設定的資訊

- 轉到指定的頻道

TV 類別的程式碼如 Listing 2-7 所示，這裡包括用於初始化的 __init__() 方法，然後是每個動作行為的方法。

✦ 檔案：TV.py

Listing 2-7：TV 類別中有多個實例變數和方法

```python
# TV 類別

class TV(): ❶
    def __init__(self):
        self.isOn = False
        self.isMuted = False
        # 一些預設頻道的串列
        self.channelList = [2, 4, 5, 7, 9, 11, 20, 36, 44, 54, 65]
        self.nChannels = len(self.channelList)
        self.channelIndex = 0
        self.VOLUME_MINIMUM = 0  # 常數
        self.VOLUME_MAXIMUM = 10  # 常數
        self.volume = self.VOLUME_MAXIMUM // 2  # 取整數的除法

    def power(self): ❷
        self.isOn = not self.isOn   # 切換

    def volumeUp(self):
        if not self.isOn:
            return
        if self.isMuted:
            self.isMuted = False  # 取消靜音時變更音量
        if self.volume < self.VOLUME_MAXIMUM:
            self.volume = self.volume + 1

    def volumeDown(self):
        if not self.isOn:
            return
        if self.isMuted:
            self.isMuted = False  # 取消靜音時變更音量
        if self.volume > self.VOLUME_MINIMUM:
            self.volume = self.volume - 1

    def channelUp(self): ❸
        if not self.isOn:
            return
```

```
            self.channelIndex = self.channelIndex + 1
            if self.channelIndex == self.nChannels:
                self.channelIndex = 0  # 繞回到第一個頻道

    def channelDown(self): ❹
        if not self.isOn:
            return
        self.channelIndex = self.channelIndex - 1
        if self.channelIndex < 0:
            self.channelIndex = self.nChannels - 1     # 繞回到最上面的頻道

    def mute(self): ❺
        if not self.isOn:
            return
        self.isMuted = not self.isMuted

    def setChannel(self, newChannel):
        if newChannel in self.channelList:
            self.channelIndex = self.channelList.index(newChannel)
        # 如果 newChannel 不在我們的頻道串列中，就不要動作

    def showInfo(self): ❻
        print()
        print('TV Status:')
        if self.isOn:
            print('   TV is: On')
            print('   Channel is:', self.channelList[self.channelIndex])
            if self.isMuted:
                print('   Volume is:', self.volume, '(sound is muted)')
            else:
                print('   Volume is:', self.volume)
        else:
            print('   TV is: Off')
```

__init__() 方法❶建立所有方法中會使用的實例變數，並為每個變數指定合理的初始值。從技術上來講，您可以在任何方法中建立實例變數，但在 __init__() 方法中定義所有實例變數是較良好的程式設計習慣，這樣的做法能避免還沒定義就嘗試在方法中使用實例變數的出錯風險。

power() 方法❷表示當您按下遙控器的電源按鈕時會發生的情況。如果電視是關閉狀態，按下電源按鈕則是打開；如果電視已打開，按下電源按鈕則會關閉。為了編寫設計這樣的操作行為，我使用了「**切換（toggle）**」的寫法，這是個布林值，用於表示兩種狀態之一，並且可以很容易地在兩者之間切換。透過這樣的切換，not 運算子會把 self.isOn 變數從 True 切換為 False，或是從 False 切換為 True。mute() 方法❺也做了類似的處理，self.muted 變數在靜音和非靜音之間切換，但首先必須檢查電視是否有打開。如果電視是關閉狀態，則呼叫 mute() 方法是沒有作用的。

需要注意的有趣事情是，我們並沒有真正追蹤目前頻道的值。相反地，我們追蹤的是目前頻道的**索引**（**index**），這可以讓我們透過使用 self.channelList[self.channelIndex] 隨時取得目前頻道的值。

channelUp() 方法❸和 channelDown() 方法❹基本上會遞增和遞減頻道索引，但其中也有一些巧妙的程式碼讓頻道循環繞回。如果您目前位於頻道串列中的最後一個索引且使用者要求轉到下一個頻道時，則電視會轉到串列的第一個頻道。如果您位於頻道串列中的第一個索引且使用者要求轉向前一個頻道時，則電視會轉到串列中的最後一個頻道。

showInfo() 方法❺根據實例變數的值（開/關、目前頻道、目前音量設定和靜音設定）印出電視的目前狀態。

在 Listing 2-8 的程式碼中，我們會建立一個 TV 物件並以讓物件來呼叫方法進行相關動作。

↳ 檔案：OO_TV_with_Test_Code.py
Listing 2-8：TV 類別和測試的程式碼

```
# TV 類別和測試的程式碼

---版面所限，省略 TV 類別，請參閱 Listing 2-7---

# 主程式
oTV = TV()  # 建立 TV 物件

# 打開 TV 並印出狀態
oTV.power()
oTV.showInfo()

# 上調二次頻道，並調高二次音量等級，然後印出狀態
oTV.channelUp()
oTV.channelUp()
oTV.volumeUp()
oTV.volumeUp()
oTV.showInfo()

# 關閉 TV，印出狀態，打開 TV，印出狀態
oTV.power()
oTV.showInfo()
oTV.power()
oTV.showInfo()

# 調低音量，按下靜音，印出狀態
oTV.volumeDown()
oTV.mute()
```

```
oTV.showInfo()

# 切換到 11 頻道，按下靜音，印出狀態
oTV.setChannel(11)
oTV.mute()
oTV.showInfo()
```

執行以上程式碼後，其輸出結果如下所示：

```
TV Status:
    TV is: On
    Channel is: 2
    Volume is: 5

TV Status:
    TV is: On
    Channel is: 5
    Volume is: 7

TV Status:
    TV is: Off

TV Status:
    TV is: On
    Channel is: 5
    Volume is: 7

TV Status:
    TV is: On
    Channel is: 5
    Volume is: 6 (sound is muted)

TV Status:
    TV is: On
    Channel is: 11
    Volume is: 6
```

所有方法都正常運作，我們得到了預期的輸出結果。

把引數傳給方法

呼叫任何函式時，引數（argument）的數量必須與匹配的 def 陳述句中列出的參數（parameter）數量相符匹配：

```
def myFunction(param1, param2, param3):
    # 函式的本體

# 呼叫函式：
myFunction(argument1, argument2, argument3)
```

相同的規則可套用到方法和方法的呼叫。但您可能有注意到，每次在呼叫方法時，似乎我們指定的引數會比參數的數量少一個。例如，TV 類別中 power() 方法的定義如下所示：

```
def power(self):
```

這表示 power() 方法期望傳入一個引數值，並且傳入的值都會指定給 self 變數。然而，當我們在 Listing 2-8 程式中打開 TV 時，是進行了以下的呼叫：

```
oTV.power()
```

當我們進行呼叫時，是不會在括號內以顯式方式傳入任何內容。

以 setChannel() 方法的情況來看，這看起來更是奇怪。該方法設計編寫成可以接受兩個參數：

```
def setchannel(self, newchannel):
    if newChannel in self.channelList:
        self.channelIndex = self.channelList.index(newChannel)
```

但我們呼叫 setChannel() 方法的方式如下：

```
oTV.setChannel(11)
```

似乎只傳入了一個值。

由於引數的數量（一個）和參數的數量（兩個）並不相符匹配，您可能會認為 Python 在此處會生成錯誤。但在實務中，Python 會做一些幕後工作來讓語法更容易理解。

讓我們驗證一下上述的看法是否正確。之前我說過要呼叫物件的方法，使用的是以下一般通用的語法：

```
<object>.<method>(<any arguments>)
```

Python 採用您在呼叫中指定的 <object> 並將其重新排放在第一個引數。方法呼叫的括號中的任何值都被視為後續引數。因此，Python 看到您所編寫的是：

```
<method of object>(<object>, <any arguments>)
```

圖 2-5 顯示了它在我們的範例程式碼中是如何運作的，同樣使用了 TV 類別的 setChannel() 方法來示範。

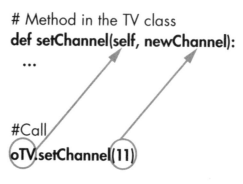

圖 2-5：呼叫方法

雖然看起來我們在這裡只提供了一個引數（用於 newChannel），但實際上是傳入了兩個引數：oTV 和 11，而且該方法提供了兩個參數來接收這些值（分別是 self 和 newChannel）。呼叫時，Python 會為我們重新排放引數。一開始這種方式可能看起來很奇怪，但很快就會習慣成自然了。以物件開頭來編寫呼叫會讓程式設計師更容易看到正在對哪個物件進行操作。

這是個微妙但很重要的特性。請記住，物件（在本範例中是 oTV）保留其所有實例變數的目前設定值。把物件作為第一個引數傳入這樣就能讓物件的方法使用該物件的實例變數的值來執行相關處理。

多個實例

每個方法在編寫時都以 self 作為第一個參數，因此 self 變數會接收每次呼叫中使用的物件。這有個重要的含義：它允許類別中的任何方法處理不同的物件。我會以一個範例來解釋它的原理。

在 Listing 2-9 中，我們會建立兩個 TV 物件並將它們存放在兩個變數內，分別是 oTV1 和 oTV2 物件。每個 TV 物件都有自己的音量設定、頻道串列、頻道設定等內容。我們會對不同對象呼叫多個不同方法來進行相關動作。最後，我們對每個 TV 物件呼叫 showInfo() 方法來查看其動作後的設定結果。

↳ 檔案：OO_TV_TwoInstances.py
Listing 2-9：建立兩個 TV 物件和進行方法的呼叫

```
# 兩個 TV 物件和進行方法的呼叫
class TV():
---版面所限，省略 TV 類別，請參閱 Listing 2-7---
# 主程式
oTV1 = TV() # 建立一個 TV 物件
oTV2 = TV() # 建立另一個 TV 物件

# 兩個 TV 都打開
oTV1.power()
oTV2.power()

# TV1 的音量調高
oTV1.volumeUp()
oTV1.volumeUp()

# TV2 的音量調高
oTV2.volumeUp()
oTV2.volumeUp()
oTV2.volumeUp()
oTV2.volumeUp()
oTV2.volumeUp()

# 變更 TV2 的頻道，然後靜音
oTV2.setChannel(44)
oTV2.mute()

# 顯示兩個 TV 物件的狀態
oTV1.showInfo()
oTV2.showInfo()
```

如果執行上述程式碼，其生成的輸出結果會是如下所示：

```
Status of TV:
    TV is: On
    Channel is: 2
    Volume is: 7

Status of TV:
    TV is: On
    Channel is: 44
    Volume is: 10 (sound is muted)
```

兩個 TV 物件分別維護自己在類別中定義的一組實例變數。如此一來，各個 TV 物件自己的實例變數會獨立於任何其他 TV 物件的實例變數，各自使用方法來進行相關操作時是不會相互影響。

初始化參數

把參數傳到方法呼叫的處理方式在實例化物件時也有效。到目前為止的範例程式中，在建立物件時都是把它們的實例變數設定為常數值。但是，您可能會希望建立具有不同初始值的不同實例。舉例來說，假設我們想要實例化不同的電視物件並使用品牌名稱和放置位置來識別它們。透過這種方式，我們可以區分客廳中的 Samsung 電視和臥室中的 Sony 電視。在這種情況下，常數值的做法是不起作用的。

為了初始化具有不同值的物件，我們在 __init__() 方法的定義中加入參數，如下所示：

```
# TV 類別

class TV():
    def __init__(self, brand, location): # 傳入 TV 的品牌和位置
        self.brand = brand
        self.location = location
        ---版面有限，省略其他初始化的內容---
        ...
```

在所有方法中，參數都是區域變數，因此當方法結束時它們會消失。舉例來說，上述 TV 類別的 __init__() 方法中，brand 和 location 是區域變數，會在方法結束時消失。但我們大都希望儲存透過參數傳入的值，以便在其他方法中可以使用。

為了讓物件能夠記住初始值，標準的做法是把傳入的值儲存到實例變數內。由於實例變數的作用域屬於物件範圍，因此可以在類別中的其他方法中使用。Python 對於實例變數名稱的取名慣例與參數名稱相同，但以 self 和 . 為前置：

```
def __init__(self, someVariableName):
    self.someVariableName = someVariableName
```

在 TV 類別中，def 陳述句後面的那一行告知 Python 取得品牌參數的值並將其指定給名為 self.brand 的實例變數。下一行對 location 參數和 self.location 實例變數執行相同的操作。在這些指定值的處理之後，我們就可以在其他方法內使用 self.brand 和 self.location。

使用這樣的做法,我們可以從同一個類別建立多個物件,但每個物件都以不同的資料為起始。因此,我們可以像下列這般建立兩個 TV 物件:

```
oTV1 = TV('Samsung', 'Family room')
oTV2 = TV('Sony', 'Bedroom')
```

執行第一行時,Python 會先為 TV 物件配置記憶體空間,然後重新排放上一節中討論的參數,並使用三個參數(新配置的 oTV1 物件、品牌和位置)來呼叫 TV 類別的 __init__() 方法。

初始化 oTV1 物件時,self.brand 設定為字串「Samsung」,self.location 設定為字串「Family room」。初始化 oTV2 時,它的 self.brand 被設定為字串「Sony」,它的 self.location 被設定為字串「Bedroom」。

我們可以修改 showInfo() 方法來印出電視的名稱和位置。

⤷ 檔案:OO_TV_TwoInstances_with_Init_Params.py

```
def showInfo(self):
    print()
    print('Status of TV:', self.brand)
    print(' Location:', self.location)
    if self.isOn:
        ...
```

執行後會看到如下的輸出結果:

```
Status of TV: Sony
    Location: Family room
    TV is: On
    Channel is: 2
    Volume is: 7

Status of TV: Samsung
    Location: Bedroom
    TV is: On
    Channel is: 44
    Volume is: 10 (sound is muted)
```

我們進行了與上一個範例 Listing 2-9 中相同的方法呼叫。不同之處在於,現在每個 TV 物件都使用品牌和位置進行了初始化,從印出來的資訊可以看到有回應修改後的 showInfo() 方法的每次呼叫。

活用類別

使用在本章中學到的一切知識，現在能夠建立類別並從這些類別建構多個獨立的實例物件。以下是我們怎麼運用的幾個範例：

- 假設我們想對課程中的學生建模。我們可以建立 Student 類別，其中放入 name、emailAddress、currentGrade 等的實例變數，我們從這個類別建立的各個 Student 物件都有自己的實例變數集合，而且各個學生物件指定給實例變數的值都是不同的。

- 思考一個有多位玩家的遊戲。建模玩家時，Player 類別具有 name、points、health、location 等實例變數。每位玩家會具有相同的能力，但這些方法可能會根據實例變數中不同值而以不同的方式進行相關操作。

- 思考一個連絡簿。建立一個 Person 類別，其中含有 name、address、phone Number 和 birthday 的實例變數。我們可以根據需要從 Person 類別建立任意數量的物件，每個物件代表我們認識的一個人。每個 Person 物件中的實例變數會存放不同的值。隨後，我們可以編寫程式碼來搜尋所有 Person 物件並查詢有關我們正在尋找的一個或多個物件的資訊。

在後面的章節中，我會探討從單個類別中實例化出多個物件的概念，並提供幫助管理物件集合的工具。

OOP 當作解決方案

在第 1 章的結尾，我提到了程序化程式開發中固有的三個問題。希望透過本章中的範例，您能了解物件導向程式設計是怎麼解決這些問題的：

1. 一個編寫良好的類別可以很容易地在許多不同的程式中重複使用。類別不需要存取全域資料。相反地，物件在同一層級中提供程式碼和資料。

2. 物件導向程式設計可以大幅減少所需的全域變數數量，因為類別提供了一個框架，其中資料和作用於資料的程式碼都存在一個分組中，這也讓程式碼更容易除錯。

3. 從類別中建立的物件只會存取它們自己的資料，這些資料就是在類別中的實例變數集合。就算您從同一個類別建立了多個物件，物件彼此之間的資料是獨立，物件之間也無法存取彼此的資料。

總結

在本章中，我透過示範類別和物件之間的關係來介紹物件導向程式設計。類別定義物件的形狀和功用。物件則是類別的單個實例，它擁有在類別中自己的一組實例變數中定義的所有資料。您希望物件包含的每項資料都儲存在一個實例變數中，該變數的作用域屬於物件範圍，這表示變數能在類別定義的所有方法中使用。從同一個類別建立的所有物件都有自己的實例變數集合，並且由於它們可能含有不同的值，因此在不同物件上呼叫其方法時，可能會有不同的操作行為。

我展示了怎麼從類別中建立物件，一般是利用指定值陳述句來完成。實例化某個物件後，您可以使用該物件來呼叫該物件的類別中所定義的任何方法。我還展示了怎麼從同一個類別中實例化出多個物件。

在本章中所示範的類別實作了實體物件（電燈開關、電視），這是理解類別和物件概念的好方法。但在以後的章節內容中，我會開始介紹一些不是代表實體的物件。

3

物件的心智模式與
Self 的意義

 希望到目前為止我所介紹的新概念和術語對您開始變得有
意義。有些 OOP 新手很難想像物件是什麼，以及沒有掌
握物件的方法是怎麼與它的實例變數一起工作。這其中的
細節相當複雜，因此開展出物件和類別運作原理的心智模
型會很有幫助。

在本章中，我會介紹 OOP 的兩種心智模型。首先我想明確說明一點，這些模
型都不是物件在 Python 中如何運作的精確表示。相反地，這些模型的目的是為
您提供一種方法來思考物件的外觀以及呼叫方法時所進行的動作。本章還會更
詳細地介紹 self，並展示如何使用 self 來讓方法與從同一個類別實例化出來的
多個物件一起工作。隨後繼續讀完本書的其他的章節，您會對物件和類別有更
深入的了解。

複習一下 DimmerSwitch 類別

在下面的範例中，我們會繼續使用第 2 章中的 DimmerSwitch 類別（Listing 2-5）來說明。DimmerSwitch 類別中已經有兩個實例變數：self.isOn 和 self.brightness，我們現在要做的唯一修改是新增一個 self.label 實例變數，如此一來，在執行程式時，我們建立的每個物件都可以輸出其標籤，讓我們更輕鬆識別各個物件。這些變數是在 __init__() 方法中建立並指定初始值，隨後在該類別的其他五個方法中存取或修改它們。

Listing 3-1 提供了一些測試程式碼，用於從 DimmerSwitch 類別建立三個 DimmerSwitch 物件，我們會在心智模型中使用。我會為每個 DimmerSwitch 物件呼叫各種方法進行相關操作。

📥 檔案：OO_DimmerSwitch_Model1.py
Listing 3-1：建立三個 DimmerSwitch 物件並以各個物件呼叫多個方法

```python
# 建立第一個 DimmerSwitch，開燈並調升二次亮度
oDimmer1 = DimmerSwitch('Dimmer1')
oDimmer1.turnOn()
oDimmer1.raiseLevel()
oDimmer1.raiseLevel()

# 建立第二個 DimmerSwitch，開燈並調升三次亮度
oDimmer2 = DimmerSwitch('Dimmer2')
oDimmer2.turnOn()
oDimmer2.raiseLevel()
oDimmer2.raiseLevel()
oDimmer2.raiseLevel()

# 建立第三個 DimmerSwitch，使用預設的設定值
oDimmer3 = DimmerSwitch('Dimmer3')

# 印出各個物件本身的資訊
oDimmer1.show()
oDimmer2.show()
oDimmer3.show()
```

執行 DimmerSwitch 類別，其執行後的輸出結果如下所示：

```
Label: Dimmer1
Light is on? True
Brightness is: 2

Label: Dimmer2
```

```
Light is on? True
Brightness is: 3

Label: Dimmer3
Light is on? False
Brightness is: 0
```

這正是您所期望的輸出結果。每個 DimmerSwitch 物件都彼此獨立，每個物件都含有自己的實例變數，在操作修改時也是針對自己的實例變數進行處理。

高層級的心智模型 #1

在第一個模型中，您可以把每個物件視為一個自己自足的單元，其中含有資料型別、類別所定義的一組實例變數以及類別定義的所有方法之副本（圖 3-1）。

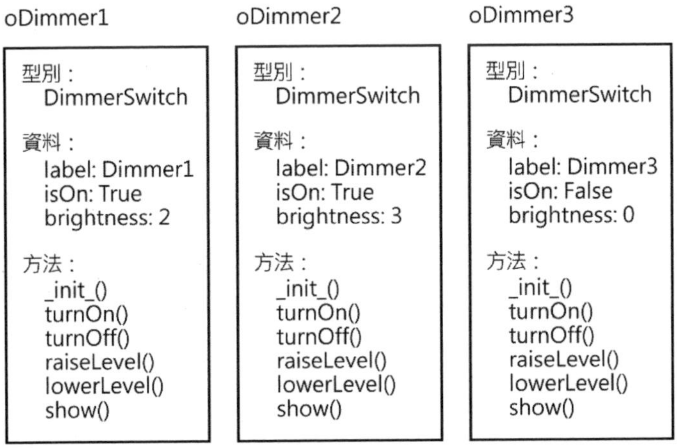

oDimmer1

```
型別：
DimmerSwitch

資料：
    label: Dimmer1
    isOn: True
    brightness: 2

方法：
    _init_()
    turnOn()
    turnOff()
    raiseLevel()
    lowerLevel()
    show()
```

oDimmer2

```
型別：
DimmerSwitch

資料：
    label: Dimmer2
    isOn: True
    brightness: 3

方法：
    _init_()
    turnOn()
    turnOff()
    raiseLevel()
    lowerLevel()
    show()
```

oDimmer3

```
型別：
DimmerSwitch

資料：
    label: Dimmer3
    isOn: False
    brightness: 0

方法：
    _init_()
    turnOn()
    turnOff()
    raiseLevel()
    lowerLevel()
    show()
```

圖 3-1：在心智模型 #1 中，每個物件都是一個具有型別、資料和方法的單元

每個物件的資料和方法都打包在一起。實例變數的作用域範圍是定義為類別中的所有方法，因此所有方法都可以存取與該物件關聯的實例變數。

如果這個心智模型能讓觀念變清晰，那表示您已經準備妥當了。雖然這不是物件實際實作的方式，但這種方式很合理，可用來思考和體會物件的實例變數和方法是怎麼協同運作的。

更深層級的心智模型 #2

第二個模型是在較低層級探索物件，並更詳盡解釋物件是什麼。

每次實例化一個物件時，都會從 Python 中取回一個值。我們通常會把返回值存進指到物件的變數內。在 Listing 3-2 中，我們建立了三個 DimmerSwitch 物件。建立各個變數後，我們會加入程式碼來印出每個變數的型別和值，以此來檢查結果是不是如您所想的這樣。

↳ 檔案：OO_DimmerSwitch_Model2_Instantiation.py
Listing 3-2：建立三個 DimmerSwitch 物件並印出各個物件的型別和值

```
# 建立三個 DimmerSwitch 物件
oDimmer1 = DimmerSwitch('Dimmer1')
print(type(oDimmer1))
print(oDimmer1)
print()
oDimmer2 = DimmerSwitch('Dimmer2')
print(type(oDimmer2))
print(oDimmer2)
print()
oDimmer3 = DimmerSwitch('Dimmer3')
print(type(oDimmer3))
print(oDimmer3)
print()
```

以下是執行後的輸出結果：

```
<class '__main__.DimmerSwitch'>
<__main__.DimmerSwitch object at 0x7ffe503b32e0>
<class '__main__.DimmerSwitch'>
<__main__.DimmerSwitch object at 0x7ffe503b3970>
<class '__main__.DimmerSwitch'>
<__main__.DimmerSwitch object at 0x7ffe503b39d0>
```

每個分組的第一行告訴我們資料型別。我們這裡看到的三個物件都是由程式設計師定義的 DimmerSwitch 型別，而不是像整數或浮點數這樣的內建的型別。（__main__ 表示 DimmerSwitch 程式碼是在單個 Python 檔案中找到的，而不是從任何其他檔案中匯入的。）

每個分組的第二行是個字串，其代表的是電腦記憶體中的一個位置。這個記憶體位置是可以找到與各個物件關聯的所有資料的位置。請留意，各個物件會放

在記憶體中不同的位置，如果在您的電腦上執行此程式碼，您很可能會看到不同的字串值，這個實際值對於理解這個概念並不重要。

所有 DimmerSwitch 物件都回報相同的型別：DimmerSwitch 類別。極其重要的一點是，所有物件都指到同一個類別的程式碼，而這些程式碼實際上只存放在一個地方。當程式開始執行時，Python 會讀取所有類別的定義並記住所有類別及其方法的位置。

Python Tutor 網站（http://PythonTutor.com）提供了一些有用的工具，透過逐步執行程式碼的每一行來協助您以視覺化來呈現小段程式的執行過程。圖 3-2 是透過視覺化工具執行 DimmerSwitch 類別和測試程式碼的畫面截圖，在實例化第一個 DimmerSwitch 物件之前停止執行。

在此畫面截圖中，您可以看到 Python 記住了 DimmerSwitch 類別及其所有方法的位置。類別是可以放入數百甚至數千行的程式碼，但實際上各個物件是不會直接都取得該類別程式碼的副本。只有一份程式碼非常重要，因為這裡就能讓 OOP 程式的大小保持在較小的狀態。當您實例化一個物件時，Python 會為物件配置足夠的記憶體空間來放在它自己在類別中定義的實例變數集合。一般來說，從類別中實例化一個物件算是有效運用記憶體空間。

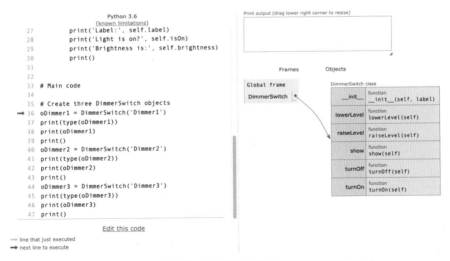

圖 3-2：Python 會記住各個類別中的所有類別和所有方法

在圖 3-3 中的畫面截圖顯示了圖 3-2 中所有測試程式碼行的結果。

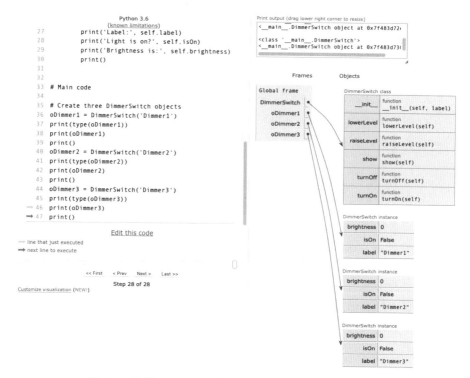

圖 3-3：執行 Listing 3-2 來示範物件是不會引入程式碼，
這與心智模型 #2 所呈現的概念一致。

這裡呈現的圖示符合我們的第二個心智模型。在此畫面截圖的右側，Dimmer Switch 類別的程式碼僅出現一次。各個物件都知道它被實例化的類別來源是誰，並放入它自己在類別中定義的一組實例變數。

> **NOTE**
>
> 雖然以下是實作細節，但它能幫助您進一步理解物件的概念。在內部，物件的所有實例變數都儲存成 Python 字典的「name/value」對。您可以透過在任何物件上呼叫內建的 vars() 函式來檢查物件中的所有實例變數。舉例來說，在 Listing 3-2 的測試程式碼中，如果您想查看實例變數的內部呈現，可以在末尾加入以下程式行：
>
> ```python
> print('oDimmer1 variables:', vars(oDimmer1))
> ```
>
> 當您執行後會看到如下輸出結果：
>
> ```
> oDimmer1 variables: {'label': 'Dimmer1', 'isOn': True, 'brightness': 2}
> ```

「self」是什麼意思？

幾個世紀以來，哲學家們一直在為「我是誰？」這個問題所苦，所以想要用幾頁紙來就解釋清楚「self（我）」是不可能的。還好在 Python 中，名為 self 的變數確實有高度專業化和明確的含義。在本節中，我會展示如何為 self 變數指定值，以及類別中方法的程式碼怎麼與從類別實例化的物件實例變數一起工作。

> **NOTE**
>
> 變數名稱 self 在 Python 中不是關鍵字，但這是按照慣例所取用的名稱（使用任何其他名稱，程式碼也可以正常工作）。然而，使用 self 在 Python 中是一種普遍被大家接受的做法，我也會在本書中這樣使用。如果您希望其他 Python 程式設計師能夠理解您寫的程式碼，請在類別的所有方法中使用名稱 self 作為第一個參數（其他 OOP 語言也具有相同的概念，但使用的是其他名稱，例如 this 或 me 之類）。

假設您編寫了一個名為 SomeClass 的類別，然後從該類別建立一個物件，如下所示：

```
oSomeObject = SomeClass(<optional arguments>)
```

oSomeObject 物件含有類別中定義的所有實例變數的集合。SomeClass 類別的每個方法都有一個如下所示的定義：

```
def someMethod(self, <any other parameters>):
```

以下是呼叫這種方法所用的一般形式：

```
oSomeObject.someMethod(<any other arguments>)
```

眾所周知，Python 會重新排放方法呼叫中的引數，以便把物件當作第一個引數傳入。該值在方法的第一個參數中接收，並放入 self 變數內（圖 3-4）。

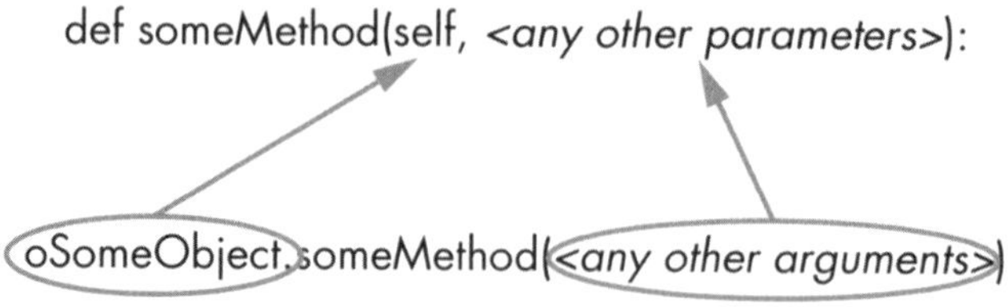

```
def someMethod(self, <any other parameters>):
```

```
oSomeObject.someMethod(<any other arguments>)
```

圖 3-4：Python 是怎麼在方法的呼叫中重新排放引數

因此，每當呼叫方法時，都會把 self 設定為呼叫中的物件。這表示方法的程式碼可以對從該類別實例化的任何物件之實例變數進行操作。使用的形式如下：

```
self.<instanceVariableName>
```

這實質上是說，使用 self 指到的物件並存取 <instanceVariableName> 指定的實例變數。由於每個方法都使用 self 作為第一個參數，因此類別中的每個方法都使用這種相同的方式來進行操作。

為了說明這個概念，讓我們用 DimmerSwitch 類別來示範。在下面的範例中，我們會實例化兩個 DimmerSwitch 物件，然後透過呼叫各個物件的 raiseLevel() 方法來了解當我們調高這些物件的亮度級別時會發生什麼情況。

我們所呼叫之方法的程式碼是：

```python
def raiseLevel(self):
    if self.brightness < 10:
        self.brightness = self.brightness + 1
```

Listing 3-3 列出了一些測試兩個 DimmerSwitch 物件的程式碼。

檔案：OO_DimmerSwitch_Model2_Method_Calls.py
Listing 3-3：在不同的 DimmerSwitch 物件呼叫相同的方法

```python
# 建立兩個 DimmerSwitch 物件
oDimmer1 = DimmerSwitch('Dimmer1')
oDimmer2 = DimmerSwitch('Dimmer2')

# 讓 oDimmer1 調高亮度級別
oDimmer1.raiseLevel()
# 讓 oDimmer2 調高亮度級別
oDimmer2.raiseLevel()
```

在上述程式碼中先是實例化兩個 DimmerSwitch 物件，隨後對 raiseLevel() 方法
進行了兩次呼叫：第一次是用 oDimmer1 呼叫它，然後再用 oDimmer2 呼叫相
同的方法。

圖 3-5 顯示了在 Python Tutor 網站中執行 Listing 3-3 的測試程式碼之結果，在
第一次呼叫 raiseLevel() 時執行停止。

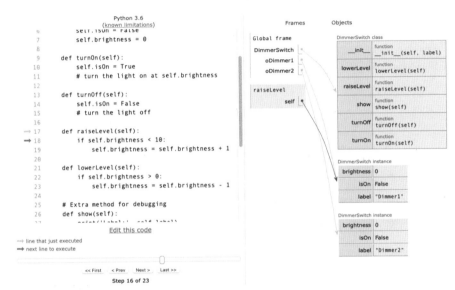

圖 3-5：執行 Listing 3-3 程式碼並停在呼叫 oDimmer1.raiseLevel() 位置

請留意 self 和 oDimmer1 指的是同一個物件。當方法執行並使用任何 self.
<instanceVariable> 時，它會用 oDimmer1 的實例變數來進行相關操作。因此，
當該方法執行時，self.brightness 指的是 oDimmer1 中的 brightness 實例變數。

如果我們繼續執行 Listing 3-3 中的測試程式碼，則會使用 oDimmer2 第二次呼
叫 raiseLevel()。在圖 3-6 是停在呼叫這個方法的位置。

請注意，這一次的 self 指的是 oDimmer2 相同的物件。現在的 self.brightness 指
的是 oDimmer2 的 brightness 實例變數。

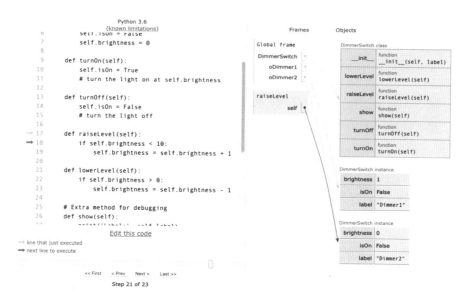

圖 3-6：執行 Listing 3-3 程式碼並停在呼叫 oDimmer2.raiseLevel() 位置

無論我們使用什麼物件或呼叫哪個方法，物件的值都會被指定給被呼叫方法中的 self 變數。您應該把 self 視為目前物件（也就是呼叫該方法的物件）。每當方法執行時，它都會使用呼叫物件的那組實例變數來進行相關操作。

總結

在本章中，我提出了兩種不同的思考物件方式。這些心智模型應該有助於理解和掌握從類別中多次實例化出物件時所發生的情況。

第一個模型展示了「物件」其實就是把所有實例變數和類別所有方法都包裝在一起的包裹。

第二個模型更詳細地介紹了實作的細節，解釋了類別的程式碼只存放在一個地方。最重要的理解是從一個類別中建立新物件是屬於有效使用記憶體空間的做法。當您建立物件的新實例時，Python 會配置記憶體空間來代表類別中定義的實例變數，不需要重新製作或複製類別的程式碼。

要理解方法是怎麼與多個物件一起工作的關鍵在於，所有方法的第一個參數 self 始終設定為呼叫該方法時所使用的物件。以這種方式來處理，每個方法都會使用目前物件的實例變數來進行相關操作。

管理多個物件

本章將會展示管理從同一類別實例化出來的多個物件之技術。我會先複習第 1 章中銀行帳戶範例的 OOP 實作。OOP 方法允許帳戶的資料和程式碼放在同一層級，所以無需依賴全域資料來進行處理。隨後會說明，除了任意數量的 Account 物件之外，我會把程式拆分為提供最頂層功能表的主程式碼和管理帳戶的單獨 Bank 物件。我們還會討論發生錯誤時例外處理的更好方法。

銀行帳戶類別

我們的銀行帳戶類別至少需要的資料有一個名稱、密碼和餘額。對於操作行為，使用者必須能夠建立帳戶、存款和取款以及查看餘額。

我們會定義名稱、密碼和餘額變數，並進行初始化，接著建構方法來實作每項操作行為。隨後就能夠實例化任意數量的 Account 物件。與第 1 章中的初始類別一樣，這是個簡化版的 Account 類別，餘額僅用整數來存放，並以明文形式儲存密碼。雖然您不會在真實的銀行應用程式中使用到像這樣的簡化版本的類別，但簡化的目的是讓我們能夠專注於所探討 OOP 方面的觀念。

Account 類別的新程式碼如 Listing 4-1 所示。

↳ 檔案：Account.py
Listing 4-1：一個簡化的迷您型 Account 類別

```
# Account 類別

class Account():
❶ def __init__(self, name, balance, password):
        self.name = name
        self.balance = int(balance)
        self.password = password

❷ def deposit(self, amountToDeposit, password):
        if password != self.password:
            print('Sorry, incorrect password')
            return None

        if amountToDeposit < 0:
            print('You cannot deposit a negative amount')
            return None

        self.balance = self.balance + amountToDeposit
        return self.balance

❸ def withdraw(self, amountToWithdraw, password):
        if password != self.password:
            print('Incorrect password for this account')
            return None

        if amountToWithdraw < 0:
            print('You cannot withdraw a negative amount')
            return None

        if amountToWithdraw > self.balance:
            print('You cannot withdraw more than you have in your account')
```

```
            return None

        self.balance = self.balance - amountToWithdraw
        return self.balance
❹   def getBalance(self, password):
        if password != self.password:
            print('Sorry, incorrect password')
            return None
        return self.balance

    # 為了除錯而加入的程式
❺   def show(self):
        print('        Name:', self.name)
        print('        Balance:', self.balance)
        print('        Password:', self.password)
        print()
```

NOTE

Listing 4-1 的程式碼中對錯誤的處理非常簡單，當發現錯誤的情況時會印出一條錯誤訊息並返回一個特殊值 None。在本章的後面，我會展示一種處理錯誤的更好方式。

請留意這些方法是怎麼操作和記住資料的。資料透過參數傳給每個方法，參數是僅在方法執行時存在的區域變數。資料在實例變數中被記住，實例變數的作用域屬於物件範圍，因此在交互呼叫不同方法時能記住它們的值。

程式一開始是 __init__() 方法❶，帶有三個參數。從這個類別建立物件時，需要三個資料：名稱、餘額和密碼。實例化的語法可能像起來像下列這般：

```
oAccount = Account('Joe Schmoe', 1000, 'magic')
```

當我們實例化物件時，三個參數的值被傳給 __init__() 方法，該方法又將這些值指定給名稱相似的實例變數：self.name、self.balance 和 self.password。 我們會在其他方法中存取這些實例變數。

deposit() 方法❷允許使用者進行存款的操作。在實例化一個 Account 物件並將其儲存到 oAccount 之後，我們可以像下列這般呼叫 deposit() 方法：

```
newBalance = oAccount.deposit(500, 'magic')
```

上面這個呼叫是要存入 500 元，密碼為「magic」。該方法對存款請求執行了兩次有效性檢查。第一個是透過測試呼叫中提供的密碼來與建立帳戶物件時設定的密碼進行檢查確保密碼是正確的，這是活用儲存在 self.password 實例變數中原始密碼的一個很好的例子。第二次有效性檢查是確定我們沒有存入負數值（負數實際上就是取款）。

如果其中任何一個檢測失敗，就會返回特殊值 None 以表明發生了一些錯誤。如果兩個檢測都通過，就對實例變數 self.balance 加入存款金額。因為餘額儲存在 self.balance 中，所以它會被記住且可以在將來呼叫使用。最後是返回新的餘額值。

withdraw() 方法❸的工作方式非常相似，呼叫方式如下：

```
oAccount.withdraw(250, 'magic')
```

withdraw() 方法透過 self.password 實例變數來驗證密碼，檢查我們是否提供了正確的密碼值，這裡還會使用 self.balance 實例變數來檢查是否有要求提取負數金額或超過帳戶中金額的情況。一旦這些檢測都通過，該方法會讓 self.balance 減去提取的金額值。最後返回結果餘額。

若想要檢查餘額❹，只需為帳戶提供正確的密碼即可取得餘額值：

```
currentBalance = oAccount.getBalance('magic')
```

如果提供的密碼與 self.password 實例變數中存放的密碼相符，則該方法會返回 self.balance 中的值。

最後是為了除錯而加入了 show() 方法❺，用來顯示帳戶儲存的 self.name、self.balance 和 self.password 的目前值。

Account 類別是我們表示非實體物件的第一個範例。銀行帳戶不是我們實體可以看到、感覺到或觸摸到的東西。但是，帳戶很適合電腦物件的世界，因為帳戶具有資料（名稱、餘額、密碼）和對這些資料產生作用的操作（建立帳戶、存款、取款、取得餘額、顯示）。

匯入類別程式碼

使用自己建構之類別的方式有兩種。正如我們在前幾章中看到的，最簡單的方法是把類別的所有程式碼直接放在主要的 Python 來源檔案中。但是這樣做會讓類別的重複使用變得困難。

第二種方法是把類別的程式碼單獨放在一個檔案內，然後將其匯入到使用它的程式中。我們已經把 Account 類別的所有程式碼都放在 Account.py 內，但如果想要試著單獨執行 Account.py，什麼也不會發生，因為它只是一個類別的定義。若想要使用類別的程式碼，我們必須實例化一個或多個物件並呼叫物件的方法來進行相關操作。隨著我們的類別變得更大和更複雜，把適當地分割儲存為單獨的檔案是活用的首選方式。

若想要使用 Account 類別，我們必須建構另一個 .py 檔案並把 Account.py 的程式碼匯入，就像我們使用其他內建的套件（如 random 和 time）一樣。一般來說，Python 程式設計師會把匯入其他類別檔案的主程式命名為 main.py 或 Main_<SomeName>.py 之類檔名。隨後我們必須確保 Account.py 和主程式檔案有放在同一個資料夾中。在主程式的開頭是透過 import 陳述句開始匯入 Account 程式碼（請留意我們省略了 *.py 檔案的副檔名）：

```
from Account import *
```

使用帶星號（*）的 import 陳述句會匯入檔案的全部內容。匯入的檔案中可以包含多個類別。在有多個類別的情況下，您應該盡量指定要匯入的特定類別，而不是整個檔案都匯入。以下是匯入特定類別的語法：

```
from <ExternalFile> import <ClassName1>, <ClassName2>, ...
```

匯入類別程式碼有兩個好處：

1. 這個模組是可重複使用的，因此如果想在其他專案中使用 Account.py，我們只需複製這個檔案並將其放入該專案的資料夾內即可匯入使用。以這種方式重複使用程式碼是物件導向程式設計很主要的做法。

2. 如果您的類別程式碼引入主程式中，每次執行程式時 Python 會編譯類別中的所有程式碼（轉譯成更容易在電腦上執行的低階語言），就算您沒有對類別進行任何更改。

但是，執行主程式與匯入的類別程式碼時，Python 會最佳化編譯的步驟，而您無需執行任何操作，它會在專案資料夾中會建立一個名為 __py cache__ 的資料夾，在編譯類別檔案中的程式碼後，會把編譯後的內容儲存在 __pycache__ 資料夾內，並以原本 Python 檔案名稱的變體來取名。例如，Account.py 檔案在編譯後，Python 會使用 Account.cpython-39.pyc（或類似名稱，取決於您使用的 Python 版本）這樣的檔名。「.pyc」副檔名是 **Python Compiled** 的縮寫，代表已編譯過。如果類別檔案的來源發生更改，Python 只會重新編譯您的類別檔案。如果您的 Account.py 來源沒有改變，Python 就會知道它不需要重新編譯，可以更有效地直接使用 .pyc 版本的檔案。

建立一些測試的程式碼

我們會使用四個主程式來測試這個新的類別。第一個會使用單獨命名的變數來存放建立的 Account 物件。第二個把物件儲存在串列內，而第三個把帳號和物件儲存在字典內。最後，第四個版本會把功能拆分開來，因此會有一個回應使用者的主程式和一個管理不同帳戶的 Bank 物件。

在各個範例中，主程式會匯入 Account.py。您的專案資料夾中應包含主程式和 Account.py 檔案。在下面的討論中，主程式的不同版本會以 Main_Bank_ VersionX.py 的方式來命名，其中 X 代表版本編號。

建立多個帳戶

在第一個版本中，我們會建立兩個範例帳戶並用可行的資料填入以進行測試。我們把每個帳戶存放在一個表示物件的變數中，這個變數的名稱會直接以顯式的方式命名。

↴ 檔案：BankOOP1_IndividualVariables/Main_Bank_Version1.py
Listing 4-2：以主程式來測試 Account 類別

```
# 使用帳戶來測試程式
# 版本 1，各個帳戶以顯式命名的變數在存放

# 從 Account 類別檔案匯入所有程式碼
from Account import *
```

```
# 建立二個帳戶
oJoesAccount = Account('Joe', 100, 'JoesPassword') ❶
print("Created an account for Joe")

oMarysAccount = Account('Mary', 12345, 'MarysPassword') ❷
print("Created an account for Mary")

oJoesAccount.show()      ❸
oMarysAccount.show()
print()

# 對不同的帳戶呼叫一些方法進行操作
print('Calling methods of the two accounts ...')
oJoesAccount.deposit(50, 'JoesPassword') ❹
oMarysAccount.withdraw(345, 'MarysPassword')
oMarysAccount.deposit(100, 'MarysPassword')

# 印出帳戶內容
oJoesAccount.show()
oMarysAccount.show()
```

我們為 Joe 建立一個帳戶❶，為 Mary 建立一個帳戶❷，並將結果儲存到兩個
Account物件中。隨後呼叫帳戶的show() 方法來證明它們有正確地建好❸。Joe
存入 50 元，Mary 提了 345 元，然後又存入 100 元❹。如果我們現在執行上述
程式，會得如下的輸出內容：

```
Created an account for Joe
Created an account for Mary
        Name: Joe
        Balance: 100
        Password: JoesPassword

        Name: Mary
        Balance: 12345
        Password: MarysPassword

Calling methods of the two accounts ...
        Name: Joe
        Balance: 150
        Password: JoesPassword

        Name: Mary
        Balance: 12100
        Password: MarysPassword
```

現在我們要擴展這個測試程式，透過詢問使用者的一些輸入，以互動的方式來
建立第三個帳戶。Listing 4-3 顯示了這個擴展的程式碼。

↳ Listing 4-3：擴展測試程式，以互動方式來建立帳戶

```
# 從使用者取得資料來建立其他帳戶
print()
userName = input('What is the name for the new user account? ') ❶
userBalance = input('What is the starting balance for this account? ')
userBalance = int(userBalance)
userPassword = input('What is the password you want to use for this account? ')
oNewAccount = Account(userName, userBalance, userPassword) ❷

# 顯示新建立的使用者帳戶
oNewAccount.show() ❸

# 存 100 元到新帳戶
oNewAccount.deposit(100, userPassword) ❹
usersBalance = oNewAccount.getBalance(userPassword)
print()
print('After depositing 100, the user's balance is:', usersBalance)

# 顯示新帳戶的資訊
oNewAccount.show()
```

此測試程式碼會要求使用者輸入姓名、起始餘額和密碼❶。它會使用這些值來
建立新帳戶，我們把新建的物件儲存在 oNewAccount 變數中❷。隨後在新物件
上呼叫 show() 方法❸，再把 100 元存入帳戶並呼叫 getBalance() 方法擷取新餘
額❹。當我們執行完整的程式後，會得到像 Listing 4-2 程式執行的輸出內容，
並加上以下的互動輸入和輸出：

```
What is the name for the new user account? Irv
What is the starting balance for this account? 777
What is the password you want to use for this account? IrvsPassword
        Name: Irv
        Balance: 777
        Password: IrvsPassword

After depositing 100, the user's balance is: 877
        Name: Irv
        Balance: 877
        Password: IrvsPassword
```

這裡要注意的關鍵是各個 Account 物件都維護自己的一組實例變數。每個物件
（oJoesAccount、oMarysAccount 和 oNewAccount）都是全域變數，其中包含一
組三個實例變數的集合。如果我們把 Account 類別的定義繼續擴充，加入包括
地址、電話號碼和出生日期等資訊，之後建立的每個物件都會有一組這些額外
加入的實例變數。

串列中的多個帳戶物件

以單獨的全域變數來代表各個帳戶是可行的，但是如果我們需要處理大量物件時，這就不是個好方法。銀行需要更好的方式來處理任意數量的帳戶。每當我們需要處置任意數量的資料時，串列（list）就是最典型的解決方案。

在這個版本的測試程式碼中，我們會以一個空的 Account 物件串列開始。每次使用者開立帳戶時，我們都會實例化一個 Account 物件並將結果物件新增到串列內。所有給定帳戶的帳號都是串列中索引編號，從 0 開始編號。這個版本的範例同樣先以 Joe 來建一個測試帳戶，以 Mary 建一個測試帳戶，如 Listing 4-4 所示。

↳ 檔案：BankOOP2_ListOfAccountObjects/Main_Bank_Version2.py
Listing 4-4：修改測試程式碼，以串列來存放物件

```python
# 使用帳戶的測試程式
# 版本 2，使用串列來存放帳戶

# 引入 Account 類別檔案的所有程式碼
from Account import *

# 以一個空的帳戶串列為起始
accountsList = [ ]  ❶

# 建立二個帳戶
oAccount = Account('Joe', 100, 'JoesPassword')  ❷
accountsList.append(oAccount)
print("Joe's account number is 0")

oAccount = Account('Mary', 12345, 'MarysPassword')  ❸
accountsList.append(oAccount)
print("Mary's account number is 1")

accountsList[0].show()  ❹
accountsList[1].show()
print()

# 對不同的帳戶呼叫一些方法來進行相關操作
print('Calling methods of the two accounts ...')
accountsList[0].deposit(50, 'JoesPassword')  ❺
accountsList[1].withdraw(345, 'MarysPassword')  ❻
accountsList[1].deposit(100, 'MarysPassword')  ❼

# 顯示帳戶的資訊
accountsList[0].show()  ❽
accountsList[1].show()

# 從使用者取得資訊來建立另一個帳戶
print()
```

```
userName = input('What is the name for the new user account? ')
userBalance = input('What is the starting balance for this account? ')
userBalance = int(userBalance)
userPassword = input('What is the password you want to use for this account? ')
oAccount = Account(userName, userBalance, userPassword)
accountsList.append(oAccount) # 新增到帳戶串列內

# 顯示新建立的使用者帳戶
print('Created new account, account number is 2')
accountsList[2].show()

# 存 100 元到新帳戶中
accountsList[2].deposit(100, userPassword)
usersBalance = accountsList[2].getBalance(userPassword)
print()
print('After depositing 100, the user's balance is:', usersBalance)

# 顯示新帳戶的資訊
accountsList[2].show()
```

一開始是建立一個空的帳戶串列❶。接著為 Joe 建立一個帳戶，將返回值儲存到 oAccount 變數中，隨後立即把該物件新增到帳戶串列內❷。由於這是串列中的第一個帳戶，Joe 的帳號是串列索引編號 0。就像在真實的銀行一樣，任何時候 Joe 想用他的帳戶進行任何交易，他都要提供其帳號來配合操作。我們用他的帳號來顯示帳戶餘額❹、存款❺，然後再次顯示餘額❽。我們還為 Mary 建立一個帳號為 1 的帳戶❸，並在她的帳戶進行一些測試操作❻❼。

結果與 Listing 4-3 中的測試程式碼相同。但兩個測試程式之間有一個非常明顯的區別：這裡只有一個全域變數 accountsList。每個帳戶都有一個唯一的帳號，我們使用這個編號來存取特定的帳戶。我們在減少使用全域變數的數量方面邁出了重要的一步。

這裡要注意的另一件重要事情是，我們對主程式進行了一些相當大的更改，但沒有碰觸到 Account 類別檔案中的任何內容。OOP 允許我們隱藏不同層級的細節。如果我們假設 Account 類別的程式碼處理了單個帳戶相關的細節，這樣就能讓我們專注於主程式的編寫。

另請注意，我們使用 oAccount 變數作為臨時變數。也就是說，每當我們建立一個新的 Account 物件時，都會把結果指定給 oAccount 變數，隨後會把 oAccount 新增到我們的帳戶串列內。我們不會使用 oAccount 變數來呼叫特定 Account 物件的任何方法。這樣的話，我們就可以重複使用 oAccount 變數來接收建立的下一個帳戶的值。

具有唯一標識子的多個物件

Account 物件必須是可單獨識別的，以便讓各個使用者都可以進行存款和取款並取得特定帳戶的餘額。為銀行帳戶使用串列是可行的，但存在一個嚴重的缺陷。假設我們有 5 個帳戶，其帳號分別為 0、1、2、3 和 4。如果擁有帳號 2 的人決定關閉帳戶時，我們可能會用串列的標準 pop() 操作來刪除帳戶。這樣會導致骨牌效應：位於第 3 位的帳戶現在變成第 2 位，而位於第 4 位的帳戶現在變成第 3 位。但是，這些帳戶的使用者仍然以為是原本的帳號 3 和 4。結果，存取帳號 3 就變成是之前帳號 4 的資訊，而帳號 4 現在是無效索引編號。

處理具有唯一標識子的大量物件，我們通常會使用字典來處理。與串列不同，字典允許我們在不更改與它們關聯之帳號的情況下刪除帳戶。我們用帳號作為「鍵（key）」，以 Account 物件作為「值（value）」來建構各個「鍵/值」對。如此一來，在需要刪除某個帳戶時，就不會影響其他帳戶。帳戶字典的表示如下所示：

```
{0 : <object for account 0>, 1 : <object for account 1>, ... }
```

隨後我們可以輕鬆取得關聯的 Account 物件並以如下語法來呼叫物件的方法：

```
oAccount = accountsDict[accountNumber]
oAccount.someMethodCall()
```

或者，也可以直接使用 accountNumber 來呼叫單個 Account 物件的方法：

```
accountsDict[accountNumber].someMethodCall()
```

Listing 4-5 顯示了使用 Account 物件字典的測試程式碼。同樣地，雖然我們對測試程式碼進行了許多更改，但都沒有更改 Account 類別中的任何一行內容。在我們的測試程式碼中沒有使用直接寫死的帳號，而是加了一個計數器 nextAccountNumber，我們將在建立新帳戶後遞增這個計數器來當作帳號。

➘ 檔案：BankOOP3_DictionaryOfAccountObjects/Main_Bank_Version3.py
Listing 4-5：修改測試程式碼，以字典來存放帳號和物件

```
# 使用帳戶的測試程式
# 版本 3，使用者字典來存放帳戶

# 從 Account 類別檔案引入所有程式碼
```

```python
from Account import *

accountsDict = {} ❶
nextAccountNumber = 0 ❷

# 建立兩個帳戶：
oAccount = Account('Joe', 100, 'JoesPassword')
joesAccountNumber = nextAccountNumber
accountsDict[joesAccountNumber] = oAccount ❸
print('Account number for Joe is:', joesAccountNumber)
nextAccountNumber = nextAccountNumber + 1 ❹

oAccount = Account('Mary', 12345, 'MarysPassword')
marysAccountNumber = nextAccountNumber
accountsDict[marysAccountNumber] = oAccount ❺
print('Account number for Mary is:', marysAccountNumber)
nextAccountNumber = nextAccountNumber + 1

accountsDict[joesAccountNumber].show()
accountsDict[marysAccountNumber].show()
print()

# 在不同的帳戶呼叫一些方法來進行操作
print('Calling methods of the two accounts ...')
accountsDict[joesAccountNumber].deposit(50, 'JoesPassword')
accountsDict[marysAccountNumber].withdraw(345, 'MarysPassword')
accountsDict[marysAccountNumber].deposit(100, 'MarysPassword')

# 顯示帳戶的資訊
accountsDict[joesAccountNumber].show()
accountsDict[marysAccountNumber].show()

# 從使用者取得資訊來建立另一個帳戶
print()
userName = input('What is the name for the new user account? ')
userBalance = input('What is the starting balance for this account? ')
userBalance = int(userBalance)
userPassword = input('What is the password you want to use for this account? ')
oAccount = Account(userName, userBalance, userPassword)
newAccountNumber = nextAccountNumber
accountsDict[newAccountNumber] = oAccount
print('Account number for new account is:', newAccountNumber)
nextAccountNumber = nextAccountNumber + 1

# 顯示新建立的使用者帳戶
accountsDict[newAccountNumber].show()

# 存 100 元到新帳戶中
accountsDict[newAccountNumber].deposit(100, userPassword)
usersBalance = accountsDict[newAccountNumber].getBalance(userPassword)
print()
print("After depositing 100, user's balance is:", usersBalance)

# 顯示新帳戶的資訊
accountsDict[newAccountNumber].show()
```

執行此程式碼產生的結果與前面的範例的執行結果幾乎相同。這支程式從一個空的帳戶字典為起始❶，並將 nextAccountNumber 變數初始化為 0 ❷。每次實例化一個新帳戶時，使用 nextAccountNumber 的目前值作為「鍵」和 Account 物件為「值」❸，向帳戶字典中新增一個新項目。我們為每個客戶執行此操作，正如您在 Mary 中看到的那樣❺。在每次我們建立新帳戶時，都會對 nextAccountNumber 加一❹，為下一個帳戶的編號做準備。將帳號作為字典中的鍵，如果客戶想要關閉帳戶，我們可以從字典中刪除該鍵和值，這樣不會影響到其他帳戶的內容。

建構互動式的功能選單

在 Account 類別能正常運作的情況下，我們會透過要求使用者告知想要進行什麼操作來讓主程式碼具有互動性，這些操作選擇是：取得餘額、存款、取款或開設新帳戶。選擇後的回應是主程式會從使用者那裡收集所需的資訊，從帳號開始，並依照選擇的操作來呼叫使用者 Account 物件的適當方法來進行處理。

為了更快速地示範說明，我們會再次預填入兩個帳戶的資料，一個是 Joe，一個是 Mary。Listing 4-6 顯示了我們擴展的主程式碼，這裡會使用字典來追蹤所有帳戶的資料。由於版面有限，且為了簡潔起見，我省略了為 Joe 和 Mary 建立帳戶並將它們新增到帳戶字典中的程式碼，因為這些程式碼與 Listing 4-5 中相同。

↳ 檔案：BankOOP4_InteractiveMenu/Main_Bank_Version4.py
Listing 4-6：加入互動式的功能選單

```
# 互動式的測試程式來建立帳戶字典
# 版本 4，帶有互動式功能選單

from Account import *

accountsDict = {}
nextAccountNumber = 0

--- 版面有限，省略建立帳戶和加入字典的程式碼 ---

while True:
    print()
    print('Press b to get the balance')
    print('Press d to make a deposit')
    print('Press o to open a new account')
    print('Press w to make a withdrawal')
```

```
print('Press s to show all accounts')
print('Press q to quit')
print()

action = input('What do you want to do? ') ❶
action = action.lower()
action = action[0] # 抓取第一個字母
print()

if action == 'b':
    print('*** Get Balance ***')
    userAccountNumber = input('Please enter your account number: ')
    userAccountNumber = int(userAccountNumber)
    userAccountPassword = input('Please enter the password: ')
    oAccount = accountsDict[userAccountNumber]
    theBalance = oAccount.getBalance(userAccountPassword)
    if theBalance is not None:
        print('Your balance is:', theBalance)

elif action == 'd': ❷
    print('*** Deposit ***')
    userAccountNumber = input('Please enter the account number: ') ❸
    userAccountNumber = int(userAccountNumber)
    userDepositAmount = input('Please enter amount to deposit: ')
    userDepositAmount = int(userDepositAmount)
    userPassword = input('Please enter the password: ')
    oAccount = accountsDict[userAccountNumber] ❹
    theBalance = oAccount.deposit(userDepositAmount, userPassword) ❺
    if theBalance is not None:
        print('Your new balance is:', theBalance)

elif action == 'o':
    print('*** Open Account ***')
    userName = input('What is the name for the new user account? ')
    userStartingAmount = input('What is the starting balance for this account? ')
    userStartingAmount = int(userStartingAmount)
    userPassword = input('What is the password you want to use for this account? ')
    oAccount = Account(userName, userStartingAmount, userPassword)
    accountsDict[nextAccountNumber] = oAccount
    print('Your new account number is:', nextAccountNumber)
    nextAccountNumber = nextAccountNumber + 1
    print()

elif action == 's':
    print('Show:')
    for userAccountNumber in accountsDict:
        oAccount = accountsDict[userAccountNumber]
        print('   Account number:', userAccountNumber)
        oAccount.show()#userAccountNumber)

elif action == 'q':
    break

elif action == 'w':
    print('*** Withdraw ***')
```

```
        userAccountNumber = input('Please enter your account number: ')
        userAccountNumber = int(userAccountNumber)
        userWithdrawalAmount = input('Please enter the amount to withdraw: ')
        userWithdrawalAmount = int(userWithdrawalAmount)
        userPassword = input('Please enter the password: ')
        oAccount = accountsDict[userAccountNumber]
        theBalance = oAccount.withdraw(userWithdrawalAmount, userPassword)
        if theBalance is not None:
            print('Withdrew:', userWithdrawalAmount)
            print('Your new balance is:', theBalance)

    else:
        print('Sorry, that was not a valid action.  Please try again.')

print('Done')
```

在這個版本中，我們為使用者提供了一個功能選單。當使用者選擇想要的操作時❶，程式碼會詢問有關預期交易處理的相關問題，以收集呼叫使用者帳戶所需的所有資訊。舉例來說，如果使用者想要存款❷，程式會詢問帳號、存款金額和帳號的密碼❸。我們使用帳號當作「鍵」來進入 Account 物件的字典來取得關聯對應的 Account 物件❹。隨後使用該物件來呼叫 deposit() 方法，傳入要存款的金額和密碼❺。

再一次提醒，我們雖在主程式層級修改了程式碼，但原本的 Account 類別沒有修改，一直保持不變。

建立物件管理器物件

Listing 4-6 中的程式碼實際上做了兩件不同的事情。該程式先提供了一個簡單的功能選單介面。隨後，在選擇一個操作時，它會收集資料並呼叫 Account 物件的方法。與其讓一個大型主程式執行兩項不同的任務，我們可以把這段程式拆分成兩個較小的邏輯單元，各個單元都有其明確定義的角色。功能選單系統成為決定要選擇進行何種操作行動的主要程式碼，其餘的程式碼則處理銀行實際要進行的相關操作。「銀行」可以塑模成管理其他（帳戶）物件的物件，稱為**物件管理器物件（object manager object）**。

物件管理器物件（object manager object）

這個物件通常是維護託管物件（通常是單個類別）的串列或字典並呼叫這些物件的方法。

這種拆分可以輕鬆且合乎邏輯地進行：我們把所有與銀行相關的程式碼放入一個新的 Bank 類別中。隨後在主程式的開頭，從新的 Bank 類別中實例化一個 Bank 物件。

Bank 類別會管理 Account 物件的串列或字典。如此一來，Bank 物件將是唯一與 Account 物件直接溝通的程式碼（如圖 4-1）。

為了建立這樣的階層結構，我們需要一些處理最高層級功能選單系統的主要程式碼。為回應選擇的操作，主程式碼會呼叫 Bank 物件的方法（例如，deposit() 或 withdraw()）。Bank 物件會收集它需要的資訊（帳號、密碼、存款或取款金額），進入其帳戶字典以查詢相符匹配的使用者帳戶，並為該使用者的帳戶呼叫適當的方法來進行操作。

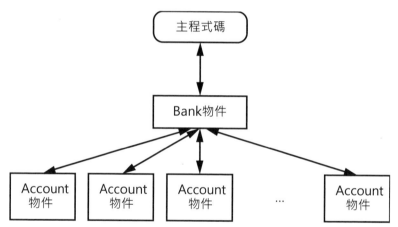

圖 4-1：主程式碼管理一個 Bank 物件，該物件管理著多個 Account 物件

這種分工結構分為三個層級：

1.　　建立單個 Bank 物件並與之溝通的主程式碼。

2.　　管理 Account 物件字典並呼叫這些物件方法的 Bank 物件。

3.　　Account 物件本身。

使用這種結構的處理方式，我們只會有一個全域變數的 Bank 物件。事實上，主程式碼根本不知道 Account 物件是否存在。相反地，各個 Account 物件不會知道（也不關心）程式的頂層使用者介面是什麼。Bank 物件從主程式碼接收訊息並與對應的 Account 物件進行溝通交流。

這種做法的主要優點是我們把一個較大的程式分解為更小的子程式：以這裡的範例來說是分成主程式碼和兩個類別。這使得每個部分的程式設計變得更加容易，因為工作範圍更小，每個部分的職責更清晰。此外，只有一個全域變數可以確保較低層級的程式碼不會意外影響全域層級的資料。

在電腦領域中，圖 4-1 所示的結構一般稱為「**組合（composition）**」或「**物件組合（object composition）**」。

> **組合（composition）**
> 這是個由一個物件管理著一個或多個其他物件的邏輯結構。

您可以把某個物件視為是由其他物件所組成的。舉例來說，汽車物件由引擎物件、方向盤物件、幾個門物件、四個輪框和輪胎物件所組成的。討論通常是圍繞物件之間的關係而展開。在這個例子中，人們會說一輛汽車「has a（有一個）」方向盤、一個引擎、幾個門…等等。因此，汽車物件是由其他物件組合而成的。

我們會有三個單獨的檔案。主程式碼放在它自己的檔案內，它會匯入了含有 Bank 類別的新 Bank.py 檔案的程式碼（Listing 4-7）。而 Bank 類別又匯入 Account.py 檔案的程式碼，並根據需要使用它來實例化 Account 物件。

建構物件管理器物件

Listing 4-7 展示了新 Bank 類別的程式碼，它是個物件管理器物件。

↳ 檔案：BankOOP5_SeparateBankClass/Bank.py
Listing 4-7：Bank 類別具有用於不同銀行操作的各個單獨方法

```python
# Bank 管理著 Account 物件的字典

from Account import *

class Bank():

    def __init__(self):
        self.accountsDict = {}  ❶
        self.nextAccountNumber = 0

    def createAccount(self, theName, theStartingAmount, thePassword):  ❷
        oAccount = Account(theName, theStartingAmount, thePassword)
        newAccountNumber = self.nextAccountNumber
        self.accountsDict[newAccountNumber] = oAccount
```

```
        # 遞增來為下一個帳號使用
        self.nextAccountNumber = self.nextAccountNumber + 1
        return newAccountNumber

    def openAccount(self): ❸
        print('*** Open Account ***')
        userName = input('What is the name for the new user account? ')
        userStartingAmount = input('What is the starting balance for this account? ')
        userStartingAmount = int(userStartingAmount)
        userPassword = input('What password would you want to use for this account? ')

        userAccountNumber = self.createAccount(userName, userStartingAmount,
                                               userPassword) ❹
        print('Your new account number is:', userAccountNumber)
        print()

    def closeAccount(self): ❺
        print('*** Close Account ***')
        userAccountNumber = input('What is your account number? ')
        userAccountNumber = int(userAccountNumber)
        userPassword = input('What is your password? ')
        oAccount = self.accountsDict[userAccountNumber]
        theBalance = oAccount.getBalance(userPassword)

        if theBalance is not None:
            print('You had', theBalance, 'in your account, which is being
                    returned to you.')
            # 從帳戶的字典移除使用者的帳戶
            del self.accountsDict[userAccountNumber]
            print('Your account is now closed.')

    def balance(self):
        print('*** Get Balance ***')
        userAccountNumber = input('Please enter your account number: ')
        userAccountNumber = int(userAccountNumber)
        userAccountPassword = input('Please enter the password: ')
        oAccount = self.accountsDict[userAccountNumber]
        theBalance = oAccount.getBalance(userAccountPassword)
        if theBalance is not None:
            print('Your balance is:', theBalance)

    def deposit(self):
        print('*** Deposit ***')
        accountNum = input('Please enter the account number: ')
        accountNum = int(accountNum)
        depositAmount = input('Please enter amount to deposit: ')
        depositAmount = int(depositAmount)
        userAccountPassword = input('Please enter the password: ')
        oAccount = self.accountsDict[accountNum]
        theBalance = oAccount.deposit(depositAmount, userAccountPassword)
        if theBalance is not None:
            print('Your new balance is:', theBalance)

    def show(self):
        print('*** Show ***')
```

```
            for userAccountNumber in self.accountsDict:
                oAccount = self.accountsDict[userAccountNumber]
                print('   Account number:', userAccountNumber)
                oAccount.show()

    def withdraw(self):
        print('*** Withdraw ***')
        userAccountNumber = input('Please enter your account number: ')
        userAccountNumber = int(userAccountNumber)
        userAmount = input('Please enter the amount to withdraw: ')
        userAmount = int(userAmount)
        userAccountPassword = input('Please enter the password: ')
        oAccount = self.accountsDict[userAccountNumber]
        theBalance = oAccount.withdraw(userAmount, userAccountPassword)
        if theBalance is not None:
            print('Withdrew:', userAmount)
            print('Your new balance is:', theBalance)
```

我會專注於 Bank 類別中需要注意的最重要事項，首先是在它的 __init__() 方法初始化了兩個變數：self.accountsDict 和 self.nextAccountNumber ❶。前置的 self. 是指定這些為實例變數，這代表 Bank 類別可以在其任何方法中引用這些變數。

接下來是建立帳戶的兩個方法分別是：createAccount() 和 openAccount()。createAccount() 方法會以使用者名稱、起始金額和為新帳戶傳入的密碼來實例化一個新帳戶❷。openAccount() 方法則是透過詢問使用者問題來取得這三項資訊❸，並在同一類別中呼叫 createAccount() 方法來進行處理。

讓某個方法呼叫同一個類別中的另一個方法是很常見的處理。但是被呼叫的方法不會知道是從類別內部還是外部呼叫的，它只知道第一個引數是它應該用來執行的物件。因此，對方法的呼叫必須以「self.」開頭，因為 self 總是指向目前物件。一般來說，要在同一個類別中從某個方法中呼叫另一個方法，其編寫的語法為：

```
def myMethod(self, <other optional parameters>):
    ...
    self.methodInSameClass(<any needed arguments>)
```

openAccount() 從使用者那裡收集到要用的資訊後，就有了下面這行程式❹：

```
userAccountNumber = self.createAccount(userName, userStartingAmount, userPassword)
```

在 openAccount() 中從同一個類別中呼叫 createAccount() 來建立帳戶。執行 createAccount() 方法會實例化一個 Account 物件,並把帳號返回給 open Account(),而 openAccount() 會把該帳號返回給使用者。

最後,新方法 closeAccount() 允許使用者關閉現有帳戶❺。這是我們會在主程 式碼中提供的新功能。

這個 Bank 類別代表的是銀行的抽象視圖(abstract view),而不是實體物件。 這是非物理實體結構類別的另一個很好的例子。

建立物件管理器物件的主程式碼

建立和呼叫 Bank 物件的主程式碼如 Listing 4-8 所示。

📓 檔案:BankOOP5_SeparateBankClass/Main_Bank_Version5.py
Listing 4-8:建立 Bank 物件並對其進行呼叫的主程式碼

```python
# 主程式:用來控制由帳戶組成的銀行物件

# 引入 Bank 類別的所有程式碼
from Bank import *

# 建立 Bank 的實例物件
oBank = Bank()

# 主程式碼
# 建立二個測試帳戶
joesAccountNumber = oBank.createAccount('Joe', 100, 'JoesPassword')
print("Joe's account number is:", joesAccountNumber)

marysAccountNumber = oBank.createAccount('Mary', 12345, 'MarysPassword')
print("Mary's account number is:", marysAccountNumber)

while True:
    print()
    print('To get an account balance, press b')
    print('To close an account, press c')
    print('To make a deposit, press d')
    print('To get bank information, press i')
    print('To open a new account, press o')
    print('To quit, press q')
    print('To show all accounts, press s')
    print('To make a withdrawal, press w')
    print()

❶  action = input('What do you want to do? ')
    action = action.lower()
```

```
       action = action[0]  # 捉取第一個字母
       print()

❷ if action == 'b':
       oBank.balance()

❸ elif action == 'c':
       oBank.closeAccount()

   elif action == 'd':
       oBank.deposit()

   elif action == 'i':
       oBank.bankInfo()

   elif action == 'o':
       oBank.openAccount()

   elif action == 's':
       oBank.show()

   elif action == 'q':
       break

   elif action == 'w':
       oBank.withdraw()

   else:
       print('Sorry, that was not a valid action.  Please try again.')
print('Done')
```

請留意 Listing 4-8 中的程式碼是怎麼呈現頂層的功能選單系統。它要求使用者選擇操作❶，然後呼叫 Bank 物件中的適當方法來完成工作❷。您可以輕鬆擴展 Bank 物件來處理一些額外的查詢，例如查詢銀行的營業時間、地址或電話號碼等。這些資料可以簡單地當作附加的實例變數存放在 Bank 物件內。銀行無需與任何 Account 物件溝通交流就能回答這些問題。

當發出關閉帳戶的請求時❸，主程式碼會呼叫 Bank 物件的 closeAccount() 方法來關閉帳戶。Bank 物件使用如下程式行從其帳戶字典中刪除特定的帳戶：

```
del self.accountsDict[userAccountNumber]
```

請回想一下我們對物件的定義是資料，再加上隨著時間的推移要在該資料進行操作的程式碼，而刪除物件的能力展示了我們定義物件的第三部分。我們可以隨時建立一個物件（在本例中是 Account 物件），而不是只在程式啟動時建立。

在這支程式中，每當使用者決定要開立帳戶時都會建立一個新的 Account 物件，這裡的程式碼可以透過呼叫其方法來使用該物件。我們也可以隨時刪除物件，以銀行這個範例來看，當使用者選擇要關閉帳戶時，就表示要刪除物件。這個範例展了物件（如 Account 物件）是具有生命週期的，從建立到刪除都是會發生的。

更好的錯誤例外處理

到目前為止，在我們的 Account 類別中，如果某個方法檢測到錯誤（例如，使用者存入負數值、輸入錯誤的密碼、提取負數值等），我們的佔位符號解決方案是返回 None 作為信號來表示出問題了。在本節中，我們會討論的更好做法是透過使用 try/except 區塊和引發例外來處理錯誤。

try 和 except

當 Python 標準程式庫中的函式或方法在執行時期發生錯誤或不正常情況時，該函式或方法就會透過引發例外（有時稱為拋出或生成例外）來發出錯誤信號。我們可以使用 try/except 來建構例外的檢測並做出反應。以下是常用的形式：

```
try:
    # 可能引發錯誤的一些程式碼（引發例外）
except <some exception name>: # 如果發生例外
    # 處理例外的一些程式碼
```

如果 try 區塊內的程式碼運作正常且沒有產生例外，則跳過 except 子陳述句，並繼續 except 區塊之後的執行。但是，如果 try 區塊中的程式碼導致例外，則將控制權傳給 except 陳述句。如果發生的例外與 except 陳述句中列出的例外（或多個例外之一）相符匹配，則控制會轉移到 except 子陳述句的程式碼，這就是所謂的捕捉例外，這個內縮的區塊中一般含有用於回報和（或）從錯誤中恢復的程式碼。

以下是個簡單的範例，我們向使用者請求一個數字並嘗試將其轉換為整數：

```
age = input('Please enter your age: ')
try: # 嘗試轉換為整數
    age = int(age)
```

```
except ValueError: # 如果在轉換時發生例外
    print('Sorry, that was not a valid number')
```

呼叫 Python 標準程式庫能生成標準例外，例如 TypeError、ValueError、Name
Error、ZeroDivisionError 等。在此範例中，如果使用者輸入字母或浮點數，則
內建的 int() 函式會引發 ValueError 例外，並將控制權轉移到 except 區塊中的
程式碼。

raise 陳述句和自訂例外

如果您的程式碼檢測到執行時期錯誤情況，則可以使用 raise 陳述句來發出例
外信號。raise 陳述句有多種形式，其標準的做法是使用以下語法：

```
raise <ExceptionName>('<Any string to describe the error>')
```

對於上面的 <ExceptionName>，您有三個選擇可用。第一個，如果存在與您檢
測到的錯誤相符的標準例外（TypeError、ValueError、NameError、Zero Divi
sionError 等），可直接使用它。您還可以新增自己的描述字串：

```
raise ValueError('You need to specify an integer')
```

第二個選擇是，可以使用通用的 Exception 例外來處理：

```
raise Exception('The amount cannot be a floating-point number')
```

但這種做法是不受歡迎的，因為標準做法是寫出 except 陳述句來按名稱尋找例
外，而這裡並沒有提供特定的名稱。

第三種選擇，也許是最好的選擇，是建立屬於自己的自訂例外。這很容易做
到，但涉及使用繼承的技術（我們會在第 10 章詳細討論）。以下是您建立自己
的例外時所需的全部語法：

```
# 定義自訂例外
class <CustomExceptionName>(Exception):
    pass
```

您為例外提供一個唯一的名稱。隨後可以在程式碼中以 raise 陳述句來引發自
訂例外。建立自己的例外意味著您可以在更高層級的程式碼中按名稱顯式檢查

這些例外。在下一小節中，我們會重寫銀行範例的程式碼，以便在 Bank 和 Account 類別中引發自訂例外，檢查並回報主程式碼中的錯誤。主程式碼會回報錯誤但允許程式繼續執行。

在典型的情況下，raise 陳述句會導致目前函式或方法退出，並將控制權交還給呼叫方。如果呼叫方有捕捉例外的 except 子陳述句，則在這個 except 子陳述句內繼續執行。否則，該函式或方法會退出。此過程會一直重複，直到 except 子陳述句捕捉到例外止。控制是依照呼叫序列傳回的，如果沒有 except 子陳述句捕捉例外，則程式會退出，而 Python 會顯示錯誤。

在銀行程式中使用例外

現在重寫之前銀行範例程式的三個層級（main、Bank 和 Account），使用 raise 陳述句發出錯誤信號，並用 try/except 區塊處理錯誤。

使用了例外處理的 Account 類別

Listing 4-9 是 Account 類別的新版本，這裡重寫成使用例外並進行了最佳化，因此不會重複任何程式碼。我們先定義一個自訂的 AbortTransaction 例外，如果使用者嘗試在銀行程式進行交易時發現一些錯誤，就會引發這個例外。

↳ 檔案：BankOOP6_UsingExceptions/Account.py（修改來配合之後的 Bank.py）
Listing 4-9：修改 Account 類別，使用 raise 陳述句來引發例外

```
# Account 類別
# 錯誤會由 raise 陳述句指出

# 定義自訂的例外
class AbortTransaction(Exception):  ❶
    '''raise this exception to abort a bank transaction'''
    pass

class Account():
    def __init__(self, name, balance, password):
        self.name = name
        self.balance = self.validateAmount(balance)  ❷
        self.password = password

    def validateAmount(self, amount):
        try:
            amount = int(amount)
```

```
            except ValueError:
                raise AbortTransaction('Amount must be an integer') ❸
        if amount <= 0:
            raise AbortTransaction('Amount must be positive') ❹
        return amount

    def checkPasswordMatch(self, password): ❺
        if password != self.password:
            raise AbortTransaction('Incorrect password for this account')

    def deposit(self, amountToDeposit): ❻
        amountToDeposit = self.validateAmount(amountToDeposit)
        self.balance = self.balance + amountToDeposit
        return self.balance

    def getBalance(self):
        return self.balance

    def withdraw(self, amountToWithdraw): ❼
        amountToWithdraw = self.validateAmount(amountToWithdraw)
        if amountToWithdraw > self.balance:
            raise AbortTransaction('You cannot withdraw more than you
                                    have in your account')
        self.balance = self.balance - amountToWithdraw
        return self.balance

    # 為了除錯而加入
    def show(self):
        print('        Name:', self.name)
        print('        Balance:', self.balance)
        print('        Password:', self.password)
```

程式一開始是定義自訂的 AbortTransaction 例外❶，以便我們可以在此類別和匯入此類別的其他程式碼中使用。

在 Account 類別的 __init__() 方法中，我們透過呼叫 validateAmount() 來確保作為起始餘額所提供的金額是有效的❷，該方法使用 try/except 區塊來確定起始金額能成功轉換為整數值。如果對 int() 的呼叫失敗，則會引發 ValueError 例外，該例外會在 except 子陳述句中捕捉。除了允許把通用的 ValueError 返回給呼叫方之外，except 區塊❸的程式碼會執行 raise 陳述句，引發 AbortTransaction 例外，顯示含有說明意義的錯誤訊息字串。如果轉換為整數是成功的，則執行另一個檢測。若使用者給的是負數值，我們也會引發 AbortTransaction 例外❹，但使用不同的訊息字串來說明其錯誤的意思。

checkPasswordMatch() 方法❺由 Bank 物件中的方法來呼叫，以檢查使用者提供的密碼是否與 Account 中存放的密碼相符。如果不相符，則執行另一個帶有相同例外的 raise 陳述句，但這裡提供更具描述說明的錯誤訊息字串。

這樣可以簡化 deposit() ❻ 和 withdraw() ❼ 的程式碼，因為這些方法假定在呼叫之前已經驗證了金額和驗證了密碼的有效性。在 withdraw() 中有一個額外的檢查，用來確保使用者不會試著提出比帳戶餘額更多的金額，如果發生這種狀況，可使用適當的描述訊息字串來引發 AbortTransaction 例外。

由於此類別中沒有處理 AbortTransaction 例外的程式碼，因此無論何時引發例外，都會把控制權傳回給呼叫方。如果呼叫方也沒有處理例外的程式碼，則把控制權再傳回前一個呼叫方，以此類推，直到呼叫堆疊為上。正如我們將會看到的內容，主程式碼會處理這個例外。

最佳化 Bank 類別

完整的 Bank 類別程式碼可以到本書前面列出的網站下載查閱。在 Listing 4-10 中因版面有限，僅展示了一些範例方法，這些範例方法透過呼叫先前更新的 Account 類別中的方法來示範 try/except 技術。

📁 檔案：BankOOP6_UsingExceptions/Bank.py（修改來配合之後的 Account.py）
Listing 4-10：修改 Bank 類別

```python
# Bank 管理著 Account 物件的字典

from Account import *

class Bank():
    def __init__(self, hours, address, phone): ❶
        self.accountsDict = {}
        self.nextAccountNumber = 0
        self.hours = hours
        self.address = address
        self.phone = phone

    def askForValidAccountNumber(self): ❷
        accountNumber = input('What is your account number? ')
        try: ❸
            accountNumber = int(accountNumber)
        except ValueError:
            raise AbortTransaction('The account number must be an integer')
        if accountNumber not in self.accountsDict:
            raise AbortTransaction('There is no account ' + str(accountNumber))
        return accountNumber

    def getUsersAccount(self): ❹
        accountNumber = self.askForValidAccountNumber()
        oAccount = self.accountsDict[accountNumber]
```

```
        self.askForValidPassword(oAccount)
        return oAccount

--- 版面有限，省略一些方法 ---

    def deposit(self): ❺
        print('*** Deposit ***')
        oAccount = self.getUsersAccount()
        depositAmount = input('Please enter amount to deposit: ')
        theBalance = oAccount.deposit(depositAmount)
        print('Deposited:', depositAmount)
        print('Your new balance is:', theBalance)

    def withdraw(self): ❻
        print('*** Withdraw ***')
        oAccount = self.getUsersAccount()
        userAmount = input('Please enter the amount to withdraw: ')
        theBalance = oAccount.withdraw(userAmount)
        print('Withdrew:', userAmount)
        print('Your new balance is:', theBalance)

    def getInfo(self): ❼
        print('Hours:', self.hours)
        print('Address:', self.address)
        print('Phone:', self.phone)
        print('We currently have', len(self.accountsDict), 'account(s) open.')

    # 只提供給銀行管理者的特殊方法
    def show(self):
        print('*** Show ***')
        print('(This would typically require an admin password)')
        for userAccountNumber in self.accountsDict:
            oAccount = self.accountsDict[userAccountNumber]
            print('Account:', userAccountNumber)
            oAccount.show()
            print()
```

Bank 類別以 __init__() 方法❶為起始，該方法將所有相關資訊存放在實例變數之中。

新的 askForValidAccountNumber() 方法❷會從許多其他方法中呼叫，以向使用者詢問帳號並試著驗證給定的編號。一開始時，它有一個 try/except 區塊❸以確保該數字是整數值。如果不是整數，則 except 區塊將錯誤檢測為 ValueError 例外，但透過 raise 陳述句引發具有描述性訊息的自訂 AbortTransaction 例外來更清楚地回報錯誤的原因。接著會檢查以確保給定的帳號是銀行存放的正確帳號。如果不是，則會引發 AbortTransaction 例外，但會顯示出不同的錯誤訊息字串。

新的 getUsersAccount() 方法❹會先呼叫前面的 askForValidAccountNumber() 方法，隨後使用帳號找到對應相符的 Account 物件。請留意，此方法中沒有用到 try/except。如果在 askForValidAccountNumber()（或更低層級）中引發例外，此方法就會馬上返回到呼叫方。

deposit() ❺和 withdraw() ❻方法在同一個類別中呼叫 getUsersAccount()。同樣地，如果他們對 getUsersAccount() 的呼叫引發了例外，則該方法會退出並把例外向上傳給呼叫方。如果所有檢測都通過了，deposit() 和 withdraw() 的程式碼呼叫指定 Account 物件中相同命名的方法來執行實際的交易。

getInfo() ❼方法回報有關銀行的資訊（營業時間、地址、電話），而且不會存取任何個別的帳戶資料。

處理例外的主程式碼

Listing 4-11 顯示了更新後的主程式碼，重寫讓程式處理自訂例外。這是向使用者回報發生錯誤的地方。

⤷ 檔案：BankOOP6_UsingException/Main_Bank_Version6.py
Listing 4-11：主程式碼使用 try/except 處理錯誤

```python
# 控制 Bank 物件建立帳戶的主程式
from Bank import *

# 建立 Bank 的實例
oBank = Bank('9 to 5', '123 Main Street, Anytown, USA', '(650) 555-1212') ❶

# 主程式碼
while True: ❷
    print()
    print('To get an account balance, press b')
    print('To close an account, press c')
    print('To make a deposit, press d')
    print('To get bank information, press i')
    print('To open a new account, press o')
    print('To quit, press q')
    print('To show all accounts, press s')
    print('To make a withdrawal, press w ')
    print()

    action = input('What do you want to do? ')
    action = action.lower()
    action = action[0]  # 擷取第一個字母
    print()
```

```
❸ try:
      if action == 'b':
          oBank.balance()
      elif action == 'c':
          oBank.closeAccount()
      elif action == 'd':
          oBank.deposit()
      elif action == 'i':
          oBank.getInfo()
      elif action == 'o':
          oBank.openAccount()
      elif action == 'q':
          break
      elif action == 's':
          oBank.show()
      elif action == 'w':
          oBank.withdraw()
❹ except AbortTransaction as error:
      # 印出錯誤訊息的文字
      print(error)

print('Done')
```

主程式碼一開始是建立一個 Bank 物件❶。然後在迴圈中，它向使用者顯示一個頂層功能選單並詢問希望執行什麼操作❷。它會為每項選擇的命令呼叫對應適當的方法來進行操作。

在上述程式中的重點是，我們在所有使用 oBank 物件❸的相關方法呼叫中加了一個 try 區塊來配合。如此一來，如果任何方法的呼叫引發了 AbortTransaction 例外，則會把控制權轉移到 except 陳述句來處理❹。

例外是物件。在 except 子陳述句中會處理在所有較低層級所引發的 AbortTransaction 例外。我們把例外的值指定給 error 變數。當我們印出該變數的內容時，使用者就會看到相關的錯誤訊息。由於例子是在 except 子陳述句中處理的，因此程式還會繼續執行，回到頂層功能選單詢問使用者希望要進行什麼處理。

在物件串列上呼叫相同的方法

與我們的銀行範例不同，在不需要唯一標識單個物件的情況下，使用物件串列是非常有效的做法。假設您正在編寫遊戲程式，您需要建立一些壞人、宇宙飛船、子彈、殭屍或其他任何東西時，這樣的物件通常都會有一些需要記住的資

料和可以執行的操作。只要每個物件不需要唯一標識子，處理此問題的標準做法是從類別中建立物件的多個實例物件，並將所有物件放入串列內：

```python
objectList = [] # 以一個空的串列為起始
for i in range(nObjects):
    oNewObject = MyClass() # 建立新的實例
    objectList.append(oNewObject) # 把物件存放到串列內
```

在遊戲程式中，我們把遊戲世界表示成一個大網格，就像一張試算表格。我們希望把怪物放置在網格中隨機的位置。Listing 4-12 顯示了某個 Monster 類別的起始內容，列出了它的 __init__() 方法和 move() 方法。當 Monster 被實例化時，會放入網格中的列數和欄數以及最大速度，並選擇一個隨機的起始位置和速度。

↳ 檔案：MonsterExample.py
Listing 4-12：可以用來實例化出許多怪物的 Monster 類別

```python
import random

class Monster()
    def __init__(self, nRows, nCols, maxSpeed):
        self.nRows = nRows # 儲存
        self.nCols = nCols # 儲存
        self.myRow = random.randrange(self.nRows) # 選一個隨機的列
        self.myCol = random.randrange(self.nCols) # 選一個隨機的欄
        self.mySpeedX = random.randrange(-maxSpeed, maxSpeed + 1) # 選一個 X 速度
        self.mySpeedY = random.randrange(-maxSpeed, maxSpeed + 1) # 選一個 Y 速度
        # 設定其他像 health、power 等的實例變數

    def move(self):
        self.myRow = (self.myRow + self.mySpeedY) % self.nRows
        self.myCol = (self.myCol + self.mySpeedX) % self.nCols
```

利用這個 Monster 類別，我們可以建立一個 Monster 物件串列，如下所示：

```python
N_MONSTERS = 20
N_ROWS = 100 # 可以是任意大小
N_COLS = 200 # 可以是任意大小
MAX_SPEED = 4
monsterList = [] # 以一個空串列為起始
for i in range(N_MONSTERS):
    oMonster = Monster(N_ROWS, N_COLS, MAX_SPEED) # 建立一個 Monster
    monsterList.append(oMonster) # 新增 Monster 到串列中
```

這個迴圈會實例化出 20 個 Monster 物件，每個怪物都有自己在網格中的起始位置和各自的速度。有了物件串列之後，在程式中當您想要讓各個物件執行相同的操作時，可編寫一個簡單的迴圈來處理，對串列中每個物件的相同方法進行呼叫：

```
for objectVariable in objectVariablesList:
    objectVariable.someMethod()
```

舉例來說，如果我們希望讓各個 Monster 物件移動，可以使用下列這樣的迴圈來進行操作：

```
for oMonster in monsterList:
    oMonster.move()
```

由於每個 Monster 物件都會記住自己的位置和速度，因此在 move() 方法中，每個 Monster 都可以移動並記住它的新位置。

這種建構物件串列並呼叫串列內所有物件相同方法的技術非常有用，它是處理類似物件集合的標準做法。我們在稍後的章節使用 pygame 建構遊戲程式時，就會經常使用這種方法來進行處理。

介面與實作

前面介紹的 Account 類別中似乎有執行良好的方法和實例變數。如果您能確信您寫的程式碼能執行得很好時，就不再需要關注類別中的細節了。當類別已能順利處理您想讓它做的事情時，需要記住的就是類別中有哪些方法可用。有兩種不同的方式來看待類別的運用：關注它能夠做什麼（介面）和它在內部如何運作（實作）。

介面（**interface**）
這是類別提供之方法的集合（以及每個方法期望的參數）。介面顯示了從該類別建立的物件能處理什麼操作。

實作（**implementation**）
類別的實際程式碼內容，它展示了物件是如何運作的細節。

如果您是類別的開發或維護人員，就需要完全理解實作細節，掌握所有方法的程式碼以及它們如何協作來怎麼影響實例變數。如果您只是在寫程式碼時引用某個類別，那只需要關注介面即可，知道類別中有什麼可用的方法，需要傳入方法的值是什麼，以及方法會返回的什麼值。如果您屬於個人編寫程式碼（單人團隊），那麼您就會是類別的實作者又是其介面的使用者。

只要類別的介面不改變，類別中的實作細節隨時變更也沒有關係。也就是說，如果您發現有更快或更有效的處理方式來實作方法，則變更類別內部的相關程式碼，這不會對程式的其他部分產生任何不良的副作用。

總結

物件管理器物件（object manager object）是管理其他物件的物件。它透過擁有一個或多個實例變數來做到這一點，這些實例變數可以是由其他物件組成的串列或字典。物件管理器可以呼叫任何特定物件或所有託管物件的方法。這項技術把所有託管物件的完整控制權交給物件管理器。

當您在方法或函式中遇到錯誤時，可以引發例外。raise 陳述句會把控制權返回給呼叫方。呼叫方可以把呼叫放在 try 區塊中來檢測潛在的錯誤，並且它可以用 except 區塊對任何此類錯誤做出回應。

類別的介面（interface）是類別中所有方法和相關參數的說明文件。實作（implementation）是類別的實際程式碼細節。您需要了解的內容取決於您的所扮演的是什麼角色。類別的開發或維護人員需要了解程式碼的細節，而運用類別的任何人則只需要了解該類別所提供的介面是什麼。

PART 2

使用 Pygame 開發
圖形使用者介面（GUI）程式

本篇的這些章節會向您介紹 pygame 入門與運用，這是個為 GUI 程式加入通用功能的外部套件。Pygame 允許您設計和編寫出具有視窗、回應滑鼠游標和鍵盤輸入、播放聲音等功能的 Python 程式。

第 5 章的內容會讓您了解基本的 pygame 工作原理，並為建構以 pygame 為基礎的程式提供標準的範本樣板。我們會先開發一些簡單的程式，建構一個用鍵盤操控影像圖型的程式，隨後會建構一個球類彈跳程式。

第 6 章解釋了 pygame 是為何能當作物件導向框架好好發揮。您會看到如何使用物件導向的技術重寫球類彈跳程式，並開發簡單的按鈕和文字輸入欄位。

第 7 章描述了 pygwidgets 模組的應用，此模組含有許多標準使用者介面 widgets 小工具的完整實作，如按鈕、輸入和輸出欄位、選項鈕、核取方塊等，所有這些內容都是使用物件導向程式設計來開發的。所有程式碼都能供您取用，方便您可以使用它來建構自己的應用程式。這裡會提供幾個範例來示範和解說。

5

Pygame 入門

Python 語言原本設計的宗旨是用來處理文字輸入和文字輸出。Python 有能力可以從使用者、檔案和網路等途徑取得的文字，也能把文字傳送到這些途徑。然而，核心語言無法處理更現代的應用概念，例如視窗、滑鼠游標點按、聲音等的運用。如果您想用 Python 建構比文字型程式更先進的程式時要怎麼辦呢？在本章中，我會介紹 **pygame**，這是個免費的開放原始碼外部套件，其設計宗旨是要擴充 Python 的功能，允許程式設計師開發建構電玩遊戲程式。我們還可以利用pygame來建構其他類型的圖形使用介面（GUI）互動式程式，它增加了建立視窗、顯示影像、識別滑鼠游標移動和點按、播放聲音等的功能。簡而言之，它允許 Python 程式設計師開發現今電腦使用者已經熟悉的圖形使用者介面類型的電玩程式和應用程式。

我無意把大家都變成遊戲開發的程式設計師（雖然這可能是個有趣的結果），相反地，我會以 pygame 環境來讓某些物件導向的程式設計技術更清晰、更直觀。透過使用 pygame 讓物件在視窗中變成可見的，並處理與這些物件互動的使用者操作，您應該能更深入地了解怎麼有效運用 OOP 技術。

本章提供了 pygame 的一般入門介紹,因此本章中的大部分資訊和範例都是用程序式的程式碼來編寫方式。從下一章開始,我才會解釋如何在 pygame 中有效地使用 OOP 技術。

安裝 Pygame

Pygame 是個免費下載的軟體套件。我們會使用套件管理程式 pip(pip installs packages 的縮寫)來安裝 Python 套件。正如簡介中提到的,我假設您已經從 python.org 安裝了 Python 的正式版本。pip 程式內含在該下載版本中,因此您應該已經安裝了這個管理程式。

與標準應用程式不同,您必須從命令行模式中執行 pip。若是在 Mac 系統中,則要啟動 Terminal 應用程式(位於 Applications 資料夾內的 Utilities 子資料夾中)。在 Windows 系統內,則要點按 Windows 圖示,鍵入 cmd,然後按 ENTER 鍵開啟命令提示字元模式。

> **NOTE**
>
> 本書雖未在 Linux 系統測試,但大多數(如果不是全部)內容應該只需很少的調整即可運作。要在 Linux 發行版上安裝 pygame,請以您習慣的操作方式開啟終端機來執行。

在命令行模式中輸入以下命令:

```
python3 -m pip install -U pip --user
python3 -m pip install -U pygame –user
```

上述第一行命令確保您擁有最新版本的 pip 程式。第二行則是安裝最新版本的 pygame。

如果您在安裝 pygame 時遇到任何問題,請參閱 https://www.pygame.org/wiki/GettingStarted 上的 pygame 說明文件。若想要測試 pygame 是否已正確安裝,請打開 IDLE(此開發環境與 Python 預設實作程式在安裝時會一起裝進系統內),然後在 shell 視窗中輸入如下內容:

```
import pygame
```

如果您看到一條訊息回應說「Hello from the pygame community」，或者您根本沒有收到任何訊息，那就表示 pygame 已正確安裝好。沒有出現錯誤訊息表明 Python 已經能夠找到並載入 pygame 套件，所以您可以使用了。如果您想查看 pygame 的範例遊戲，請輸入如下命令（啟動 Space Invaders 版本）：

```
python3 -m pygame.examples.aliens
```

在開始運用 pygame 之前，我需要解釋兩個重要的概念。第一個是解釋如何在使用 GUI 的程式中處理和定位單個像素。第二個則是討論事件驅動程式，以及這種程式與典型的文字型程式有何不同。隨後會編寫一些示範關鍵 pygame 功能的程式。

視窗的詳細內容

電腦螢幕是由大量列和欄構成的小點所組成，這些點稱為**像素（pixel** 這個字來自 **picture element** 的混合創造）。使用者是透過一個或多個視窗與 GUI 程式互動交流。每個視窗都是螢幕的一個矩形範圍。程式可以控制其視窗中任何單個像素的色彩。如果您正在執行多個 GUI 程式，各個程式通常都顯示在自己的視窗內。在本節中，我會討論如何定位和更改視窗中單個像素的呈現。這些概念並不專屬於 Python，其知識內容對所有電腦都是通用的，也適用於所有的程式語言。

視窗的座標系統

您可能已經熟悉如圖 5-1 所示網格中的笛卡兒座標。

笛卡兒座標網格中的任何點都可以透過指定其 x 和 y 座標（按該順序）來定位。原點是指定為 (0, 0) 的點，位於網格的中心。

電腦視窗座標的原理如圖 5-2 所示。

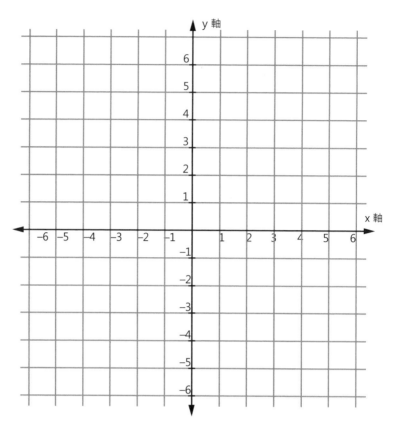

圖 5-1：標準的笛卡兒座標系統

圖 5-2：電腦視窗的座標系統

但是，有一些關鍵的區別：

1. 　原點 (0, 0) 位於視窗的左上角。

2. 　y 軸反轉，因此 y 值在視窗頂端是從 0 開始，並隨著往下而增加。

3. 　x 和 y 值始終為整數。每個 (x, y) 座標對可以指定視窗中的單個像素。這些值的指定始終是相對於視窗的左上角，而不是螢幕。如此一來，使用者可以在螢幕上移動視窗到任意位置，這樣也不會影響視窗中顯示的程式元素之座標。

整個電腦螢幕中的每個像素都有自己的 (x, y) 座標集，並使用相同類型的座標系統，但程式很少（如果有的話）需要處理螢幕座標。

當我們設計編寫一支 pygame 應用程式時，需要指定我們要建立之視窗的寬度和高度。在視窗內可以使用其 x 和 y 座標來定位任何像素點，如圖 5-3 所示。

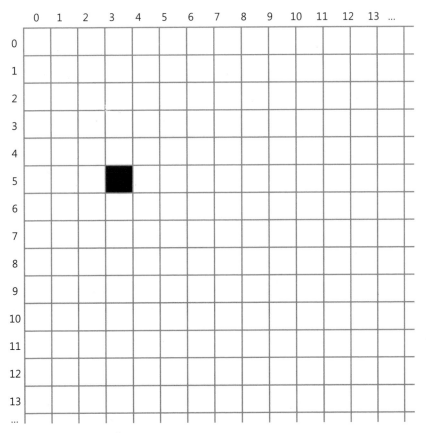

圖 5-3：在電腦視窗中的單個點（單個像素）

圖 5-3 顯示了位置 (3, 5) 的黑色像素。即 x 值為 3（請留意，這實際上是第 4 欄，因為座標是從 0 開始）和 y 值為 5（實際上是第 6 列）。視窗中的每個像素通常稱為一個「**點（point）**」。要參照指到視窗中的某個「點」，通常會使用 Python 元組（tuple，或譯多元組）來表示。舉例來說，您可能有如下這樣的指定值陳述句，其中 x 值在前：

```
pixelLocation = (3, 5)
```

要在視窗中顯示影像，我們需要將其起點的座標（始終是影像的左上角）指定為 (x, y) 對，如圖 5-4 所示，我們在位置 (3, 5) 開始繪製影像。

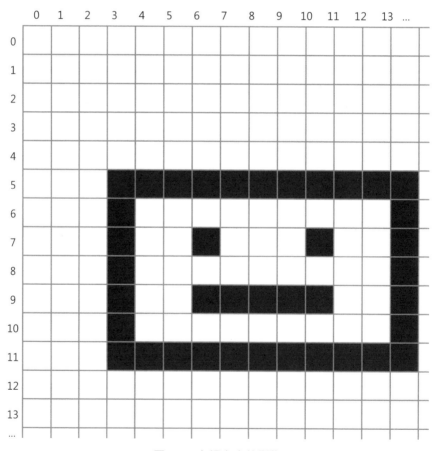

圖 5-4：在視窗中的影像

處理影像時，通常需要處理**邊界矩形**，它是可以製作的最小矩形，完全包住影像的所有像素。矩形在 pygame 中由一組四個值的集合來表示：x、y、寬度、

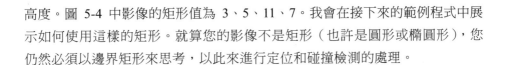

高度。圖 5-4 中影像的矩形值為 3、5、11、7。我會在接下來的範例程式中展示如何使用這樣的矩形。就算您的影像不是矩形（也許是圓形或橢圓形），您仍然必須以邊界矩形來思考，以此來進行定位和碰撞檢測的處理。

像素色彩

讓我們探討一下色彩在電腦螢幕上的表現方式。如果您有使用過 Photoshop 等影像處理程式的經驗，您可能已經知道它的原理是什麼，但無論如何，這裡的內容還是快速為您復習一下。

螢幕上的每個像素都由三種顏色的組合而成：紅色、綠色和藍色，通常稱為 RGB。任何像素中顯示的色彩都由一定數值的紅色、綠色和藍色混合組成，其中每種顏色的數值指定為從 0（表示無）到 255（表示全強度）的值。因此，每個像素有 256 × 256 × 256 種可能的組合，或 16,777,216 種（通常稱為「1600 萬」）種可能的色彩。

pygame 中的色彩以 RGB 值的形式列出，我們以三個數值的 Python 元組來表示。以下是為主要色彩建立常數的設定方式：

```
RED = (255, 0, 0) # 全紅、無綠、無藍
GREEN = (0, 255, 0) # 無紅、全綠、無藍
BLUE = (0, 0, 255) # 無紅、無綠、全藍
```

以下是更多色彩的定義範例。您可以使用 0 到 255 之間的三個數值的任意組合來創造色彩：

```
BLACK = (0, 0, 0) # 黑色，無紅、無綠、無藍
WHITE = (255, 255, 255) # 白色，全紅、全綠、全藍
DARK_GRAY = (75, 75, 75) # 深灰
MEDIUM_GRAY = (128, 128, 128) # 中灰
LIGHT_GRAY = (175, 175, 175) # 淺灰
TEAL = (0, 128, 128) # 青色，無紅；半綠、半藍
YELLOW = (255, 255, 0) # 黃色
PURPLE = (128, 0, 128) # 紫色
```

在 pygame 中，當您想要進行填滿視窗的背景、以某種色彩繪製形狀、以某種色彩繪製文字等處理時，您需要先指定色彩。把色彩預先定義為元組常數，讓它們在以後的程式碼中很容易識別和使用。

事件驅動程式

到目前為止，在本書中的大多數範例程式內，主程式碼都存放在一個 while 迴圈中。程式在呼叫內建 input() 函式時會暫停，並等待使用者的輸入。程式輸出通常呼叫 print() 來處理。

在互動式的 GUI 程式中，上述的處理模型就不再適用了。GUI 引入了一種新的運算模型，稱為**事件驅動模型**（**event-driven model**）。事件驅動程式不再依賴 input() 和 print()。相反地，使用者使用鍵盤和（或）滑鼠或其他指向裝置隨意與視窗中的元素進行互動。這類裝置可能會點按各種按鈕或圖示、從功能表中進行選取、在文字方塊欄位中提供輸入資料，或者利用點按一下或鍵盤按鍵來控制視窗中的某些化身角色。

> **NOTE**
>
> 當用於寫出某些中間結果值時，對除錯來說，呼叫 print() 來顯示仍然是非常有用的寫法。

事件驅動程式設計的核心是「**事件（event）**」這個概念。事件很難定義，最好用範例來描述，舉例來說，滑鼠按一下和鍵盤按下按鍵（每個事件實際上由兩個事件組成：分別為滑鼠按下和放開，以及鍵盤按鍵按下和放開）。以下是我所用的定義。

> **事件**（**event**）
>
> 程式執行時發生的事情，所發生的事是您的程式想要或需要回應的。大多數事件是由使用者的動作所生成的。

事件驅動的 GUI 程式會持續不斷地在無窮迴圈中執行。每次透過迴圈，程式都會檢查它需要回應的任何新事件，並執行適當的程式碼來處理這些事件。此外，每次迴圈時，程式都需要重新繪製視窗中的所有元素來更新使用者所看到的內容。

舉例來說，假設我們有個簡單的 GUI 程式，它顯示了兩個按鈕：Bark 和 Meow。按下「Bark」按鈕會播放狗吠聲，按下「Meow」按鈕會播放貓的喵叫聲（如圖 5-5）。

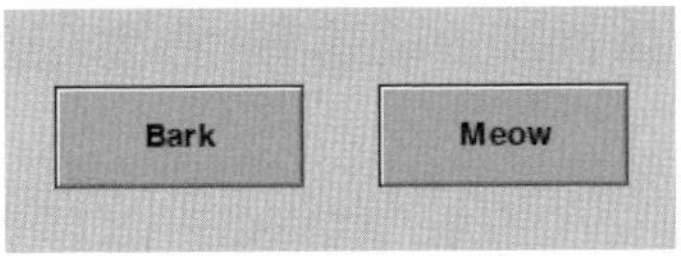

圖 5-5：有兩個按鈕的簡單 GUI 程式

使用者可以在任何時間以任何順序點按這些按鈕。為了處理使用者的操作，程式迴圈的執行會不斷檢查是否有按了哪一個按鈕。當它在按鈕上接收到滑鼠按下事件時，程式會記住該按鈕已被點按並繪製該按鈕被按下的影像。當它接收到按鈕的滑鼠放開事件時，它會記住新的狀態並以原本的外觀重新繪製按鈕，隨即播放指定的聲音。因為主迴圈執行的速度很快，所以使用者在點按按鈕後會立即感覺到聲音的播放。每次迴圈時，程式都會使用與按鈕目前狀態相符的影像來重繪。

使用 Pygame

一開始時，pygame 可能看起來像是個非常大的套件，其中含有許多不同功能可以呼叫使用。雖然套件很大，但實際上您不需要了解太多細節就可以啟動和執行小程式。為了解釋 pygame 的運用，我會先給讀者一個範本樣板，您可以用這個範本來建構所有 pygame 程式。隨後我會以這個範本模板為基礎，逐步加入更多關鍵功能。

在以下小節中，我會向讀者展示下的操作：

■ 開啟一個空白視窗。

■ 顯示影像。

■ 檢測滑鼠的點按。

■ 檢測單次和連續的鍵盤按鍵。

■ 建立一個簡單的動畫。

■ 播放音效和背景聲音。

■ 繪製形狀。

在下一章則會繼續討論 pygame 的運用，您會看到以下這些內容：

■ 多個物件的動畫展示。

■ 建構並回應按鈕。

■ 建立一個文字顯示欄位。

調出一個空白的視窗

正如我之前所說，pygame 程式會持續不斷迴圈執行以檢查事件。把您的程式看成是動畫可能會對於理解有所幫助，其中每次通過主迴圈都是動畫中的一幀影格。使用者可以在任何一幀影格中點按某些內容，您的程式不僅必須回應這個輸入，還必須追蹤它需要在視窗中繪製的所有內容。舉例來說，在本章後面的一個範例程式中，我們會在視窗中移動一個球，因此在每一幀影格畫面中，球都會被繪製在稍微不同的位置。

Listing 5-1 是一個通用範本模板，您可以把這個範本當作所有 pygame 程式的起點。該程式會開啟一個視窗並將整個內容塗成黑色。由於什麼都沒有，所以使用者能做的就是點按關閉按鈕結束程式。

↳ 檔案：PygameDemo0_WindowOnly/PygameWindowOnly.py

Listing 5-1：建立 pygame 程式的範本

```
# pygame demo 0 - 只有視窗

# 1 - 匯入套件
import pygame
from pygame.locals import *
import sys

# 2 - 定義常數
BLACK = (0, 0, 0)
WINDOW_WIDTH = 640
WINDOW_HEIGHT = 480
FRAMES_PER_SECOND = 30

# 3 - 初始化視窗的環境
pygame.init()
window = pygame.display.set_mode((WINDOW_WIDTH, WINDOW_HEIGHT))
clock = pygame.time.Clock()

# 4 - 載入相關內容：影像、聲音…等

# 5 - 初始化變數

# 6 - 持續執行的迴圈
while True:

    # 7 - 檢查和處理事件
    for event in pygame.event.get():
        # 是否有點按關閉按鈕? 退出 pygame 和結束程式
        if event.type == pygame.QUIT:
            pygame.quit()
            sys.exit()

    # 8 - 「每幀」影格要進行的動作

    # 9 - 清除視窗
    window.fill(BLACK)

    # 10 - 繪製所有視窗元素

    # 11 - 更新視窗
    pygame.display.update()

    # 12 - 放慢速度
    clock.tick(FRAMES_PER_SECOND)   # 讓 pygame 等待一會兒
```

讓我們來看看這個模板的不同部分：

1. 匯入套件。

   範本程式以 import 陳述句作為開頭。首先匯入 pygame 套件本身，然後在 pygame 中定義一些稍後會使用的常數。最後一個匯入的是 sys 套件，我們會使用它來退出結束程式。

2. 定義常數。

接下來是為程式定義要用到的常數。首先為 BLACK 定義 RGB 值色彩值，我們會使用它來繪製視窗的背景色彩。隨後為視窗的寬度和高度定義常數（以像素為單位），並為程式定義一個更新率常數，這個數字定義了程式每秒迴圈（並因此重繪視窗）的最大次數，這裡設 30 是相當典型常用的值。如果在主迴圈中完成的工作量過多，程式可能執行得比這個值還慢，但程式永遠不會執行比這個值更快。更新率太高可能會導致程式執行太快。在球的範例程式中，這表示球可能會比預期更快地在視窗周圍反彈。

3. 初始化 pygame 環境。

在這段程式中，我們會呼叫一個函式來告知 pygame 進行初始化。隨後會要求 pygame 使用 pygame.display.set_mode() 函式為程式建立一個視窗，並傳入所需的視窗寬度和高度資料。最後是呼叫另一個 pygame 函式來建立一個 clock 物件，該物件會在主迴圈的底部使用，以維持我們的最大的每幀速率。

4. 載入相關內容：影像、聲音…等。

這是個佔位的區段，我們最終會在這裡加入程式碼以從磁碟載入外部影像、聲音等資源，以供程式的使用。在這個基礎程式內，我們還沒有用到任何外部資源，所以這個區段目前是空的。

5. 初始化變數。

在這裡我們最終會初始化程式要使用的所有變數。目前還沒有用到，所以在這裡還沒有放入相關程式碼。

6. 持續執行的迴圈。

在這裡開始寫入程式的主迴圈。這是個簡單的 while True 無窮迴圈。同樣地，您可以把經過主迴圈的每次迭代看成是動畫中的一幀影格畫面。

7. 檢查和處理事件；通常稱為事件迴圈。

在這個區段中會呼叫 pygame.event.get() 來取得自上次檢查（主迴圈最後一次執行）以來發生的事件串列，隨後遍訪整個事件串列。每個回報給程式的事件都是一個物件，每個事件物件都有一個型別。如果沒有發生任何事件，則跳過此區段。

在目前這個小型程式中，使用者唯一可以執行的操作是關閉視窗，我們檢查的唯一事件型別是常數 pygame.QUIT，由 pygame 在使用者點按關閉按

鈕時生成。如果有檢測到這個事件，則會告知 pygame 要退出結束，這樣
會釋放它正在使用的所有資源，隨後就會退出我們的程式。

8. 「每幀」影格要進行的動作。

在這個區段內，我們把需要在每幀影格中執行的所有程式碼寫進去。這可
能涉及在視窗中移動東西或檢查元素之間的衝突。在目前這個小型程式
內，我們並沒有進行任何動作。

9. 清除視窗。

在主迴圈的每次迭代中，程式必須重繪視窗中的所有內容，這表示我們需
要先進行清除。最簡單的方法是只用一種色彩填入視窗，我們在這裡是利
用呼叫 window.fill() 來填入黑色背景。我們也可以繪製一張背景圖片，但
目前暫時不這麼做。

10. 繪製所有視窗元素。

在這個區段中，我們會放入想要在視窗中顯示之所有內容的繪製程式碼。
在這個範例程式內目前還沒有繪製任何內容。

在真實的程式中，事物是按照程式碼的順序來繪製的，繪製會從最後面一
層到最前面一層。舉例來說，假設我們要繪製兩個有部分重疊的圓，A 和
B。如果我們先繪製 A，A 會出現在 B 後面，而且 A 的一部分會被 B 遮
擋。如果我們先繪製 B，然後才繪製 A，則會發生相反的情況，我們看到
A 會疊在 B 前面。這是一種自然對映（natural mapping），相當於 Photoshop
等影像處理程式中的圖層概念。

11. 更新視窗。

這一行告知 pygame 取得我們含有的所有繪製內容，並將其顯示在視窗
中。Pygame 實際上在 off-screen 緩衝區中執行步驟 8、9 和 10 中的所有繪
製。當您告知 pygame 進行更新時，它會取得這個 off-screen 緩衝區的內容
並將它們放入真實視窗中。

12. 放慢速度。

電腦的速度非常快，如果迴圈立即繼續下一次迭代而不暫停，程式可能執
行得比指定的影格速率還快。這個區塊中的程式行告知 pygame 要等待給
定的時間過去，好讓程式執行的每幀影格能配合上我們指定的影格速率。
這對於確保程式以一致的速率執行是很重要的，而這個與執行它的電腦速
度無關。

若您執行這支程式時，程式只會彈出一個黑色的空白視窗。若想要結束程式，點按標題列右側的關閉按鈕即可。

繪製影像

接下來讓我們在視窗中繪製一些東西。顯示圖形影像有兩個部分要處理：首先是將影像載入到電腦的記憶體中，然後在應用程式視窗中顯示影像。

使用 pygame，所有影像（和聲音）都需要存置放在程式碼外部的檔案中。pygame 支援許多標準圖檔格式，像 .png、.jpg 和 .gif 等。在這裡的程式中，我們會從 ball.png 檔來載入一個球的影像圖片。提醒一下，與書中所有主要 Listing 相關的程式碼和隨附檔案都可從 https://www.nostarch.com/objectoriented python/ 和 https://github.com/IrvKalb/Object-Oriented-Python-Code/ 下載。

雖然在這個程式中只需要一個影像圖檔，但使用一致的方法來處理影像圖檔和聲音檔是個好主意，所以我在這裡列出其做法。首先要建立一個專案資料夾。把您的主程式以及含有Python 類別和函式的所有相關檔案都放入該資料夾內。隨後，在專案資料夾中建立一個 **images** 資料夾，把程式中會使用到的所有影像圖檔都放置要在這個資料夾內。另外還要建立一個 **sounds** 資料夾並程式中會使用到的所有聲音檔都放在那裡。圖 5-6 顯示了這支程式建議的檔案結構。本書中的所有範例程式都將使用這種專案資料夾結構來進行配置佈局。

```
∨ 📁 PygameDemo1_OneImage
  ∨ 📁 images
       🔵 ball.png
     📄 PygameOneImage.py
  ∨ 📁 sounds
```

圖 5-6：建議的專案資料夾和檔案結構

路徑（也稱為**路徑名稱**）是唯一標識電腦上檔案或資料夾位置的字串。要把影像圖檔或聲音檔載入到程式內，您必須指定檔案的路徑。路徑有兩種型式：相對路徑和絕對路徑。

相對路徑是相對於目前資料夾的路徑，通常也稱為目前工作目錄。當您使用 IDLE 或 PyCharm 等整合開發環境（IDE）來執行程式時，它會把目前資料夾

設定為包含您的主要 Python 程式的資料夾，以便您可以輕鬆使用相對路徑。在本書之中，我假設您使用的是整合開發環境（IDE），並將所有路徑表示為相對路徑。

與主程式 Python 檔案要放在同一資料夾中的影像圖檔（例如 ball.png），其相對路徑只是個字串形式的檔案名稱（例如 'ball.png'）。若使用建議的專案結構來呈現，其相對路徑會是「images/ball.png」。

這表示專案資料夾內會有另一個名為 **images** 的資料夾，而且該資料夾中有一個名為 **ball.png** 的檔案。在路徑字串中，資料夾名稱以斜線字元分隔。

但如果您希望從命令行執行程式，那麼您需要為所有檔案建構絕對路徑。絕對路徑是從檔案系統的根目錄開始並包含檔案的完整資料夾層級結構的路徑。要建構任何檔案的絕對路徑，您可以使用如下這樣的程式碼，它會在專案資料夾內的 **images** 資料夾中建構 ball.png 檔案的絕對路徑字串：

```
from pathlib import Path

# 把這個放到區段 #2，定義常數
BASE_PATH = Path(__file__).resolve().parent

# 建構在 images 資料夾中檔案的完整路徑
pathToBall = BASE_PATH + 'images/ball.png'
```

現在我們會繼續建構 ball 程式的內容，在前面的 12 個區段的範本中，只加入兩行新的程式碼，如 Listing 5-2 所示。

↳ 檔案：PygameDemo1_OneImage/PygameOneImage.py
Listing 5-2：載入一個影像圖檔和在每幀影格繪製這個影像

```
# pygame demo 1 - 繪製一個影像

--- 省略 ---
# 3 - 初始化視窗的環境
pygame.init()
window = pygame.display.set_mode((WINDOW_WIDTH, WINDOW_HEIGHT))
clock = pygame.time.Clock()

# 4 - 載入相關內容：影像、聲音…等
ballImage = pygame.image.load('images/ball.png') ❶

# 5 - 初始化變數

--- 省略 ---
```

```
# 10 - 繪製所有視窗元素
# 把球繪製在 x 軸 100 和 y 軸 200 的位置
❷ window.blit(ballImage, (100, 200))

# 11 - 更新視窗
pygame.display.update()

# 12 - 放慢速度
clock.tick(FRAMES_PER_SECOND) # 讓 pygame 等待一會兒
```

首先是告知 pygame 去找到 ball 影像圖檔並將圖檔載入到記憶體中 ❶。變數 ballImage 現在指到球的影像。請留意，這個指定值陳述句只執行一次，是放在主迴圈開始之前。

> **NOTE**
>
> 在 pygame 的官方說明文件中，每個影像，包括應用程式視窗，都稱為一個「**表面（surface）**」。我會使用更具體的術語：我會把應用程式視窗簡單稱為「**視窗（window）**」，把從外部檔案載入的任何「**圖片（picture）**」稱為「**影像（image）**」。對於動態繪製的圖片則還是保留用術語「**表面（surface）**」。

隨後告知程式在每次通過主迴圈時繪製球的影像 ❷。我們指定表示放置影像的邊界矩形左上角的位置，通常作為 x 和 y 座標的多元組。

函式名稱 blit() 是「**bit block transfer（位元區塊傳輸）**」一詞的縮寫引用，但在這裡實際上就是「繪製」。由於程式之前已載入了球的影像，pygame 知道影像的大小，所以我們只需要告知在哪個座標位置繪製球的影響即可。在 Listing 5-2 中，我們給 x 值是 100 和 y 值是 200。

當您執行程式時，在迴圈的每次迭代（每秒 30 次）中，視窗中的每個像素都設定為黑色，然後把球繪製在背景上。從使用者的角度來看，似乎什麼都沒有發生──球只是停留在一個位置，其邊界矩形的左上角位在 (100, 200) 位置。

檢測滑鼠的點按

接下來是讓程式檢測滑鼠的點按並做出反應。使用者能夠點按球的影像，使其出現在視窗的其他位置。當程式檢測到滑鼠點按球的影像時，它會隨機選擇新的座標並在新位置繪製出球的影像。我們會建立兩個變數，ballX 和 ballY，而不是使用把座標 (100, 200) 值寫死在程式碼內，而球的影像在視窗中的座標是以 (ballX, ballY) 元組表示。Listing 5-3 列出了程式碼內容。

↳ 檔案：PygameDemo2_ImageClickAndMove/PygameImageClickAndMove.py
Listing 5-3：檢測滑鼠的點按和進行動作

```python
# pygame demo 2 - 一個影像，點按和移動

# 1 - 匯入套件
import pygame
from pygame.locals import *
import sys
import random  ❶

# 2 - 定義常數
BLACK = (0, 0, 0)
WINDOW_WIDTH = 640
WINDOW_HEIGHT = 480
FRAMES_PER_SECOND = 30
BALL_WIDTH_HEIGHT = 100  ❷
MAX_WIDTH = WINDOW_WIDTH - BALL_WIDTH_HEIGHT
MAX_HEIGHT = WINDOW_HEIGHT - BALL_WIDTH_HEIGHT

# 3 - 初始化 pygame 環境
pygame.init()
window = pygame.display.set_mode((WINDOW_WIDTH, WINDOW_HEIGHT))
clock = pygame.time.Clock()

# 4 - 載入相關內容：影像、聲音…等
ballImage = pygame.image.load('images/ball.png')

# 5 - 初始化變數
ballX = random.randrange(MAX_WIDTH)  ❸
ballY = random.randrange(MAX_HEIGHT)
ballRect = pygame.Rect(ballX, ballY, BALL_WIDTH_HEIGHT, BALL_WIDTH_HEIGHT)  ❹

# 6 - 持續執行的迴圈
while True:

    # 7 - 檢查和處理事件
    for event in pygame.event.get():
        # 是否有點按關閉按鈕? 退出 pygame 和結束程式
        if event.type == pygame.QUIT:
            pygame.quit()
            sys.exit()

        # 看看使用者是否有點按滑鼠
❺       if event.type == pygame.MOUSEBUTTONUP:
            # mouseX, mouseY = event.pos   #   如果有需要可這樣處理

            # 檢測是否有點按在球影像的矩形範圍內
            # 如果有，則隨機選一個新的位置
❻           if ballRect.collidepoint(event.pos):
                ballX = random.randrange(MAX_WIDTH)
                ballY = random.randrange(MAX_HEIGHT)
                ballRect = pygame.Rect(ballX, ballY, BALL_WIDTH_HEIGHT,
                                       BALL_WIDTH_HEIGHT)
```

```
# 8 -「每幀」影格要進行的動作

# 9 - 清除視窗
window.fill(BLACK)

# 10 - 繪製所有視窗元素
# 把球繪製隨機的位置
❼ window.blit(ballImage, (ballX, ballY))

# 11 - 更新視窗
pygame.display.update()

# 12 - 放慢速度
clock.tick(FRAMES_PER_SECOND)  # 讓 pygame 等待一會兒
```

由於我們需要為球的座標生成隨機數,所以需要匯入 random 套件❶。

隨後加入一個新的常數來定義影像圖的高度和寬度為 100 像素❷。我們還建立
了另外兩個常數來限制最大寬度和高度的座標。透過使用這些常數而不是直接
寫上視窗的大小,這樣就能確保球的影像始終會完全顯示在視窗內(請記住,
我們所指到影像的位置,其實是指定其左上角的位置)。我們利用這些常數為
球影像的起始 x 和 y 座標選擇隨機值❸。

接下來是呼叫 pygame.Rect() 來建立一個矩形❹。定義一個矩形需要四個參
數:一個 x 座標、一個 y 座標、一個寬度和一個高度,其放置的順序如下:

```
<rectObject> = pygame.Rect(<x>, <y>, <width>, <height>)
```

這行程式會返回一個 pygame 矩形物件,或 rect。我們會在事件處理中使用這個
球的矩形物件。

這裡的程式還新增了檢查使用者是否有點按滑鼠的程式碼。如前所述,滑鼠點
按實際上由兩個不同的事件組成:滑鼠按下(mouse down)事件和滑鼠放開
(mouse up)事件。由於滑鼠放開事件通常用於表示啟用,我們只在此處尋找
該事件是否發生。此事件由 pygame.MOUSEBUTTONUP ❺的新 event.type 值發
出訊號。當我們發現了滑鼠放開事件時,就會檢查使用者點按的位置是否在球
的目前矩形範圍內。

當 pygame 檢測到事件有發生時,它會建構一個包含大量資料的事件物件。以
這裡的範例來看,我們只關心事件發生的 x 和 y 座標,所以使用 event.pos 尋找
點按的 (x, y) 位置,這個座標值是個提供了兩個值的元組。

NOTE

如果我們需要分開點按的 x 和 y 座標，可以解開元組並將值儲存到兩個變數內，做法如下所示：

mouseX, mouseY = event.pos

接著是使用 collidepoint() ❻ 來檢查事件是否發生在球的矩形內，其語法是：

```
<booleanVariable> = <someRectangle>.collidepoint(<someXYLocation>)
```

如果給定的點座標有在矩形內，則該方法會返回布林值 True。如果使用者點按了球的影像，就會隨機生成 ballX 和 ballY 的新值。我們使用這些值在新的隨機位置為球建立新的矩形。

這裡唯一的變化是我們都一直是在元組 (ballX, ballY) ❼給定的位置繪製球的影像。效果是每當使用者在球的矩形內點按滑鼠時，球的影像似乎會移動到視窗中某個新的隨機位置。

處理鍵盤

下一步是允許使用者透過鍵盤來控制程式的某些動作。有兩種不同的方式來處理使用者鍵盤的互動：當作單獨的按鍵，以及當使用者按住某個鍵來指示只要該鍵被按下時要應該發生動作（稱為連續模式）。

單個按鍵的識別

就像滑鼠的點按一樣，每次按鍵都會產生兩個事件：按下（key down）和放開（key up）。這兩個事件有不同的事件型別：pygame.KEYDOWN 和 pygame.KEYUP。

Listing 5-4 展示了一個小型的範例程式，此程式允許使用者利用鍵盤在視窗中移動球的影像。這支程式還會在視窗口中顯示一個目標矩形。使用者的目標是移動球的影像到目標矩形的位置，讓它們重疊。

↳ 檔案：PygameDemo3_MoveByKeyboard/PygameMoveByKeyboardOncePerKey.py
Listing 5-4：檢測單個鍵盤按鍵的按下放開以及進行的動作

```
# pygame demo 3(a) - 一個影像，由鍵盤移動

# 1 - 匯入套件
import pygame
from pygame.locals import *
import sys
import random

# 2 - 定義常數
BLACK = (0, 0, 0)
WINDOW_WIDTH = 640
WINDOW_HEIGHT = 480
FRAMES_PER_SECOND = 30
BALL_WIDTH_HEIGHT = 100
MAX_WIDTH = WINDOW_WIDTH - BALL_WIDTH_HEIGHT
MAX_HEIGHT = WINDOW_HEIGHT - BALL_WIDTH_HEIGHT
TARGET_X = 400 ❶
TARGET_Y = 320
TARGET_WIDTH_HEIGHT = 120
N_PIXELS_TO_MOVE = 3

# 3 - 初始化 pygame 環境
pygame.init()
window = pygame.display.set_mode((WINDOW_WIDTH, WINDOW_HEIGHT))
clock = pygame.time.Clock()

# 4 - 載入相關內容：影像、聲音…等
ballImage = pygame.image.load('images/ball.png')
targetImage = pygame.image.load('images/target.jpg') ❷

# 5 - 初始化變數
ballX = random.randrange(MAX_WIDTH)
ballY = random.randrange(MAX_HEIGHT)
targetRect = pygame.Rect(TARGET_X, TARGET_Y, TARGET_WIDTH_HEIGHT,
TARGET_WIDTH_HEIGHT)

# 6 - 持續執行的迴圈
while True:

    # 7 - 檢查和處理事件
    for event in pygame.event.get():
        # 是否有點按關閉按鈕? 退出 pygame 和結束程式
        if event.type == pygame.QUIT:
            pygame.quit()
            sys.exit()

        # 看看是否為使用者按下鍵盤按鍵
    ❸ elif event.type == pygame.KEYDOWN:
            if event.key == pygame.K_LEFT:
                ballX = ballX - N_PIXELS_TO_MOVE
            elif event.key == pygame.K_RIGHT:
                ballX = ballX + N_PIXELS_TO_MOVE
```

```
            elif event.key == pygame.K_UP:
                ballY = ballY - N_PIXELS_TO_MOVE
            elif event.key == pygame.K_DOWN:
                ballY = ballY + N_PIXELS_TO_MOVE

    # 8 - 「每幀」影格要進行的動作
    # 檢測球影像是否與目標有碰撞
❹ ballRect = pygame.Rect(ballX, ballY,
                            BALL_WIDTH_HEIGHT, BALL_WIDTH_HEIGHT)
❺ if ballRect.colliderect(targetRect):
        print('Ball is touching the target')

    # 9 - 清除視窗
    window.fill(BLACK)

    # 10 - 繪製所有視窗元素
❻ window.blit(targetImage, (TARGET_X, TARGET_Y))  # 繪製矩形目標
    window.blit(ballImage, (ballX, ballY))     # 繪製球的影像

    # 11 - 更新視窗
    pygame.display.update()

    # 12 - 放慢速度
    clock.tick(FRAMES_PER_SECOND)  # 讓 pygame 等待一會兒
```

程式一開始是加入一些新的常數❶來定義目標矩形左上角的 x 和 y 座標，以及矩形目標的寬度和高度。隨後載入目標矩形的影像圖❷。

在搜尋事件的迴圈中，我們透過檢查 pygame.KEYDOWN ❸型別的事件來加入按鍵測試。在 pygame 中，每個鍵都有一個關聯的常數配合，在這裡是檢查使用者是否有按了向左、向上、向下或向右的鍵。無論是這些鍵中的哪一個，我們都透過少量像素的增減適當地修改球的 x 或 y 座標的值。

接下來會根據球的 x 和 y 座標以及高度和寬度❹，為球的影像建立一個 pygame 的 rect 物件。我們可以透過以下的呼叫來檢查兩個矩形是否有重疊：

```
<booleanVariable> = <rect1>.colliderect(<rect2>)
```

上述的呼叫會對兩個矩形進行比對，如果完全重疊則返回 True，否則返回 False。我們把球的矩形與目標的矩形進行比較❺，如果它們重疊，程式會在 shell 視窗中印出「Ball is touching the target」字串。

程式最後的變更是同時繪製目標矩形和球的影像。首先會繪製目標矩形的影像，這樣當兩者重疊時，球的影像就會顯示在目標矩形的上方❻。

當程式執行後，如果球的矩形與目標的矩形有重疊，則把訊息字串寫入 shell 視窗。如果您把球從目標矩形移開，則訊息就會停止寫入。

在連續模式下處理重複的按鍵

在 pygame 中處理鍵盤互動的第二種方法是**輪詢（poll）**鍵盤。這涉及使用以下的呼叫處理，向 pygame 請求一個串列，此串列是表示在每一幀影格中目前有哪些鍵是處於按下的狀態：

```
<aTuple> = pygame.key.get_pressed()
```

此呼叫返回一個由 0 和 1 組成的元組，用來代表每個鍵的狀態：0 表示鍵處於放開狀態，1 表示鍵處於按下狀態。隨後，您可以使用 pygame 中定義的常數作為返回元組的索引，以查看特定按鍵是否已按下。舉例來說，以下這行程式可用來確定 A 鍵的狀態：

```
keyPressedTuple = pygame.key.get_pressed()
# 現在使用一個常數來取得元組的適當元素
aIsDown = keyPressedTuple[pygame.K_a]
```

pygame 中所定義之所有鍵的常數完整清單可以連到 https://www.pygame.org/docs/ref/key.html 查閱。

Listing 5-5 中的程式碼展示了怎麼使用這種技術連續移動影像的位置，而不是每按一次鍵移動一次。在這個版本中，我們把鍵盤處理的程式從第 7 區段移至第 8 區段。其餘程式碼與 Listing 5-4 先前的版本相同。

📂 檔案：PygameDemo3_MoveByKeyboard/PygameMoveByKeyboardContinuous.py
Listing 5-5：按住鍵盤手按鍵的相關處理

```
# pygame demo 3(b) - 一個影像，連續模式，按鍵按下時就移動

--- 省略 ---
    # 7 - 檢查和處理事件
    for event in pygame.event.get():
        # 是否有點按關閉按鈕? 退出 pygame 和結束程式
        if event.type == pygame.QUIT:
            pygame.quit()
            sys.exit()

    # 8 - 「每幀」影格要進行的動作
```

```
    # 檢測使用者是否按下按鍵
❶ keyPressedTuple = pygame.key.get_pressed()

    if keyPressedTuple[pygame.K_LEFT]: # 向左移
        ballX = ballX - N_PIXELS_TO_MOVE

    if keyPressedTuple[pygame.K_RIGHT]: # 向右移
        ballX = ballX + N_PIXELS_TO_MOVE

    if keyPressedTuple[pygame.K_UP]: # 向上移
        ballY = ballY - N_PIXELS_TO_MOVE

    if keyPressedTuple[pygame.K_DOWN]: # 向下移
        ballY = ballY + N_PIXELS_TO_MOVE

    # 檢測球影像是否與目標有碰撞
    ballRect = pygame.Rect(ballX, ballY,
                        BALL_WIDTH_HEIGHT, BALL_WIDTH_HEIGHT)
    if ballRect.colliderect(targetRect):
        print('Ball is touching the target')
--- 省略 ---
```

Listing 5-5 中的鍵盤處理程式碼並不依賴於事件，因此我們把新程式碼　放在遍訪 pygame 返回的所有事件的 for 迴圈之外。

因為在每一幀影格都有做這個檢查，所以只要使用者有按住某個鍵，球的移動就會看起來是連續的。舉例來說，如果使用者按住向右鍵，則此程式碼將每幀的 ballX 座標值加 3，使用者就會看到球平順地向右移動。當使用者放開按鍵時，移動就會停止。

另一項變化是這種方法允許您檢查是否有多個鍵同時按下。舉例來說，如果使用者按住向左和向下鍵，球就會沿對角線向下和向左移動。您可以根據需要檢查按住鍵的數量。但是，可檢測到**同時按住**鍵的次數是受到作業系統、鍵盤硬體和許多其他因素的限制。典型的最大限制數量大約是 4 個鍵，但您的電腦軟硬體狀況可能會有所不同。

建立位置型的動畫

接下來，我們會建構一個位置型的動畫（location-based animation）。這支程式碼會讓影像沿對角線移動，隨後讓它看起來在碰到視窗邊緣時會反彈移回來。這是老式 CRT 顯示器上螢幕保護程式最喜歡用的技巧，避免螢幕過度使用。

我們會在每一幀影格中稍微改變影像的位置，還會檢查該移動的結果是否會讓影像的任何部分移到視窗邊界之外，如果有，則反轉該方向的移動。舉例來說，如果影像向下移並穿過視窗底部邊界，我們就反轉方向並讓影像由底邊界向上移動。這裡會再次使用相同的起始範本來開發，Listing 5-6 列出了完整的原始程式碼內容。

↳ 檔案：PygameDemo4_OneBallBounce/PygameOneBallBounceXY.py
Listing 5-6：位置型的動畫，碰到視窗邊緣會反彈

```python
# pygame demo 4(a), 一個影像，使用 (x, y) 座標碰到視窗邊緣會反彈

# 1 - 匯入套件
import pygame
from pygame.locals import *
import sys
import random

# 2 - 定義常數
BLACK = (0, 0, 0)
WINDOW_WIDTH = 640
WINDOW_HEIGHT = 480
FRAMES_PER_SECOND = 30
BALL_WIDTH_HEIGHT = 100
N_PIXELS_PER_FRAME = 3

# 3 - 初始化 pygame 環境
pygame.init()
window = pygame.display.set_mode((WINDOW_WIDTH, WINDOW_HEIGHT))
clock = pygame.time.Clock()

# 4 - 載入相關內容：影像、聲音…等
ballImage = pygame.image.load('images/ball.png')

# 5 - 初始化變數
MAX_WIDTH = WINDOW_WIDTH - BALL_WIDTH_HEIGHT
MAX_HEIGHT = WINDOW_HEIGHT - BALL_WIDTH_HEIGHT
ballX = random.randrange(MAX_WIDTH)    ❶
ballY = random.randrange(MAX_HEIGHT)
xSpeed = N_PIXELS_PER_FRAME
ySpeed = N_PIXELS_PER_FRAME

# 6 - 持續執行的迴圈
while True:

    # 7 - 檢查和處理事件
    for event in pygame.event.get():
        # 是否有點按關閉按鈕? 退出 pygame 和結束程式
        if event.type == pygame.QUIT:
            pygame.quit()
            sys.exit()
```

```
# 8 - 「每幀」影格要進行的動作
❷ if (ballX < 0) or (ballX >= MAX_WIDTH):
      xSpeed = -xSpeed  # 反轉 X 的方向

   if (ballY < 0) or (ballY >= MAX_HEIGHT):
      ySpeed = -ySpeed  # 反轉 Y 的方向

   # 更新球的位置，使用兩個方向的速度值
❸ ballX = ballX + xSpeed
   ballY = ballY + ySpeed

   # 9 - 再次繪製之前先清除視窗
   window.fill(BLACK)

   # 10 - 繪製所有視窗元素
   window.blit(ballImage, (ballX, ballY))

   # 11 - 更新視窗
   pygame.display.update()

   # 12 - 放慢速度
   clock.tick(FRAMES_PER_SECOND)  # 讓 pygame 等待一會兒
```

程式一開始先建立和初始化兩個變數 xSpeed 和 ySpeed ❶，它們是用來確定影像在每一幀影格中應該移動的距離和方向。我們把這兩個變數初始化為每一幀移動的像素數量（3），因此影像會從向右移動 3 個像素（正的 x 方向）和向下移動 3 個像素（正的 y 方向）開始。

程式的關鍵部分是分別處理 x 和 y 座標❷。首先是檢查球的 x 座標是否小於 0，表示影像的一部分超出了視窗的左側邊緣，或超過 MAX_WIDTH 像素，表示超出了視窗的右側邊緣。如果是上述中的任何一種，就把 x 方向速度的正負符號反轉，這表示它會朝相反的方向移動。舉例來說，如果球向右移動並超出右側邊緣，我們會把 xSpeed 的值從 3 更改為 -3 來讓球向相反的左側移動，反之亦然。

隨後也會根據需要對 y 座標進行類似的檢查和處置，好讓球的影像從頂端或底部邊緣反彈。

最後是透過把 xSpeed 加到 ballX 座標，並把 ySpeed 加到 ballY 座標❸來更新球的位置。這樣就會把球的影像放置到 xy 軸上的新位置。

在主迴圈的底部會繪製球的影像。由於我們在每一幀影格中都更新了 ballX 和 ballY 的值，所以球的動畫看起來會很流暢。請動手試試看吧！每當球的影像跳到視窗的任何邊緣時都會反彈回來。

使用 Pygame 的 rect 物件

接下來我會介紹另一種不同的做法來達到相同的結果。我們不使用單獨的變數來追蹤球的目前 x 和 y 座標,而是使用球的 rect 物件來處理,每一幀影格都會更新 rect,並檢查執行的更新是否會導致 rect 的任何部分超出視窗的邊緣之外。這樣的做法會讓變數的使用變少,而且因為我們會先呼叫取得影像的 rect,所以這樣的做法適用於任何大小的影像。

當您建立一個 rect 物件時,除了要記住 left、top、width 和 height 等作為矩形的屬性之外,這個物件還會為您計算和維護許多其他屬性。您可以使用「.」語法,透過名稱直接存取其中的任何屬性,如表 5-1 所示(在第 8 章會提供更多相關的細節)。

表 5-1:直接存取 rect 的屬性

屬性	描述
\<rect\>.x	rect 左側邊緣的 x 座標
\<rect\>.y	rect 頂端邊緣的 y 座標
\<rect\>.left	rect 左側邊緣的 x 座標(同\<rect\>.x)
\<rect\>.top	rect 頂端邊緣的 y 座標(同\<rect\>.y)
\<rect\>.right	rect 右側邊緣的 x 座標
\<rect\>.bottom	rect 底部邊緣的 y 座標
\<rect\>.topleft	二個整數的元組:表示 rect 左上角的座標
\<rect\>.bottomleft	二個整數的元組:表示 rect 左下角的座標
\<rect\>.topright	二個整數的元組:表示 rect 右上角的座標
\<rect\>.bottomright	二個整數的元組:表示 rect 右下角的座標
\<rect\>.midtop	二個整數的元組:表示 rect 頂端邊緣中間點的座標
\<rect\>.midleft	二個整數的元組:表示 rect 左側邊緣中間點的座標
\<rect\>.midbottom	二個整數的元組:表示 rect 底部邊緣中間點的座標
\<rect\>.midright	二個整數的元組:表示 rect 右側邊緣中間點的座標
\<rect\>.center	二個整數的元組:表示 rect 中心的座標
\<rect\>.centerx	rect 寬度的中心的 x 座標
\<rect\>.centery	rect 高度的中心的 y 座標
\<rect\>.size	二個整數的元組:表示 rect 的 (寬度, 高度)
\<rect\>.width	表示 rect 的寬度
\<rect\>.height	表示 rect 的高度
\<rect\>.w	表示 rect 的寬度(同\<rect\>.width)

屬性	描述
\<rect\>.h	表示 rect 的高度（同\<rect\>.height）

pygame 的 rect 也可想成是存取 4 個元素的串列。具體來說，您可以使用索引編號來取得或設定 rect 的任何單獨部分。舉例來說，以 ballRect 來說，可以透過以下方式存取各個元素：

- ballRect[0] 是 x 值（但也可用 ballRect.left）

- ballRect[1] 是 y 值（但也可用 ballRect.top）

- ballRect[2] 是寬度（但也可用 ballRect.width）

- ballRect[3] 是高度（但也可用 ballRect.height）

Listing 5-7 是前面球跳彈程式的替代版本，它把所有關於球的資訊都存放在一個 rect 物件內。

↳ 檔案：PygameDemo4_OneBallBounce/PygameOneBallBounceRects.py
Listing 5-7：位置型動畫，碰到視窗邊緣會反彈，使用 rect 物件來處理

```
# pygame demo 4(a), 一個影像，使用 rect 碰到視窗邊緣會反彈

# 1 - 匯入套件
import pygame
from pygame.locals import *
import sys
import random

# 2 - 定義常數
BLACK = (0, 0, 0)
WINDOW_WIDTH = 640
WINDOW_HEIGHT = 480
FRAMES_PER_SECOND = 30
N_PIXELS_PER_FRAME = 3

# 3 - 初始化 pygame 環境
pygame.init()
window = pygame.display.set_mode((WINDOW_WIDTH, WINDOW_HEIGHT))
clock = pygame.time.Clock()

# 4 - 載入相關內容：影像、聲音…等
ballImage = pygame.image.load('images/ball.png')

# 5 - 初始化變數
ballRect = ballImage.get_rect() ❶
MAX_WIDTH = WINDOW_WIDTH - ballRect.width
```

```
MAX_HEIGHT = WINDOW_HEIGHT - ballRect.height
ballRect.left = random.randrange(MAX_WIDTH)
ballRect.top = random.randrange(MAX_HEIGHT)
xSpeed = N_PIXELS_PER_FRAME
ySpeed = N_PIXELS_PER_FRAME

# 6 - 持續執行的迴圈
while True:

    # 7 - 檢查和處理事件
    for event in pygame.event.get():
        # 是否有點按關閉按鈕? 退出 pygame 和結束程式
        if event.type == pygame.QUIT:
            pygame.quit()
            sys.exit()

    # 8 -「每幀」影格要進行的動作
❷   if (ballRect.left < 0) or (ballRect.right >= WINDOW_WIDTH):
        xSpeed = -xSpeed   # reverse X direction

    if (ballRect.top < 0) or (ballRect.bottom >= WINDOW_HEIGHT):
        ySpeed = -ySpeed   # reverse Y direction

    # 更新球的位置，使用兩個方向的速度值
    ballRect.left = ballRect.left + xSpeed
    ballRect.top = ballRect.top + ySpeed

    # 9 - 再次繪製之前先清除視窗
    window.fill(BLACK)

    # 10 - 繪製視窗的元素
❸   window.blit(ballImage, ballRect)

    # 11 - 更新視窗
    pygame.display.update()

    # 12 - 放慢速度
    clock.tick(FRAMES_PER_SECOND)   # 讓 pygame 等待一會兒
```

這種使用 rect 物件的做法好像和使用單獨的變數的程式碼相差不多，生成的程式與原本的程式完全相同。但這裡很重要的一課是學會如何使用和操作 rect 物件的屬性。

載入了球的影像後，我們呼叫 get_rect() 方法❶來取得影像的邊界矩形。這項呼叫會返回一個 rect 物件，我們把它儲存到一個名為 ballRect 的變數中。這裡會使用 ballRect.width 和 ballRect.height 來直接存取球影像的寬度和高度（在之前的版本中是使用 100 作為寬度和高度的常數）。從載入的影像中取得這些值可以讓程式碼更具適應性，因為這表示我們可以直接使用任意大小的影像圖。

這裡的程式碼還會使用 rect 的屬性，而不是使用單獨的變數來檢查球的矩形範圍的任何部分是否有超出視窗邊緣。我們可以使用 ballRect.left 和 ballRect.right 來查看 ballRect 是超出左側邊緣還是右側邊緣❷。我們用 ballRect.top 和 ballRect.bottom 進行類似的檢測。我們不是更新單獨的 x 和 y 座標變數，而是更新 ballRect 的 left 和 top 屬性。

另一個微妙但重要的變化是對繪製球影像的呼叫方式❸。呼叫 blit() 的第二個參數可以是 (x, y) 元組或 rect。blit() 中的程式碼會使用 rect 的 left 和 top 位置作為 x 和 y 座標。

播放聲音

您可能會在程式中播放的聲音類型有兩種：短音效和背景音樂。

播放音效

所有音效都必須存在於外部檔案中，並且必須是 .wav 或 .ogg 的檔案格式。播放相對較短的音效包括兩個步驟：從外部聲音檔案載入聲音一次，然後在適當的時間播放這個聲音。

若想要把音效載入到記憶體中，請使用如下程式碼來進行：

```
<soundVariable> = pygame.mixer.Sound(<path to sound file>)
```

若想要播放音效，只需要呼叫它的 play() 方法即可：

```
<soundVariable>.play()
```

我們會修改 Listing 5-7，讓程式在球從視窗的一側反彈時加上「boing」音效。與主程式同層級的專案資料夾中會有一個 sounds 資料夾。在載入球的影像之後，透過加入以下程式碼來載入聲音檔：

```
# 4 - 載入相關內容：影像、聲音…等
ballImage = pygame.image.load('images/ball.png')
bounceSound = pygame.mixer.Sound('sounds/boing.wav')
```

為了能在改變球的水平或垂直方向時播放「boing」音效，我們會在程式第 8
區段中修改成如下的內容：

```
# 8 - 「每幀」影格要進行的動作
if (ballRect.left < 0) or (ballRect.right >= WINDOW_WIDTH):
    xSpeed = -xSpeed # 反轉 X 的方向
    bounceSound.play()

if (ballRect.top < 0) or (ballRect.bottom >= WINDOW_HEIGHT):
    ySpeed = -ySpeed # 反轉 Y 的方向
    bounceSound.play()
```

當符合應該播放音效條件的時候，就加入呼叫聲音的 play() 方法。另外還有更
多控制音效的選項，您可以連到 https://www.pygame.org/docs/ref/mixer.html，查
閱官方說明文件可找到詳細資訊。

播放背景音樂

播放背景音樂會使用到對 pygame.mixer.music 模組呼叫的兩行程式碼。首先，
您需要把聲音檔載入到記憶體內：

```
pygame.mixer.music.load(<path to sound file>)
```

<path to sound file> 是找到聲音檔的路徑字串。您可以使用效果最好的 .mp3
檔，以及 .wav 或 .ogg 檔。當您想開始播放音樂時，需要進行以下呼叫：

```
pygame.mixer.music.play(<number of loops>, <starting position>)
```

若想要重複播放某些背景音樂，您可以在 <number of loops> 傳入 -1 表示要循
環播放音樂。<starting position> 通常設定為 0，表示要從頭開始播放聲音。

球彈跳程式已有一個可下載的修改版本，可以正確載入音效和背景音樂檔，並
且會播放背景音樂。這個版本中唯一的修改在第 4 區段，如下所示。

↳ 檔案：PygameDemo4_OneBallBounce/PyGameOneBallBounceWithSound.py

```
# 4 - 載入相關內容：影像、聲音…等
ballImage = pygame.image.load('images/ball.png')
bounceSound = pygame.mixer.Sound('sounds/boing.wav')
pygame.mixer.music.load('sounds/background.mp3')
pygame.mixer.music.play(-1, 0.0)
```

Pygame 還允許對背景聲音進行更複雜的處理。請連到 https://www.pygame.org/docs/ref/music.html#module-pygame.mixer.music 查閱完整的說明文件。

> **NOTE**
>
> 為了讓以後的範例能更清楚地專注在 OOP 的技術上，我會省略播放音效和背景音樂的呼叫。但是加入聲音能大幅增強電玩遊戲的使用者體驗，所以我還是會建議您自行加入聲音。

繪製形狀

Pygame 提供了許多內建函式，允許您繪製某些**基礎元件（primitive）**的形狀，包括線（line）、圓（circle）、橢圓（ellipse）、圓弧（arc）、多邊形（polygon）和矩形（rectangle）。表 5-2 列出了這些函式的使用。請留意，有兩個呼叫會繪製**反鋸齒線（anti-aliased line）**，這種線條在邊緣含有混合色彩，能讓線條看起來平滑且鋸齒狀較少。使用這些繪圖函式有兩個主要優點：執行速度非常快且允許您直接繪製簡單的形狀，無需從外部檔案建構或載入影像。

表 5-2：繪製形狀的函式

函式	描述
pygame.draw.aaline()	繪製一條反鋸齒的線
pygame.draw.aalines()	繪製一系列反鋸齒的線
pygame.draw.arc()	繪製一個圓弧
pygame.draw.circle()	繪製一個圓
pygame.draw.ellipse()	繪製一個橢圓
pygame.draw.line()	繪製一條線
pygame.draw.lines()	繪製一系列的線
pygame.draw.polygon()	繪製一個多邊形
pygame.draw.rect()	繪製一個矩形

圖 5-7 顯示了範例程式的輸出畫面，這個範例程式示範了這些原始繪圖函式的呼叫結果。

Listing 5-8 是範例程式的內容，使用的 12 個區段範本所完成的程式其執行的結果與圖 5-7 中的輸出畫面相同。

↳ 檔案：PygameDemo5_DrawingShapes.py
Listing 5-8：示範在 pygame 中呼叫繪圖函式的程式

```python
# pygame demo 5 - 繪圖

--- 省略 ---
while True:

    # 7 - 檢查和處理事件
    for event in pygame.event.get():
        # 是否有點按關閉按鈕? 退出 pygame 和結束程式
        if event.type == pygame.QUIT:
            pygame.quit()
            sys.exit()

    # 8 - 「每幀」影格要進行的動作

    # 9 - 清除視窗
    window.fill(GRAY)

    # 10 - 繪製所有視窗元素
    # 繪製一個方框
    pygame.draw.line(window, BLUE, (20, 20), (60, 20), 4)  # 上
    pygame.draw.line(window, BLUE, (20, 20), (20, 60), 4)  # 左
    pygame.draw.line(window, BLUE, (20, 60), (60, 60), 4)  # 右
    pygame.draw.line(window, BLUE, (60, 20), (60, 60), 4)  # 下
    # 在方框中繪製一個 X
    pygame.draw.line(window, BLUE, (20, 20), (60, 60), 1)
    pygame.draw.line(window, BLUE, (20, 60), (60, 20), 1)

    # 繪製一個實心的圓和空心的圓
    pygame.draw.circle(window, GREEN, (250, 50), 30, 0) # 實心
    pygame.draw.circle(window, GREEN, (400, 50), 30, 2) # 邊框為 2 像素

    # 繪製一個實心的矩形和空心的矩形
    pygame.draw.rect(window, RED, (250, 150, 100, 50), 0) # 實心
    pygame.draw.rect(window, RED, (400, 150, 100, 50), 1) # 邊框為 1 像素

    # 繪製一個實心的橢圓和空心的橢圓
    pygame.draw.ellipse(window, YELLOW, (250, 250, 80, 40), 0) # 實心
    pygame.draw.ellipse(window, YELLOW, (400, 250, 80, 40), 2) # 邊框為 2 像素

    # 繪製一個六邊形
    pygame.draw.polygon(window, TEAL, ((240, 350), (350, 350),
                                       (410, 410), (350, 470),
                                       (240, 470), (170, 410)))

    # 繪製一個圓弧
    pygame.draw.arc(window, BLUE, (20, 400, 100, 100), 0, 2, 5)
```

```
# 繪製反鋸齒線條：一條直線，然後是一系列的點線
pygame.draw.aaline(window, RED, (500, 400), (540, 470), 1)
pygame.draw.aalines(window, BLUE, True,
                    ((580, 400), (587, 450),
                     (595, 460), (600, 444)), 1)

# 11 - 更新視窗
pygame.display.update()

# 12 - 放慢速度
clock.tick(FRAMES_PER_SECOND)  # 讓 pygame 等待一會兒
```

所有基礎元素的繪製都放在第 10 區段中❶，我們呼叫 pygame 的繪圖函式來繪製一個帶有兩條對角線的方框、實心和空心圓、實心和空心矩形，實心和空心橢圓、六邊形、圓弧，和兩條反鋸齒的線條。

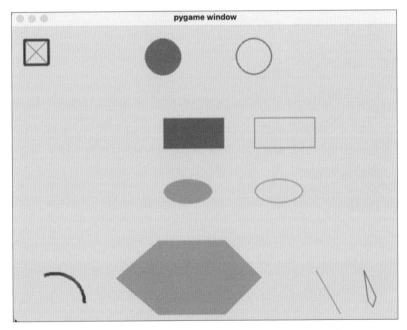

圖 5-7：示範呼叫函式繪製各種基礎形狀的範例程式

基礎形狀的參考資料

為了讓您可以參考和運用，本小節的內容是繪製這些基礎形狀的 pygame 方法的說明文件。在以下所有內容中，色彩參數是要傳入一個 RGB 值的元組：

反鋸齒直線（**Anti-aliased line**）

```
pygame.draw.aaline(window, color, startpos, endpos, blend=True)
```

在視窗中繪製一條反鋸齒的直線。如果 blend 為 True，陰影會與現有的像素陰影混合，而不是覆蓋像素。

反鋸齒點線（**Anti-aliased lines**）

```
pygame.draw.aalines(window, color, closed, points, blend=True)
```

在視窗中繪製一系列反鋸齒的點線。closed 引數是個簡單的布林值，如果為 True，則會在第一個點和最後一個點之間繪製一條線來封閉該形狀。points 引數是由線段連接的點 (x, y) 座標之串列或元組（必須至少有兩個）。blend 是個布林引數，如果設為 True，則把陰影與現有像素陰影混合，而不是覆蓋。

圓弧（**Arc**）

```
pygame.draw.arc(window, color, rect, angle_start, angle_stop, width=0)
```

在視窗中繪製圓弧線。圓弧的大小會符合給定的 rect 範圍。兩個 angle 引數分別是初始角度和最終角度（以弧度表示，右側為 0）。width 引數是繪製框線的寬度。

圓（**Cricle**）

```
pygame.draw.circle(window, color, pos, radius, width=0)
```

在視窗中繪製一個圓。pos 是圓心，radius 是半徑。width 引數是繪製框線的寬度。如果寬度為 0，則圓會是實心填滿色彩。

橢圓（**Ellipse**）

```
pygame.draw.ellipse(window, color, rect, width=0)
```

在視窗中繪製一個橢圓。給定的 rect 物件的大小是橢圓會填滿的區域。width 引數是繪製框線的寬度。如果寬度為 0，則橢圓會是實心填滿色彩。

線（Line）

`pygame.draw.line(window, color, startpos, endpos, width=1)`

在視窗中繪製一條線。width 引數是指定線條的粗細。

點線（Lines）

`pygame.draw.lines(window, color, closed, points, width=1)`

在視窗中繪製一系列點線。closed 引數是個簡單的布林值，如果為 True，則會在第一個點和最後一個點之間繪製一條線來封閉該形狀。points 引數是由線段連接的點 (x, y) 座標之串列或元組（必須至少有兩個）。width 引數是線條的粗細。請留意，指定寬度大於 1 的線寬是不會填滿線之間的間隙。因此，寬線和尖角之間連接不是無縫的。

多邊形（Polygon）

`pygame.draw.polygon(window, color, pointslist, width=0)`

在視窗中繪製一個多邊形。pointslist 用來指定多邊形的頂點。width 引數是繪製框線的寬度。如果 width 為 0，則多邊形是實心填滿色彩。

矩形（Rectangle）

`pygame.draw.rect(window, color, rect, width=0)`

在視窗中繪製一個矩形。rect 是矩形的面積。width 引數是繪製框線的寬度。 如果寬度為 0，則矩形是實心填滿色彩。

> **NOTE**
> 若想要參考更多資訊，請連到 http://www.pygame.org/docs/ref/draw.html。

這組基礎形狀繪製的呼叫能讓您靈活地繪製出任何您想繪製的圖案。同樣地，您呼叫繪製的順序很重要，請把您的呼叫順序看成不同的圖層，先繪製的元素會放在下層，而後面呼叫其他函式所繪製的元素會覆蓋在上層。

總結

本章介紹了 pygame 的基礎知識。您在電腦上安裝了 pygame，隨後了解了事件驅動程式設計的模型和事件的使用，這與編寫文字型的程式有很大的不同。我解釋了視窗中像素的座標系統以及色彩在程式碼中的表示方式。

為了能正確從 pygame 的基礎起步，我介紹了一個分成 12 區段的範本程式模板，這支程式只會顯示一個空的視窗，可用來建構以 pygame 為基礎的任何程式。隨後使用這個範本框架建構了範例程式，展示了怎麼在視窗中繪製影像（使用 blit()）、怎麼檢測滑鼠事件以及如何處理鍵盤的輸入。接著是示範說明如何建構位置型（location-based）的動畫。

矩形在 pygame 中非常重要，所以我介紹了如何使用 rect 物件的屬性。我還提供了一些範例程式碼來展示怎麼播放音效和背景音樂，以提升使用者對您程式的感受。最後介紹了怎麼使用 pygame 方法在視窗中繪製各種基礎形狀。

雖然我介紹了 pygame 中的許多概念，但我在本章中展示的所有內容在本質上幾乎都是程序型的程式。rect 物件是直接內建於 pygame 中的物件導向程式碼範例。在下一章的內容中，我會展示怎麼在程式中使用 OOP 技術來更有效地運用 pygame。

6

物件導向 Pygame

在本章中，我會示範怎麼在 pygame 框架中有效地使用 OOP 的技術。我們會從一個程序型的程式範例開始，隨後把這支程式拆分成為一個類別和一些呼叫該類別方法的主程式碼。之後還會建構兩個類別：SimpleButton 和 SimpleText，這兩個類別實作了基本的使用者介面的小工具（widgets）：一個按鈕和一個用來顯示文字的欄位。最後的小節還會介紹 callback（回呼）的概念。

以 OOP 的 Pygame 來建構球彈跳螢幕保護程式

在第 5 章中,我們建立了一個舊式的螢幕保護程式,程式中有個球在視窗內彈跳(如果您需要回憶一下內容,可參考複習 Listing 5-6)。

這支程式能用,但球的資料和操縱球的程式碼是交織在一起的,這意味著會有很多初始化程式碼,而更新和繪製球的程式碼是嵌入在框架的第 12 區段內。

若想要更模組化的做法是把程式碼拆分為一個 Ball 類別和一個主程式,該主程式實例化一個 Ball 物件並呼叫其方法來進行動作。在本節中會進行拆分,我會向您展示如何從 Ball 類別建立多個球的物件。

建立一個 Ball 類別

首先從主程式中提取與球相關的所有程式碼,並將其移動到一個單獨的 Ball 類別中。查看原本的程式碼,我們會看到處理球的部分是:

■ 第 4 區段,載入球的影像。

■ 第 5 區段,建立並初始化所有與球有關的變數。

■ 第 8 區段,包括移動球、檢測碰到視窗邊界反彈以及改變速度和方向等相關程式碼。

■ 第 10 區段,繪製球的影像。

由此可得出結論,Ball 類別會需要以下方法:

> **create()** 載入影像、設定位置,並初始化所有實例變數。

> **update()** 根據球的 x 速度和 y 速度,在每幀影格中改變球的位置。

> **draw()** 在視窗中繪製球的影像。

第一步是建立一個專案資料夾,用於放置新的 Ball 類別程式的 Ball.py 和主程式碼檔案 Main_BallBounce.py,另外還要有一個含有 ball.png 影像檔的 images 資料夾。

Listing 6-1 展示的程式碼就是新的 Ball 類別。

⤴ 檔案：PygameDemo6_BallBounceObjectOriented/Ball.py
　Listing 6-1：新的 Ball 類別

```python
import pygame
from pygame.locals import *
import random

# Ball 類別
class Ball():

❶  def __init__(self, window, windowWidth, windowHeight):
        self.window = window  # 記住視窗，等一下要繪製
        self.windowWidth = windowWidth
        self.windowHeight = windowHeight

❷      self.image = pygame.image.load('images/ball.png')
        # rect 物件是由 [x, y, width, height] 建立
        ballRect = self.image.get_rect()
        self.width = ballRect.width
        self.height = ballRect.height
        self.maxWidth = windowWidth - self.width
        self.maxHeight = windowHeight - self.height

        # 隨機挑選一個起始位置
❸      self.x = random.randrange(0, self.maxWidth)
        self.y = random.randrange(0, self.maxHeight)

        # 為 x 和 y 方向從 -4 到 4 之間隨機挑選一個速度值，
        # 但不能為 0
❹      speedsList = [-4, -3, -2, -1, 1, 2, 3, 4]
        self.xSpeed = random.choice(speedsList)
        self.ySpeed = random.choice(speedsList)

❺  def update(self):
        # 檢測是否碰到邊界。如果有，則改變其方向
        if (self.x < 0) or (self.x >= self.maxWidth):
            self.xSpeed = -self.xSpeed

        if (self.y < 0) or (self.y >= self.maxHeight):
            self.ySpeed = -self.ySpeed

        # 在兩個方向上利用速度 speed 值來更新球的 x 和 y 座標
        self.x = self.x + self.xSpeed
        self.y = self.y + self.ySpeed

❻  def draw(self):
        self.window.blit(self.image, (self.x, self.y))
```

當我們實例化一個 Ball 物件時，__init__() 方法會接收到三個資料：要繪製的
視窗、視窗的寬度和視窗的高度❶。我們把 window 變數存放到實例變數
self.window 中，以後就可以在 draw() 方法中使用它。我們對 self.windowHeight
和 self.windowWidth 實例變數也做同樣的處理。隨後利用檔案的路徑載入球的

影像檔並取得該影像的 rect 物件❷。我們需要這個 rect 來計算 x 和 y 的最大值，以便讓球的影像始終顯現在視窗內。接下來為球的影像挑選一個隨機的起始位置❸。最後把 x 和 y 方向的速度設定為 -4 和 4 之間的隨機值（但不能為 0），以此表示每幀影格中球移動的像素數量❹。由於這些數字的變化，每次執行程式時，球的運動方式可能都不相同。所有這些值都儲存在實例變數中可供其他方法取用。

在主程式中，我們會在主迴圈的每幀影格中呼叫 update() 方法，因此在這裡放置了檢測球是否碰到視窗邊界的程式碼❺。如果有確實碰到視窗邊界，則反轉該方向的速度，並利用 x 和 y 方向的目前速度修改 x 和 y 座標（self.x 和 self.y）。

我們還會呼叫 draw() 方法，該方法僅呼叫 blit() 在主迴圈的每一幀影格中在目前 x 和 y 座標繪製球的影像❻。

使用 Ball 類別

現在與球相關的所有功能都已放置在 Ball 類別的程式碼中。主程式需要做的就是建立 Ball 的物件，然後在每一幀影格中呼叫它的 update() 和 draw() 方法。Listing 6-2 展示了大幅簡化後的主程式。

↳ 檔案：PygameDemo6_BallBounceObjectOriented/Main_BallBounce.py
Listing 6-2：新的主程式會實例化 Ball 物件並呼叫其方法

```
# pygame demo 6(a) - 使用 Ball 類別，建立一個球

# 1 - 匯入套件
import pygame
from pygame.locals import *
import sys
import random
from Ball import *     ❶  # 引入 Ball 類別的程式碼

# 2 - 定義常數
BLACK = (0, 0, 0)
WINDOW_WIDTH = 640
WINDOW_HEIGHT = 480
FRAMES_PER_SECOND = 30

# 3 - 初始化視窗的環境
pygame.init()
window = pygame.display.set_mode((WINDOW_WIDTH, WINDOW_HEIGHT))
clock = pygame.time.Clock()

# 4 - 載入相關內容：影像、聲音…等
```

```
# 5 - 初始化變數
oBall = Ball(window, WINDOW_WIDTH, WINDOW_HEIGHT) ❷

# 6 - 持續執行的迴圈
while True:

    # 7 - 檢查和處理事件
    for event in pygame.event.get():
        if event.type == pygame.QUIT:
            pygame.quit()
            sys.exit()

    # 8 - 「每幀」影格要進行的動作
❸   oBall.update()  # 告知 Ball 物件要進行更新

    # 9 - 在繪製之前先清除視窗
    window.fill(BLACK)

    # 10 - 繪製視窗元素
❹   oBall.draw()  # 告知 Ball 物件要進行繪製

    # 11 - 更新視窗
    pygame.display.update()

    # 12 - 放慢速度
    clock.tick(FRAMES_PER_SECOND)  # 讓 pygame 等待一會兒
```

如果將這個新的主程式與 Listing 5-6 原本的程式碼進行比較，您會發現它更簡單、更清晰。這裡使用 import 陳述句引入 Ball 類別的程式碼❶。接著建立一個 Ball 物件，傳入建立的視窗以及該視窗的寬度和高度❷，隨後把生成的 Ball 物件儲存到一個名為 oBall 的變數中。

移動球的操作現在放在 Ball 類別的程式碼內，所以這裡只需要呼叫 oBall 物件的 update() 方法❸來處理，由於 Ball 物件知道視窗的大小、球的影像的大小，以及球的位置和速度，就可以完成所有運算來處理球的移動和球在碰到視窗邊界時的反彈。

主程式碼呼叫了 oBall 物件的 draw() 方法❹，但實際的繪製是在 oBall 物件中完成的。

建立多個 Ball 物件

現在對主程式做一個輕微但很重要的修改，要改成建立多個 Ball 物件。這是物件導向的真正力量之一：建立三個 Ball 物件，我們只需要從 Ball 類別中實例化出三個 Ball 物件即可。在這裡會使用基本的做法並建構一個 Ball 物件串列來存

放。在每一幀影格中，我們將遍訪 Ball 物件串列的所有內容，告知每個物件去更新其位置，然後再次迭代告知每個物件去進行繪製。Listing 6-3 展示了修改後的主程式，這裡建立和更新了三個 Ball 物件。

↳ 檔案：PygameDemo6_BallBounceObjectOriented/Main_BallBounceManyBalls.py
Listing 6-3：建立、移動和顯示三個球

```python
# pygame demo 6(b) - 使用 Ball 類別，建立多個球

--- 省略 ---
N_BALLS = 3
--- 省略 ---

# 5 - 初始化變數
ballList = []  ❶
for oBall in range(0, N_BALLS):
    # 每次迴圈建立一個 Ball 物件
    oBall = Ball(window, WINDOW_WIDTH, WINDOW_HEIGHT)
    ballList.append(oBall)  # 把 Ball 物件新增到串列中

# 6 - 持續執行的迴圈
while True:

    # 7 - 檢查和處理事件
    for event in pygame.event.get():
        if event.type == pygame.QUIT:
            pygame.quit()
            sys.exit()

    # 8 - 「每幀」影格要進行的動作
❷   for oBall in ballList:
        oBall.update()  # 告知 Ball 物件要進行更新

    # 9 - 在繪製之前先清除視窗
    window.fill(BLACK)

    # 10 - 繪製視窗元素
❸   for oBall in ballList:
        oBall.draw()  # 告知 Ball 物件要進行繪製

    # 11 - 更新視窗
    pygame.display.update()

    # 12 - 放慢速度
    clock.tick(FRAMES_PER_SECOND)  # 讓 pygame 等待一會兒
```

我們從一個空的 Ball 物件的串列開❶。隨後會用一個迴圈來建立三個 Ball 物件，每個物件都新增到存放 Ball 物件的串列 ballList 內。每個 Ball 物件在 x 和 y 方向上選擇並記住一個隨機的起始位置和隨機的速度值。

在主迴圈中，我們遍訪所有 Ball 物件並告知每個物件去進行更新❷，將每個 Ball 物件的 x 和 y 座標更改為新的位置。隨後再次遍訪串列，呼叫每個 Ball 物件的 draw() 方法進行繪製❸。

當我們執行程式時，會看到三個球出現，每個球都會從一個隨機位置起始，每個球都以隨機的 x 和 y 速度移動。每個球都能正確地從視窗的邊界反彈回來。

使用這種物件導向的做法，我們沒有對 Ball 類別進行任何更改，只是把主程式更改成管理 Ball 物件的串列而不是單個 Ball 物件。這是 OOP 程式碼很常見且積極的好處：編寫出良好的類別通常可以在不用修改的情況下被重複使用。

建立更多更多的 Ball 物件

我們可以把常數 N_BALLS 的值從 3 更改為更大的值，例如 300，這樣就能快速建立那麼多的球（圖 6-1）。透過只修改一個常數，我們對程式的行為進行了重大改變。每個球都保持自己的速度和位置並且會自己繪製出現。

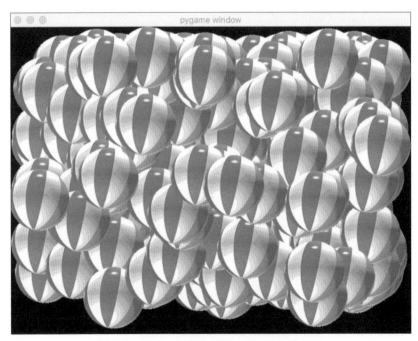

圖 6-1：建立、更新和繪製 300 個 Ball 物件

我們可以從單個腳本程式中實例化任意個物件這一事實，不僅在定義遊戲物件時（如宇宙飛船、殭屍、子彈、寶藏等）非常重要，而且在建構 GUI 控制項時（如按鈕、核取方塊、文字輸入和文字輸出欄位）也很重要。

建構可重用的物件導向按鈕

簡單的按鈕是圖形使用者介面中最容易識別的一種元素。按鈕的標準行為包括使用者使用滑鼠按下按鈕影像然後放開它。

按鈕通常由至少兩個影像圖所組成：一個代表按鈕的向上或正常狀態，另一個表示按鈕的向下或按下狀態。點按的順序可以分解成以下的步驟：

1. 使用者把滑鼠游標移到按鈕上。

2. 使用者按下滑鼠左鍵。

3. 程式透過把影像更改為向下狀態來做出反應。

4. 使用者放開滑鼠左鍵。

5. 程式透過顯示按鈕的向上影像做出反應。

6. 程式根據按鈕的點按執行一些動作。

好的 GUI 還會允許使用者按下按鈕，在游標暫時轉出按鈕時把按鈕改為向上狀態，然後在滑鼠左鍵仍然按住的情況下，轉回影像後又讓按鈕變回向下狀態。如果使用者按下一個按鈕，但隨後把滑鼠游標轉出並放開滑鼠左鍵，則不認定為點下按鈕的操作。這代表程式只有在滑鼠游標位於按鈕影像上，使用者按下並放開才是按下按鈕的操作。

建構 Button 類別

對於 GUI 中使用的所有按鈕，其行為應該是通用且一致的，因此我們會建構一個處理行為細節的類別。一旦建構了一個簡單的 Button 類別，我們就可以實例化任意個按鈕，它們的工作方式都完全相同。

讓我們思考一下 Button 類別必須要有哪些行為。整理出如下需要的方法：

- 載入按上和放開狀態的影像圖，然後初始化追蹤按鈕狀態所需的所有實例變數。

- 告知按鈕主程式檢測到的所有事件，並檢查按鈕是否需要做出反應。

- 繪製代表按鈕的目前影像。

Listing 6-4 展示了 SimpleButton 類別的程式碼（我們會在第 7 章建構一個更複雜的按鈕 button 類別）。這個類別具有三個方法，__init__()、handleEvent() 和 draw()，它們實作了上述的行為。handleEvent() 方法的程式碼確實不好處理，不過在您順利讓它運作後，它就非常容易使用了。隨意運用這個方法來進行相關的處理是很簡單的事，這是因為我們不需要知道程式碼的實作細節。這裡最重要的是去了解不同方法的用途和運用的方式。

↳ 檔案：PygameDemo7_SimpleButton/SimpleButton.py
Listing 6-4：SimpleButton 類別

```python
# SimpleButton 類別
#
# 使用「狀態機（state machine）」的方式
#

import pygame
from pygame.locals import *

class SimpleButton():
    # 用來追蹤按鈕的狀態
    STATE_IDLE = 'idle' # 按鈕放開向上，滑鼠游標沒有停在按鈕上
    STATE_ARMED = 'armed' # 按鈕按下，滑鼠游標停在按鈕上
    STATE_DISARMED = 'disarmed' # 按住按鈕，但滑鼠游標移出按鈕

    def __init__(self, window, loc, up, down): ❶
        self.window = window
        self.loc = loc
        self.surfaceUp = pygame.image.load(up)
        self.surfaceDown = pygame.image.load(down)

        # 最得按鈕的 rect（用來檢測滑鼠游標是否有停在按鈕上方）
        self.rect = self.surfaceUp.get_rect()
        self.rect[0] = loc[0]
        self.rect[1] = loc[1]

        self.state = SimpleButton.STATE_IDLE

    def handleEvent(self, eventObj): ❷
        # 如果使用者按下按鈕，這個方法會返回。
        # 一般是返回 False。
```

```
        if eventObj.type not in (MOUSEMOTION, MOUSEBUTTONUP, MOUSEBUTTONDOWN): ❸
            # 按鈕只關心滑鼠相關的事件
            return False

        eventPointInButtonRect = self.rect.collidepoint(eventObj.pos)

        if self.state == SimpleButton.STATE_IDLE:
            if (eventObj.type == MOUSEBUTTONDOWN) and eventPointInButtonRect:
                self.state = SimpleButton.STATE_ARMED

        elif self.state == SimpleButton.STATE_ARMED:
            if (eventObj.type == MOUSEBUTTONUP) and eventPointInButtonRect:
                self.state = SimpleButton.STATE_IDLE
                return True  # 有點按!

            if (eventObj.type == MOUSEMOTION) and (not eventPointInButtonRect):
                self.state = SimpleButton.STATE_DISARMED

        elif self.state == SimpleButton.STATE_DISARMED:
            if eventPointInButtonRect:
                self.state = SimpleButton.STATE_ARMED
            elif eventObj.type == MOUSEBUTTONUP:
                self.state = SimpleButton.STATE_IDLE

        return False

    def draw(self):  ❹
        # 繪製按鈕目前的外觀到視窗中
        if self.state == SimpleButton.STATE_ARMED:
            self.window.blit(self.surfaceDown, self.loc)

        else:  # IDLE 或 DISARMED
            self.window.blit(self.surfaceUp, self.loc)
```

__init__() 方法首先會傳入所有的值❶並存放到實例變數中，方便其他方法的取用，隨後會初始化更多的實例變數。

每當主程式檢測到任何事件時，就會呼叫 handleEvent() 方法❷，此方法會先檢查事件是否為 MOUSEMOTION、MOUSEBUTTONUP 或 MOUSEBUTTON DOWN 之一❸，該方法的其餘部分則實作為**狀態機**，這項技術我會在第 15 章中詳細介紹。程式碼有點複雜，請先了解一下其工作的原理，但現在請留意它使用實例變數 self.state（在多次呼叫的過程中）來檢測使用者是否點按了按鈕。當使用者透過按下按鈕完成滑鼠點按時，handleEvent() 方法會返回 True，隨後在同一按鈕上放開。在所有其他情況下，handleEvent() 是返回 False。

最後，draw() 方法使用物件的實例變數 self.state 的狀態來決定繪製哪個影像（是按上或是放開的影像）❹。

使用 SimpleButton 的主程式碼

接著要在主程式碼中使用 SimpleButton，首先從 SimpleButton 類別中實例化一個物件，然後才進入主迴圈，如下所示：

```
oButton = SimpleButton(window, (150, 30),
                       'images/buttonUp.png',
                       'images/buttonDown.png')
```

這行程式會建立一個 SimpleButton 物件，指定繪製它的位置（像往常一樣，座標是邊界矩形的左上角）並提供按鈕的按下和放開之影像圖的路徑。在主迴圈中，任何時候發生任何事件，我們都需要呼叫 handleEvent() 方法來查看使用者是否點按了按鈕。如果使用者有點按按鈕，程式應該要執行一些動作。另外在主迴圈中，我們還需要呼叫 draw() 方法讓按鈕繪製顯示在視窗內。

我們會建構一支小型測試程式，它會生成一個如圖 6-2 所示的使用者介面，以放入一個 SimpleButton 實例。

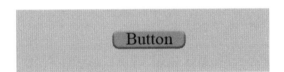

圖 6-2：程式的使用者介面中放了一個 SimpleButton 實例

每當使用者完成對按鈕的點按時，程式就會在 shell 模式中輸出一行文字，說明該按鈕已被點按。Listing 6-5 列出了主程式碼。

↳ 檔案：PygameDemo7_SimpleButton/Main_SimpleButton.py
Listing 6-5：主程式中 SimpleButton 的建立和回應

```
# pygame demo 7  SimpleButton 測試

--- 省略 ---
# 5 - 初始化變數
# 建立 SimpleButton 的實例
oButton = SimpleButton(window, (150, 30),  ❶
                       'images/buttonUp.png',
                       'images/buttonDown.png')

# 6 - 持續執行的迴圈
while True:

    # 7 - 檢查和處理事件
```

```
    for event in pygame.event.get():
        if event.type == pygame.QUIT:
            pygame.quit()
            sys.exit()

        # 傳入 event 到按鈕，看看是否被點按過
    ❷ if oButton.handleEvent(event):
        ❸ print('User has clicked the button.')

# 8 - 「每幀」影格要進行的動作

# 9 - 在繪製之前先清除視窗
window.fill(GRAY)

# 10 - 繪製視窗元素
❹ oButton.draw() # 繪製按鈕

# 11 - 更新視窗
pygame.display.update()

# 12 - 放慢速度
clock.tick(FRAMES_PER_SECOND)  # 讓 pygame 等待一會兒
```

我們再次以第 5 章中的標準 pygame 範本當作這支程式的起始。在主迴圈之前先建立 SimpleButton 的實例❶，指定要繪製的視窗、位置、按鈕放開影像圖檔的路徑和按鈕按下影像圖檔的路徑。

每次迭代通過主迴圈都需要對主程式中檢測到的事件做出回應。為了實作這項處理，我們呼叫 SimpleButton 類別的 handleEvent() 方法❷，並從主程式傳入 event。

handleEvent() 方法會追蹤使用者對按鈕的所有操作（按下、放開、游標轉出、游標轉回）。當 handleEvent() 返回 True 時，表明發生了點按事件，我們執行與點按該按鈕關聯的動作。在這裡是印出一條訊息❸。

最後，我們呼叫按鈕的 draw() 方法來繪製影像❹，以此來表現按鈕的適當狀態（放開或按下的樣貌）。

建構具有多個按鈕的程式

使用 SimpleButton 類別，我們可以實例化出任意個按鈕。舉例來說，我們可以修改主程式來放入三個 SimpleButton 實例，如圖 6-3 所示。

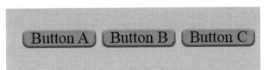

圖 6-3：主程式有三個 SimpleButton 物件

我們不需要對 SimpleButton 類別的檔案進行任何修改就能進行此項處理，只需修改主程式碼，實例化出三個 SimpleButton 物件而不是一個就行了。

檔案：PygameDemo7_SimpleButton/Main_SimpleButton3Buttons.py

```
oButtonA = SimpleButton(window, (25, 30),
                        'images/buttonAUp.png',
                        'images/buttonADown.png')
oButtonB = SimpleButton(window, (150, 30),
                        'images/buttonBUp.png',
                        'images/buttonBDown.png')
oButtonC = SimpleButton(window, (275, 30),
                        'images/buttonCUp.png',
                        'images/buttonCDown.png')
```

我們現在需要為三個按鈕呼叫 handleEvent() 方法：

```
        # 傳入事件到各個按鈕，查看哪一個被點按過
        if oButtonA.handleEvent(event):
            print('User clicked button A.')
        elif oButtonB.handleEvent(event):
            print('User clicked button B.')
        elif oButtonC.handleEvent(event):
            print('User clicked button C.')
```

最後告知每個按鈕去進行繪製：

```
        oButtonA.draw()
        oButtonB.draw()
        oButtonC.draw()
```

執行程式時，您會看到一個帶有三個按鈕的視窗。點按任何一個按鈕都會印出訊息文字，顯示所點按之按鈕名稱。

這裡的關鍵思維是，由於我們使用同一個 SimpleButton 類別的三個實例，每個按鈕的行為都是相同的。這種方法的一個重要好處是對 SimpleButton 類別中程式碼的任何修改都會影響從該類別實例化出來的所有按鈕。主程式不需要關心按鈕程式碼內部工作的任何細節，只需要在主迴圈中呼叫每個按鈕的 handleEvent() 方法即可。每個按鈕都會返回 True 或 False 來表示它是否有被點按過。

建構可重用的物件導向文字顯示

pygame 程式中有兩種不同類型的文字：顯示文字和輸入文字。顯示文字是程式的輸出，相當於呼叫 print() 函式，但它會顯示在 pygame 視窗中。輸入文字則是來自使用者的字串輸入，相當於呼叫 input() 函式。在本節中，我會討論怎麼處理顯示文字。在下一章則說明怎麼處理輸入文字的運用。

顯示文字的步驟

在視窗中顯示文字這項處理在 pygame 中也算是個相當複雜的過程，因為它不是簡單地在 shell 模式內顯示為字串，而是需要您選好位置、字型和大小以及其他屬性來配合。舉例來說，您可能會使用如下程式碼配合：

```
pygame.font.init()

myFont = pygame.font.SysFont('Comic Sans MS', 30)
textSurface = myfont.render('Some text', True, (0, 0, 0))
window.blit(textSurface, (10, 10))
```

首先要在 pygame 中初始化字型系統，我們會在主迴圈開始之前進行。隨後告知 pygame 按名稱從系統中載入指定的字型。在上述這個範例中，我們要求使用大小為 30 的 Comic Sans 字型。

下一步是關鍵：使用該 font 來「**運算繪製**（**render**，也有人譯為**渲染**）」出指定的文字，這會建立文字的圖形影像，在 pygame 中稱為「**表面**（**surface**）」。我們提供想要輸出的文字、一個布林值，這個布林值指定是否讓文字消除鋸齒，以及一個 RGB 格式的色彩值。這裡以 (0, 0, 0) 表示我們希望文字為黑色的。最後，使用 blit() 把文字的影像繪製到視窗的 (x, y) 位置。

這段程式碼可以很好地在視窗指定的座標位置中顯示提供的文字。但如果文字沒有改變，那麼在通過主迴圈的每次迭代中重新建立 textSurface 都會浪費大量的處理動作。另外還有很多細節要留意，讀者必須讓這些設定都正確才能好好地繪製文字。利用建構一個類別來處理就能隱藏大部分複雜性的細節。

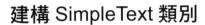

建構 SimpleText 類別

其做法就是建構一組方法來處理 pygame 中的字型載入和文字的運算繪製，這表示我們不再需要記住實作的細節，就算類別中的方法幫我們搞定。Listing 6-6 是名為 SimpleText 的新類別，其作用就是用來完成這項工作。

↰ 檔案：PygameDemo8_SimpleTextDisplay/SimpleText.py
Listing 6-6：顯示文字的 SimpleText 類別

```
# SimpleText 類別

import pygame
from pygame.locals import *

class SimpleText():

❶ def __init__(self, window, loc, value, textColor):
    ❷ pygame.font.init()
       self.window = window
       self.loc = loc
    ❸ self.font = pygame.font.SysFont(None, 30)
       self.textColor = textColor
       self.text = None # 這樣下面對 setText 的呼叫會強制建立文字影像
       self.setValue(value) # 設定要繪製的初始文字

❹ def setValue(self, newText):
       if self.text == newText:
           return  # 沒有更改

       self.text = newText  # 儲存新的文字
       self.textSurface = self.font.render(self.text, True, self.textColor)

❺ def draw(self):
       self.window.blit(self.textSurface, self.loc)
```

您可以把 SimpleText 物件看成是視窗中希望顯示文字的欄位。SimpleText 物件可以用來顯示不會改變的標籤文字或是在程式中會更改的文字。

SimpleText 類別只有三個方法。__init__() 方法❶需要傳入繪製的視窗、在視窗中繪製文字的位置、希望在欄位中看到的初始文字以及文字色彩等。呼叫 pygame.font.init() ❷會啟動 pygame 的字型系統。第一個實例化的 SimpleText 物件在呼叫時會進行初始化，而任何其他 SimpleText 物件也會進行這樣的呼叫，但由於字型已經初始化，呼叫會立即返回。我們使用 pygame.font.SysFont() ❸ 建立一個新的 Font 物件，其中放入的 None 表示我們會使用目前標準的系統字型，而不是提供特定的字型名稱。

setValue() 方法運算繪製要顯示的文字影像並將該影像儲存在 self.textSurface 實例變數中 ❹。在程式執行時，若想要更改顯示的文字，都可以呼叫 setValue() 方法，傳入要顯示的新文字。setValue() 方法也有一個最佳化的做法：它會記住繪製的最後一個文字，並且在執行其他任何操作之前，會檢查新文字是否與之前的文字相同。如果文字沒有改變，則不會進行任何事情，方法只是直接返回。如果有新文字，則會把新文字運算繪製到要繪製的表面中。

draw() 方法 ❺ 把 self.textSurface 實例變數中的影像繪製到視窗的給定位置。應該在每一幀影格中呼叫此方法。

這個方法有多個優點：

- 該類別隱藏了 pygame 文字運算繪製（render）的所有細節，因此該類別的使用者永遠不需要知道要用哪些特定於 pygame 的呼叫來顯示文字。

- 每個 SimpleText 物件都會記住它要繪製到的視窗物件、放置文字的位置以及文字色彩等內容。因此，您只需在實例化 SimpleText 物件時指定這些值一次，通常是在主迴圈開始之前進行。

- 每個 SimpleText 物件也經過最佳化處理，會記住它最後一次被告知要繪製的文字和它從目前文字生成的影像（self.textSurface）。它只需要在文字有更改時運算繪製一個新的表面。

- 要在一個視窗中顯示多段文字，您只需實例化多個 SimpleText 物件即可。這種用法是物件導向程式設計中很關鍵的概念。

帶有 SimpleText 和 SimpleButton 的球示範程式

為了開發這支程式，我們將修改 Listing 6-2 來使用 SimpleText 和 SimpleButton 類別。Listing 6-7 中的更新程式會追蹤通過主迴圈的次數，並在視窗頂端回報這項資訊。點按「Restart」按鈕將重置計數器。

↳ 檔案：PygameDemo8_SimpleTextDisplay/Main_BallTextAndButton.py
Listing 6-7：顯示 Ball、SimpleText 和 SimpleButton 的範例主程式

```
# pygame demo 8  - SimpleText、SimpleButton 和 Ball

# 1 - 匯入套件
```

```
import pygame
from pygame.locals import *
import sys
import random
from Ball import *  # 匯入 Ball 類別的程式碼 ❶
from SimpleText import *
from SimpleButton import *

# 2 - 定義常數
BLACK = (0, 0, 0)
WHITE = (255, 255, 255)
WINDOW_WIDTH = 640
WINDOW_HEIGHT = 480
FRAMES_PER_SECOND = 30

# 3 - 初始化視窗的環境
pygame.init()
window = pygame.display.set_mode((WINDOW_WIDTH, WINDOW_HEIGHT))
clock = pygame.time.Clock()

# 4 - 載入相關內容：影像、聲音…等

# 5 - 初始化變數
oBall = Ball(window, WINDOW_WIDTH, WINDOW_HEIGHT) ❷
oFrameCountLabel = SimpleText(window, (60, 20),
                    'Program has run through this many loops: ', WHITE)
oFrameCountDisplay = SimpleText(window, (500, 20), '', WHITE)
oRestartButton = SimpleButton(window, (280, 60),
                'images/restartUp.png', 'images/restartDown.png')
frameCounter = 0

# 6 - 持續執行的迴圈
while True:

    # 7 - 檢查和處理事件
    for event in pygame.event.get():
        if event.type == pygame.QUIT:
            pygame.quit()
            sys.exit()

      ❸ if oRestartButton.handleEvent(event):
            frameCounter = 0  # 按下按鈕，重設計數器

    # 8 - 「每幀」影格要進行的動作
❹ oBall.update()  # 告知球要更新
    frameCounter = frameCounter + 1  # 每幀影格都遞增 1
❺ oFrameCountDisplay.setValue(str(frameCounter))

    # 9 - 在繪製之前先清除視窗
    window.fill(BLACK)

    # 10 - 繪製視窗元素
❻ oBall.draw()  # 告知 ball 繪製自己本身
    oFrameCountLabel.draw()
    oFrameCountDisplay.draw()
```

```
oRestartButton.draw()

# 11 - 更新視窗
pygame.display.update()

# 12 - 放慢速度
clock.tick(FRAMES_PER_SECOND)  # 讓 pygame 等待一會兒
```

在程式的頂端匯入了 Ball、SimpleText 和 SimpleButton 類別的程式碼❶。在主迴圈開始之前,會建立 Ball 的實例❷和兩個 SimpleText 類別的實例(oFrameCountLabel 用於不會改變的訊息標籤和 oFrameCountDisplay 用於每幀影格會改變的顯示),以及儲存在 oRestartButton 中 SimpleButton 類別的實例。我們還把變數 frameCounter 初始化為 0,這個變數會在每次通過主迴圈時遞增。

在主迴圈中,我們檢查使用者是否有按下了 Restart 按鈕❸。如果為 True,我們會重置 frameCounter 計數器。

隨後告知球去更新它的位置❹。我們遞增迴圈每幀的計數器,然後呼叫文字欄位的 setValue() 方法來顯示新的計數值❺。最後告知球進行繪製,並告知文字欄位要進行繪製,透過呼叫每個物件的 draw() 方法來告知 Restart 按鈕去進行繪製❻。

在 SimpleText 物件的實例化中,最後一個引數是文字色彩,指定的物件應該會以白色呈現,這樣在黑色背景下就能清楚看到它們。在下一章中,我會展示怎麼擴充 SimpleText 類別來放入更多屬性,並且不會讓類別的介面複雜化。我們會建構一個功能更全面的文字物件,該物件對每個屬性都放入了合理的預設值,但也允許您覆寫(override)這些預設值。

介面與實作

SimpleButton 和 SimpleText 的範例提出了「介面與實作」這兩個重要的主題。如第 4 章所述,介面指的是如何使用某件物品,而實作指的是某件物品的運作方式(內部)。

在 OOP 的環境中,介面是類別中的一組方法及其相關參數,也稱為**應用程式介面**(**API**,Application Programming Interface)。實作則是類別中所有方法的實際程式碼。

像 pygame 這樣的外部套件很可能會附帶 API 說明文件，其中解釋了可用的呼叫以及每次呼叫需要傳遞的引數是什麼。完整的 pygame API 說明文件可連到 https://www.pygame.org/docs/ 取得。

當您編寫呼叫 pygame 的程式碼時，無需擔心正在使用的方法中有什麼實作細節。舉例來說，在呼叫 blit() 來繪製影像時，不必在意 blit() 是怎麼做到的，您只需要知道呼叫後得到什麼結果以及需要傳入什麼引數。另一方面，您可以相信編寫 blit() 方法的實作者已經廣泛思考過怎麼讓 blit() 是最有效率的。

在程式設計的世界中，我們經常身兼實作者和應用程式的開發者的雙重身份，因此需要努力設計出 API 在目前情況下有用，而且也足夠通用能讓自己和其他人在未來編寫的程式取用。我們的 SimpleButton 和 SimpleText 類別是很好的例子，因為它們設計和編寫得很通用，因此可以很容易地重複使用。當我們在第 8 章探討封裝這個概念時，會討論更多關於介面與實作的內容。

callback（回呼）

當使用 SimpleButton 物件時，我們會像這樣處理檢查和回應按鈕的點按：

```
if oButton.handleEvent(event):
    print('The button was clicked')
```

這種處理事件的方法適用於 SimpleButton 類別。但是，其他一些 Python 套件和許多程式語言會以不同的方式處理事件：使用 callback（回呼）。

callback（回呼）
當特定動作、事件或條件發生時就呼叫物件的函式或方法。

理解這一點的簡單方法是回想一下 1984 年的熱門電影**魔鬼剋星**（Ghost busters）。電影的標語是「Who you gonna call?」，在電影中，魔鬼剋星在電視上投放了一則廣告，告訴大家如果看到鬼（這是要尋找的事件），就應該打電話給魔鬼剋星（callback）。等接到電話後，魔鬼剋星會採取了適當的行動來消滅鬼怪。

舉例來說，有一個初始化為具有 callback 的按鈕物件。當使用者點按按鈕時，按鈕會呼叫 callback 函式或方法，該函式或方法會執行回應按鈕點按所需的所有程式碼。

建立 callback

若想要設定 callback，則在您建立物件或呼叫物件的其中某個方法時，您傳入要呼叫的函式或物件的方法的名稱。例如，有一個 Python 的標準 GUI 套件稱為 tkinter，使用此套件建立按鈕所需的程式碼與我在前面所展示程式碼非常不同。以下是一個範例：

```python
import tkinter

def myFunction():
    print('myCallBackFunction was called')

oButton = tkinter.Button(text='Click me', command=myFunction)
```

使用 tkinter 建立按鈕時，必須傳入一個函式（或物件的方法），該函式會在使用者點按按鈕時 callback。在這個範例中，我們以 myFunction 作為要 callback 的函式來傳入（此呼叫用到關鍵字參數，這會在第 7 章詳細介紹）。tkinter 按鈕把該函式記為 callback，並且在使用者點按了生成的按鈕時，它會呼叫 myFunction() 函式。

當您啟動某些可能需要花點時間的操作時，也可以使用 callback 方式來處理。除了等待動作完成和讓程式凍結一段時間，您可以提供一個 callback 在動作完成時呼叫。舉例來說，假設您想透過 Internet 發出請求。與呼叫並等待該呼叫返回資料（這可能需要很長時間）不同，有一些套件允許您使用呼叫和設定 callback 的方式來處理。如此一來，程式可以繼續執行，而使用者也不會被鎖住。這通常涉及多個 Python 執行緒的處理，已超出了本書的範圍，但使用 callback 技術是完成上述要求的常用做法。

SimpleButton 使用 callback 來處理

為了示範 callback 這個概念，我們對 SimpleButton 類別做一些小幅的修改，允許它接受 callback。作為附加的可選性的參數，呼叫方可以提供物件的函式或方法來當作參數，以便在點按了 SimpleButton 物件時進行 callback。SimpleButton 的每個實例都會記住實例變數中的 callback。當使用者完成點按時，SimpleButton 的實例就會呼叫 callback。

Listing 6-8 中的主程式建立了三個 SimpleButton 類別的實例，每個實例都以不同的方式處理按鈕的點按。第一個按鈕 oButtonA 不提供 callback，而 oButtonB 提供對函式的 callback，oButtonC 則指定物件方法的 callback。

↳ 檔案：PygameDemo9_SimpleButtonWithCallback/Main_SimpleButtonCallback.py
Listing 6-8：這個版本的主程式有三種不同的處理按鈕點按的方式

```
#  pygame demo 9 - 使用 callback 的 3 個按鈕處理方式

# 1 - 匯入套件
import pygame
from pygame.locals import *
from SimpleButton import *
import sys

# 2 - 定義常數
GRAY = (200, 200, 200)
WINDOW_WIDTH = 400
WINDOW_HEIGHT = 100
FRAMES_PER_SECOND = 30

# 定義一個函式，將來在 callback 時使用
def myCallBackFunction(): ❶
    print('User pressed Button B, called myCallBackFunction')

# 定義一個類別和方法，將來在 callback 時使用
class CallBackTest(): ❷
--- 版面有限，省略其他方法 ---

    def myMethod(self):
        print('User pressed Button C, called myMethod of the CallBackTest object')

# 3 - 初始化視窗的環境
pygame.init()
window = pygame.display.set_mode((WINDOW_WIDTH, WINDOW_HEIGHT))
clock = pygame.time.Clock()

# 4 - 載入相關內容：影像、聲音…等

# 5 - 初始化變數
oCallBackTest = CallBackTest() ❸
# 建立 SimpleButton 的實例
# 沒有 callback
oButtonA = SimpleButton(window, (25, 30),  ❹
                        'images/buttonAUp.png',
                        'images/buttonADown.png')
# 指定一個函式當作 callback
oButtonB = SimpleButton(window, (150, 30),
                        'images/buttonBUp.png',
                        'images/buttonBDown.png',
                       callBack=myCallBackFunction)
```

```
# 指定一個方法當作 callback
oButtonC = SimpleButton(window, (275, 30),
                        'images/buttonCUp.png',
                        'images/buttonCDown.png',
                        callBack=oCallBackTest.myMethod)

counter = 0

# 6 - 持續執行的迴圈
while True:

    # 7 - 檢查和處理事件
    for event in pygame.event.get():
        if event.type == pygame.QUIT:
            pygame.quit()
            sys.exit()

        # 如果有被點按則傳入 event 到按鈕
        if oButtonA.handleEvent(event): ❺
            print('User pressed button A, handled in the main loop')

        # oButtonB 和 oButtonC 有設定 callback，
        # 不需要檢測呼叫的結果
        oButtonB.handleEvent(event) ❻

        oButtonC.handleEvent(event) ❼

    # 8 - 「每幀」影格要進行的動作
    counter = counter + 1

    # 9 - 清除視窗
    window.fill(GRAY)

    # 10 - 繪製視窗元素
    oButtonA.draw()
    oButtonB.draw()
    oButtonC.draw()

    # 11 - 更新視窗
    pygame.display.update()

    # 12 - 放慢速度
    clock.tick(FRAMES_PER_SECOND)  # 讓 pygame 等待一會兒
```

程式從一個簡單的 myCallBackFunction() 函式❶開始，它只是印出一條訊息以告知它被呼叫了。接下來則是一個包含 myMethod() 方法❷的 CallBackTest 類別，它會印出自己的訊息以告知它被呼叫了。隨後從 CallBackTest 類別❸建立一個 oCallBackTest 物件，我們需要這個物件來設定一個 callback 到 oCallBack. myMethod()。

程式接著是建立三個 SimpleButton 物件，每個物件使用不同的做法來建立❹。
第一個 oButtonA 並沒有設定 callback。第二個 oButtonB 把其 callback 設定為
myCallBackFunction() 函式。第三個 oButtonC 把其 callback 設定為 oCallBack.
myMethod() 方法。

在主迴圈中，我們透過呼叫每個按鈕的 handleEvent() 方法來檢查使用者是否
點按了三個按鈕中的任何一個。由於 oButtonA 沒有 callback，所以必須檢查返
回的值是否為 True ❺，如果是，則執行操作。當點按了 oButtonB 時❻，會呼
叫 myCallBackFunction() 函式並印出其訊息。當點按了 oButtonC 時❼，會呼叫
oCallBackTest 物件的 myMethod() 方法並印出其訊息。

有些程式設計師更喜歡使用 callback 的做法，因為要呼叫的目標是在建立物件
時就設定的好了。了解 callback 這項技術是很重要的，尤其是在您使用的套件
會用到 callback 時更是不能避免。但我在所有範例程式碼中還是使用原本的做
法，檢查呼叫 handleEvent() 所返回的值來進行相關操作。

總結

本章展示了怎麼從程序型的程式為起始，然後提取相關程式碼來建構類別。我
們建構了 Ball 類別來示範這個概念，然後修改了上一章範例程式的主程式碼，
呼叫該類別的方法來告知 Ball 物件要做什麼操作，而且還不用管它的實作細
節，只要享用其結果即可。把所有相關程式碼放在一個單獨的類別中，很容易
實例化出任意個物件並建立物件串列，而管理多個物件時也相對容易。

隨後的內容是建構 SimpleButton 和 SimpleText 類別，這兩個類別把實作細節的
複雜性隱藏起來，建立了高度可重用的程式碼。在下一章會以這些類別為基
礎，再繼續開發「專業級」的按鈕和文字顯示類別。

最後則是介紹了 callback 的概念，也就是在對物件的呼叫中傳入函式或方法，
稍後在事件發生或操作完成時進行 cabllback。

7

Pygame GUI widgets
小工具

Pygame 允許程式設計師採用 Python 文字型的程式語法透過它來建構 GUI 型的程式。視窗、指向裝置、點按、拖曳和聲音等都已成為我們使用電腦體驗的標準內容。不幸的是，pygame 套件沒有內建基本的使用介面元素，所以我們需要自己建構。我們會利用 pygwidgets 來完成，這是個 GUI widgets 小工具的程式庫。

本章解釋了怎麼把影像、按鈕和輸入或輸出欄位等標準的 widgets 建構成類別，以及客戶端程式碼是怎麼使用這些 widgets。把每個元素建構成一個類別能讓程式設計師在建立 GUI 時整合放入各個元素的多個實例。然而，在開始建構這些 GUI widgets 之前，先要講解說明 Python 的另一個特性：在對函式或方法的呼叫時傳入資料。

把引數傳給函式或方法

函式呼叫中的引數和函式定義的參數是一對一的對應關係，所以第一個引數的值會傳給第一個參數、第二個引數的值傳給第二個參數 … 以此類推。

圖 7-1 重製了第 3 章的一個例子，顯示呼叫物件的方法時也是如此處理。我們可以看到，第一個參數總是 self，被設定為呼叫中的物件。

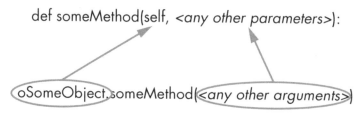

圖 7-1：傳給方法的引數是怎麼與其參數相互對應匹配的

但是，Python（和其他一些程式語言）允許您把某些引數設為可選擇性的（optional）。如果在呼叫中未提供可選擇性的引數，那我們可以提供一個預設值在函式或方法中使用。我會以一個現實世界中的例子作為比喻來解釋說明。

如果您在漢堡王餐廳點了一個漢堡，您的漢堡會配有番茄醬、芥末和酸菜等配料。但漢堡王可以「隨便選配」，如果您想放入其他調味品的組合，您必須在下單時說明想要（或不想要）什麼配料。

我們會從編寫一個 orderBurgers() 函式開始，該函式在定義時以常規做法來模擬製作漢堡訂單，其中沒有實作預設值：

```
def orderBurgers(nBurgers, ketchup, mustard, pickles):
```

您必須指定要下訂的漢堡數量，但在理想情況下，如果您希望用預設值 True 來表示加入番茄醬、芥末和酸菜，則不需要再傳入任何引數。因此，若想要下訂兩個標準預設值的漢堡，您可能會認為用下列的呼叫方式來處理：

```
orderBurgers(2) # 都加入番茄醬、芥末和酸菜
```

但是，這種寫法在 Python 中會觸發錯誤，因為呼叫中的引數數量與函式中指定的參數數量不相符：

```
TypeError: orderBurgers() missing 3 required positional arguments: 'ketchup',
'mustard', and 'pickles'
```

讓我們看看 Python 怎麼讓我們設定可選擇性參數，在沒有指定任何參數時，這些參數會指定為預設值。

位置和關鍵字參數

Python 有兩種不同類型的參數：**位置參數**（**positional parameters**）和**關鍵字參數**（**keyword parameters**）。位置參數是我們已經熟悉的類型，呼叫中的每個引數在函式或方法的定義中都有一個對應匹配的參數。

關鍵字參數允許您指定預設值。關鍵字參數的寫法是變數名稱加等號和預設值，如下所示：

```
def someFunction(<keywordParameter>=<default value>):
```

您可以有多個關鍵字參數，每個參數都有一個名稱和一個預設值。

函式或方法中可以同時定義位置參數和關鍵字參數，在這種情況下，您必須在任何關鍵字參數之前先指定好所有位置參數：

```
def someOtherFunction(positionalParam1, positionalParam2, ...
        <keywordParameter1>=<default value 1>,
        <keywordParameter2>=<default value 2>, ...):
```

讓我們重新定義 orderBurgers()，使用一個位置參數和三個具有預設值的關鍵字參數，如下所示：

```
def orderBurgers(nBurgers, ketchup=True, mustard=True, pickles=True):
```

當我們呼叫這個函式時，nBurgers 是個位置參數，因此必須在每次呼叫時指定一個引數來配合，而其他三個是關鍵字參數。如果沒有對這三個（番茄醬、芥末和酸菜）傳遞任何值，該函式會以預設值 True 來處理。現在點 2 個漢堡且都要配上所有的配料，其寫法就可以像下面這樣：

```
orderBurgers(2)
```

如果我們想要的不是預設值，可以在呼叫中指定關鍵字參數的名稱和不同的值。例如，我們只想在兩個漢堡上加番茄醬而其他配料都不加時，可以像下列這樣呼叫：

```
orderBurgers(2, mustard=False, pickles=False)
```

當函式執行時，mustard 和 pickles 變數的值會設為 False。由於我們沒有為 ketchup（番茄醬）指定值，所以它被指定了預設值 True。

在呼叫時您還可以對應的位置上指定所有引數的值，包括那些寫為關鍵字參數的引數。Python 會配合引數的順序為每個參數指定正確的值：

```
orderBurgers(2, True, False, False)
```

在上述這個呼叫中，我們再次指定了 2 個漢堡，其中要配上番茄醬，但不加芥末醬和酸菜。

關鍵字參數的附加說明

讓我們快速回顧一下使用關鍵字參數的一些慣例和技巧。以 Python 慣例來說，當您使用關鍵字參數和帶引數的關鍵字時，等號、關鍵字和值之間的不應有空格，以表明這個不是典型的指定值陳述句。其正確格式為：

```
def orderBurgers(nBurgers, ketchup=True, mustard=True, pickles=True):
orderBurgers(2, mustard=False)
```

以下這兩行程式碼也能正常運作，但它們沒有遵循 Python 格式慣例，而且可讀性較差：

```
def orderBurgers(nBurgers, ketchup = True, mustard = True, pickles = True):
orderBurgers(2, mustard = False)
```

呼叫同時具有位置參數和關鍵字參數的函式時，必須先為所有位置參數提供值，然後再提供可選擇性放入的關鍵字參數。

呼叫中的關鍵字引數可以按任意順序指定。呼叫 orderBurgers() 函式的方式有很多種，例如：

```
orderBurgers(2, mustard=False, pickles=False) # 只放入番茄醬
```

或：

```
orderBurgers(2, pickles=False, mustard=False, ketchup=False) # 都不放配料
```

所有關鍵字參數都將被指定適當的值，且參數不照順序排放是沒有關係的。

雖然 orderBurgers() 範例中的所有預設值都是布林值，但關鍵字參數可以指定任何資料型別的預設值。舉例來說，我們可以編寫一個函式，允許客戶像下列這樣訂製冰淇淋：

```
def orderIceCream(flavor, nScoops=1, coneOrCup='cone', sprinkles=False):
```

呼叫方必須指定一種口味（flavor），但預設的情況下是會放一個小湯匙（nScoops）、用錐形甜筒（cone）和不灑巧克力米（sprinkles）。呼叫方可以用不同的關鍵字值來覆蓋這些預設值。

使用 None 作為預設值

有時了解呼叫方是否有傳入關鍵字參數的值會很有幫助。舉一個實例來說明，呼叫方訂製披薩的處理。呼叫方至少必須指定 size（大小），而第二個參數 style（樣式）的預設值為「regular（正常）」但也可以是「deepdisk（厚底）」。第三個參數 topping（配料），呼叫方可以選擇傳入一樣配料。如果呼叫方想要加配料，則必須向他們收取額外費用。

在 Listing 7-1 中 size 是位置參數，而關鍵字參數則是 style 和 topping。style（樣式）的預設值是字串「regular」。由於 topping（配料）是可選擇性的，我們使用特殊的 Python 值 None 作為預設值，但呼叫方可以傳入他們想要的配料。

↳ 檔案：OrderPizzaWithNone.py
Listing 7-1：函式中的關鍵字參數預設值為 None

```
def orderPizza(size, style='regular', topping=None):
    # 以大小和樣式為基礎做一些運算
    # 檢查是否有指定配料
    PRICE_OF_TOPPING = 1.50  # 配料的價格

    if size == 'small':
        price = 10.00
```

```
    elif size == 'medium':
        price = 14.00
    else: # large
        price = 18.00

    if style == 'deepdish':
        price = price + 2.00 # 厚底要加收費用

    line = 'You have ordered a ' + size + ' ' + style + ' pizza with '
❶ if topping is None:  # 如果有傳入配料
        print(line +'no topping')
    else:
        print(line + topping)
        price = price + PRICE_OF_TOPPING

    print('The price is $', price)
    print()

# 您可以用下列方式訂製 pizza：
orderPizza('large')   # 大、正常、不加配料 ❷

orderPizza('large', style='regular')  # 同上方

orderPizza('medium', style='deepdish', topping='mushrooms') ❸

orderPizza('small', topping='mushrooms') # 樣式預設為正常
```

第一次和第二次呼叫被視為相同，變數 topping 的值設為 None ❷。在第三次和第四次呼叫中，topping 的值設為「mushrooms」❸。因為「mushrooms」不是 None，在這些呼叫中，程式碼會因為披薩有加配料而加收額外費用❶。

使用 None 作為關鍵字參數的預設值可以讓您查看呼叫方是否在呼叫時提供了值。這可能是對關鍵字參數的一種微妙的運用，在接下來的討論中這種做法是非常好用的。

挑選關鍵字和預設值

使用預設值會讓函式和方法的呼叫變簡單，但也有缺點。為關鍵字參數挑選的每個關鍵字都非常重要。一旦程式設計師開始呼叫並覆蓋預設值時，就很難再去更改關鍵字參數的名稱，因為必須在函式或方法的**所有**呼叫中同步更改該名稱。否則，正在執行的程式碼會被破壞中斷。如果程式碼已廣泛散佈出去給很多地方使用，這可能會讓使用這支程式碼的程式設計師帶來極大的痛苦。所以在這裡慎重提醒，除非絕對必要，取好名稱的關鍵字參數不要更改名稱。所以，請在取名稱時明智地挑選好的名稱！

使用的預設值盡可能適合給更廣泛的使用者使用，這一點也非常重要（就個人而言，我很**討厭**芥末！每次去漢堡王點餐時，都必須記住不要放芥末，不然做出來的漢堡我是不會吃的。所以我認為他們挑選的預設值很糟糕）。

GUI widgets 中的預設值

在下一節中，我會展示一組類別，您可以使用這些類別在 pygame 中輕鬆建構 GUI 的各種元素，例如按鈕和文字欄位等。這些類別都會使用一些位置參數進行初始化，但也會具有各種可選擇性放入的關鍵字參數，所有這些參數都具有合理的預設值，以允許程式設計師透過指定幾個位置參數來建構 GUI widgets。透過指定值來覆蓋關鍵字參數的預設值，這樣建構的介面元素就更能得到更精確的控制。

接下來會深入探討一個範例程式，我們會查看一個在應用程式視窗中顯示文字的 widgets 小工具。文字可以選用不同的字型、字型大小、色彩、背景色彩等來顯示。我們會建構一個 DisplayText 類別，該類別會為所有這些屬性提供預設值，但會為客戶端的程式碼提供指定不同值的選項。

pygwidgets 套件

本章其餘部分的重點放在介紹 pygwidgets（發音為 "pigwijits"）套件，它的功用有兩個：

1.　示範許多不同的物件導向程式設計技術。

2.　讓程式設計師在 pygame 程式中輕鬆建構和使用 GUI widgets 小工具。

pygwidgets 套件包含以下類別：

TextButton

以標準格式所建構的按鈕，使用文字字串。

CustomButton

帶有自訂影像圖案的按鈕。

TextCheckBox

標準格式的核取方塊，從文字字串建構。

CustomCheckBox

帶有自訂影像圖案的核取方塊。

TextRadioButton

標準格式的選項按鈕，從文字字串建構。

CustomRadioButton

帶有自訂影像圖案的選項按鈕。

DisplayText

用來顯示輸出文字的欄位。

InputText

使用者可以輸入文字的欄位。

Dragger

允許使用者拖曳某個影像。

Image

在某個位置顯示影像。

ImageCollection

在某個位置顯示一群影像。

Animation

顯示一連串序列鏡頭的影像。

SpriteSheetAnimation

從單個大型的影像來顯示一連串序列鏡頭的影像。

設定

若想要安裝 pygwidgets 套件，請開啟命令提示字元模式，然後輸入如下命令：

```
python3 -m pip install -U pip --user
python3 -m pip install -U pygwidgets --user
```

這些命令會從 Python Package Index（PyPI）官網下載並安裝最新版本的 pygwidgets。它會被放置在一個可供所有 Python 程式使用的資料夾內（名為 site-packages）。安裝之後，您可以透過在程式開頭放入以下陳述語來使用 pygwidgets：

```
import pygwidgets
```

這行會匯入整個套件。在匯入之後就可以從類別實例化物件，並呼叫這些物件的方法。

pygwidgets 最新的說明文件是放在 https://pygwidgets.readthedocs.io/en/latest/ 網站，如果您想要檢閱套件的原始程式碼，可連到我的 GitHub 倉庫 https://github.com/IrvKalb/pygwidgets/ 取用。

整體的設計做法

如第 5 章所示，在每個 pygame 程式中要做的第一件事就是定義應用程式的視窗。以下這一行建構了一個應用程式視窗，並將它的參照存放在一個名為 window 的變數中：

```
window = pygame.display.set_mode((WINDOW_WIDTH, WINDOW_HEIGHT))
```

正如我們很快會看到的，每當我們實例化任何 widgets 時，都需要傳入 window 變數，以便讓 widgets 可以在應用程式的視窗中進行繪製。

pygwidgets 中的大多數 widgets 小工具都以類似的方式運作，通常涉及以下三個步驟：

1. 在主 while 迴圈開始之前，要先建立一個 widget 實例，傳入所有的初始化引數。

2. 在主迴圈中，每當有任何事件發生時，呼叫 widget 的 handleEvent() 方法（傳入 event 物件）。

3. 在主迴圈的底部，呼叫 widget 的 draw() 方法。

使用任何 widget 的第 1 步就是用如下這行來實例化出一個 widget：

```
oWidget = pygwidgets.<SomeWidgetClass>(window, loc, <other arguments as needed>)
```

第一個參數始終是應用程式的視窗。第二個參數始終是視窗中顯示 widget 的位置，以元組形式列出：(x, y)。

第 2 步是透過在事件迴圈中呼叫物件的 handleEvent() 方法來處理可能影響 widget 的任何事件。如果發生任何事件（如滑鼠點按或按鈕按下）並且 widget 處理該事件，則此呼叫會返回 True。主 while 迴圈頂端的幾行程式碼通常如下所示：

```
while True:
    for event in pygame.event.get():
        if event.type == pygame.QUIT:
            pygame.quit()
            sys.exit()

        if oWidget.handleEvent(event):
            # 使用者對 oWidget 做了一些事情而我們應該回應的動作
            # 程式碼加在這裡
```

第 3 步是在 while 迴圈底部附近加一行來呼叫 widget 的 draw() 方法，使其出現在視窗中：

```
oWidget.draw()
```

由於我們在步驟 1 中已指定了要繪製的視窗、位置座標以及影響 widget 外觀的所有細節，因此不用在 draw() 的呼叫中傳入任何東西。

加入影像

這裡的第一個範例是最簡單的 widget 小工具：我們會用 Image 類別在視窗中顯示影像。實例化 Image 物件時，唯一需要的參數是視窗、視窗中繪製影像的位置座標以及影像檔的路徑。在主迴圈開始之前先建立 Image 物件，如下所示：

```
oImage = pygwidgets.Image(window, (100, 200), 'images/SomeImage.png')
```

這裡使用的路徑假設是含有主程式的專案資料夾，而其中還有個名為 images 的資料夾，其中是 SomeImage.png 檔。隨後在主迴圈中只需要呼叫物件的 draw() 方法即可繪製：

```
oImage.draw()
```

Image 類別的 draw() 方法含有對 blit() 的呼叫來實際繪製影像，因此您無需直接呼叫 blit() 來處理。若想要移動影像，您可以呼叫其 setLoc() 方法（set location 的縮寫），放入新的 x 和 y 座標指定為元組：

```
oImage.setLoc((newX, newY))
```

下次繪製影像時，它會顯示在新座標的位置。說明文件有列出了許多其他方法，您可以呼叫這些方法來進行影像的翻轉、旋轉、縮放，取得影像的位置和矩形等操作。

Sprite 模組

Pygame 有一個在視窗中顯示影像的內建模組，稱為 **sprite 模組**，而這樣的影像被稱為 sprite（角色、精靈）。sprite 模組提供了一個用來處理單個角色的 Sprite 類別，和一個用於處理多個 Sprite 物件的 Group 類別。這兩個類別提供了很出色的功能，如果您打算負以 pygame 重任來開發程式，就很值得您花點時間來研究它們。但是，為了解釋說明底層的 OOP 概念，我在書中的範例中並沒有使用這些類別。相反地，我會繼續介紹通用的 GUI 元素，以便讓這些元素能在任何環境和語言中運用。如果您想了解有關 sprite 模組的更多資訊，請參閱 https://www.pygame.org/docs/tut/SpriteIntro.html 上的教學指引。

新增按鈕、核取方塊和選項按鈕

當您在 pygwidgets 中實例化按鈕（button）、核取方塊（checkbox）和選項按鈕（radio button）等 widget 時，您有兩種選擇：實例化一個文字版本，該版本繪製自己的風格並根據您傳入的字串加入文字標籤，或者實例化您提供的自訂版本風格。表 7-1 顯示了可用的不同按鈕類別。

表 7-1：在 pygwidgets 中的文字和自訂按鈕類別

	文字版本（直接繪製）	自訂版本（用自訂風格）
按鈕	TextButton	CutomButton
核取方塊	TextCheckBox	CutomCheckBox
選項按鈕	TextRadioButton	CutomRadioButton

這些類別的文字版本和自訂版本之間的差異只有在實例化期間有所不同。從文字或自訂按鈕類別建立物件後，類別的所有其餘方法都是相同的。為了讓您更清楚了解，我們以 TextButton 和 CustomButton 類別的範例來說明。

TextButton

下面是 pygwidgets 中 TextButton 類別 __init__() 方法的實際定義：

```
def __init__(self, window, loc, text,
            width=None,
            height=40,
            textColor=PYGWIDGETS_BLACK,
            upColor=PYGWIDGETS_NORMAL_GRAY,
            overColor=PYGWIDGETS_OVER_GRAY,
            downColor=PYGWIDGETS_DOWN_GRAY,
            fontName=DEFAULT_FONT_NAME,
            fontSize=DEFAULT_FONT_SIZE,
            soundOnClick=None,
            enterToActivate=False,
            callback=None,
            nickname=None):
```

不過，程式設計師通常不會閱讀類別中的程式碼，而是參考其說明文件。如前所述，您可以連到 https://pygwidgets.readthedocs.io/en/latest/ 網站，其中可以找到 pygwidgets 的完整說明文件。

您還可以透過呼叫 Python shell 中的內建 help() 函式來查看類別的說明文件，如下所示：

```
>>> help(pygwidgets.TextButton)
```

建立 TextButton 的實例時，只需要傳入視窗、視窗中的位置以及按鈕上要顯示的文字。如果您只指定這些位置參數，按鈕就會使用合理的預設寬度和高度、按鈕四種狀態的背景顏色（不同的灰色陰影）、字型和字型大小等來建立。預設情況下，使用者點按按鈕時是不會播放任何音效的。

使用預設值來建立 TextButton 的程式碼如下所示：

```
oButton = pygwidgets.TextButton(window, (50, 50), 'Text Button')
```

TextButton 類別的 __init__() 方法中的程式碼使用 pygame 的 draw() 方法為按鈕的四種狀態（放開 up、按下 down、游標滑過 over 和停用 disable）建構自己的風格。前一行建立了一個按鈕的「放開 up」版本，如圖 7-2 所示。

Text Button

圖 7-2：使用預設值建立的 TextButton

您可以用關鍵字的值來覆蓋任何或所有預設參數，如下所示：

```
oButton = pygwidgets.TextButton(window, (50, 50), 'Text Button',
                                width=200,
                                height=30,
                                textColor=(255, 255, 128),
                                upColor=(128, 0, 0),
                                fontName='Courier',
                                fontSize=14,
                                soundOnClick='sounds/blip.wav',
                                enterToActivate=True)
```

以上述程式實例化出來的按鈕會如圖 7-3 所示。

Text Button

圖 7-3：使用關鍵子引數代入字型、大小、色彩等值來建立 TextButton

這兩個按鈕的影像切換行為完全相同，唯一的區別只有在影像的外觀。

CustomButton

CustomButton 類別允許您以自己的設計風格來建立按鈕。若想要實例化一個 CustomButton，只需要傳入一個視窗、一個位置和一個指向按鈕放開狀態影像圖的路徑。以下是一個範例：

```
restartButton = pygwidgets.CustomButton(window, (100, 430),
                                    'images/RestartButtonUp.png')
```

down、over 和 disabled 狀態是可選擇性的關鍵字引數，對於沒有傳入值的狀態，CustomButton 會使用 up 影像的副本。若想要建立出典型的按鈕，（強烈建議）還是要傳入上面這些可選擇性的影像圖路徑，如下所示：

```
restartButton = pygwidgets.CustomButton(window, (100, 430),
                        'images/RestartButtonUp.png',
                        down='images/RestartButtonDown.png',
                        over='images/RestartButtonOver.png',
                        disabled='images/RestartButtonDisabled.png',
                        soundOnClick='sounds/blip.wav',
                        nickname='restart')
```

這裡還指定了當使用者點按按鈕時會播放的音效，並且提供了一個內部暱稱，我們以後可以使用。

使用按鈕

在實例化之後，下面是一些使用按鈕物件 oButton 的典型程式碼，它與 Text Button 或 CustomButton 無關：

```
while True:
    for event in pygame.event.get():
        if event.type == pygame.QUIT:
            pygame.quit()
            sys.exit()

        if oButton.handleEvent(event):
            # 使用者有按下這個按鈕
            <當按鈕被按下時要執行的程式都寫在這裡>
--- 省略 ---
oButton.draw() # 放在迴圈的底部，告知要進行繪製按鈕
```

每次檢測到一個事件，我們都需要呼叫按鈕的 handleEvent() 方法來讓它對使用者的動作做出反應。此呼叫通常是返回 False，但當使用者完成對按鈕的點按時就會返回 True。在主 while 迴圈的底部，我們需要呼叫按鈕的 draw() 方法來進行繪製。

文字輸出和輸入

在第 6 章有介紹過 pygame 中的文字輸入和輸出並不太好處理，但在這裡我會介紹文字顯示欄位和文字輸入欄位的新類別。這兩個類別有最少的必需（位置）參數，而且也有易於覆蓋的其他屬性（字型、字型大小、色彩等）的合理預設值。

文字輸出

pygwidgets 套件含有一個用來顯示文字的 DisplayText 類別，它是第 6 章中 SimpleText 類別的更全功能版本。當您實例化 DisplayText 欄位時，唯一需要的參數是視窗和位置座標。第一個關鍵字參數是 value，可以用字串指定要在欄位中顯示的起始文字。這通常用在給終端使用者預設的值或永遠不會更改的文字，例如標籤或說明。由於 value 是第一個關鍵字參數，它可以作為位置參數或關鍵字參數列出來。舉例來說：

```
oTextField = pygwidgets.DisplayText(window, (10, 400), 'Hello World')
```

下列語法也有相同的功效：

```
oTextField = pygwidgets.DisplayText(window, (10, 400), value='Hello World')
```

您還可以透過指定任何或所有可選擇性關鍵字參數來自訂輸出文字的外觀。舉例來說：

```
oTextField = pygwidgets.DisplayText(window, (10, 400),
                                    value='Some title text',
                                    fontName='Courier',
                                    fontSize=40,
                                    width=150,
                                    justified='center',
                                    textColor=(255, 255, 0))
```

DisplayText 類別有許多附加的方法，其中最重要的是 setValue() 方法，您可以呼叫此方法來更改在欄位中要繪製的文字：

```
oTextField.setValue('Any new text you want to see')
```

在主 while 迴圈的底部，您需要呼叫物件的 draw() 方法：

```
oTextField.draw()
```

當然，您可以根據需要建立任意個 DisplayText 物件，每個物件顯示不同的文字，而且每個物件都有自己的字型、大小、色彩等。

文字輸入

在典型的文字型 Python 程式中，要從使用者那裡取得輸入，您會呼叫 input() 函式來處理，該函式會停下程式等使用者在 shell 視窗中輸入文字。不過在事件驅動的 GUI 型程式的世界中，主迴圈永遠不會停止。因此，我們必須使用不同的方法來處理。

對於來自使用者的文字輸入，GUI 程式通常會顯示一個使用者可以輸入的欄位方塊。輸入欄位必須處理所有鍵盤的按鍵，其中有些用於顯示，而另外的用於在欄位內進行編輯或游標移動。它還必須允許使用者在按住某個鍵時重複輸入。pygwidgets 的 InputText 類別提供了所有這些功能。

實例化 InputText 物件必需的引數是視窗物件和位置座標：

```
oInputField = pygwidgets.InputText(window, (10, 100))
```

但您可以透過指定可選擇性的關鍵字引數來自訂 InputText 物件的文字屬性：

```
oInputField = pygwidgets.InputText(window, (10, 400),
                                   value='Starting Text',
                                   fontName='Helvetica',
                                   fontSize=40,
                                   width=150,
                                   textColor=(255, 255, 0))
```

實例化 InputText 欄位後，主迴圈中的典型程式碼會像下列這般：

```
while True:
    for event in pygame.event.get():
        if event.type == pygame.QUIT:
            pygame.quit()
            sys.exit()

        if oInputField.handleEvent(event):
            # 使用者有按下 Enter 或 Return 鍵
            userText = oInputField.getValue() # 取得使用者輸入的文字
            <利用輸入的文字來處理和執行的相關程式碼>
--- 省略 ---
    oInputField.draw() # 放在 while 迴圈的底部
```

對於每個事件，我們需要呼叫 InputText 欄位的 handleEvent() 方法來處理，以允許它對鍵盤按鍵和滑鼠游標點按做出反應。這個呼叫通常是返回 False，但當使用者有按下 ENTER 或 RETURN 鍵時，就會返回 True。隨後我們可以透過呼叫物件的 getValue() 方法來擷取使用者輸入的文字。

在主 while 迴圈的底部會需要呼叫 draw() 方法讓欄位自行繪製。

如果某個視窗含有多個輸入欄位，則鍵盤按鍵由取得目前鍵盤焦點的欄位來處理，當使用者點按不同的欄位時，目前的焦點會更改。若想要讓欄位取得初始鍵盤的焦點，則可以在建立該物件時在您選擇的 InputText 物件中把 initialFocus 關鍵字參數設為 True。此外，如果您在某個視窗中有多個 InputText 欄位，典型的使用介面設計都是會放入一個「OK」或「Submit」按鈕，點按此按鈕後會呼叫每個欄位的 getValue() 方法。

> NOTE
>
> 在筆者撰寫本書時，InputText 類別是不會處理透過拖曳滑鼠來選取多個字元。就算以後的版本中有加入了此功能，也不需要對使用 InputText 的程式進行任何更改，因為程式碼完全是放在該原本的類別中，所有 InputText 物件都會自動支援所有新的行為。

其他 pygwidgets 類別

正如您在本節開頭所看到的，pygwidgets 中含有許多類別。

ImageCollection 類別允許您顯示某個影像集合中的任何單個影像。舉例來說，假設您的某個角色影像有前、後、左和右不同角度的面向。為了能呈現所有潛在的影像，您可以建構一個像下列這樣的字典：

```
imageDict = {'front':'images/front.png', 'left':'images/left.png',
             'back':'images/back.png', 'right':'images/right.png'}
```

隨後就可以建立一個 ImageCollection 物件，指定此字典和要開始使用之影像所對應「鍵（key）」。若想要更改為不同的影像時，可呼叫 replace() 方法並傳入不同的「鍵（key）」。在迴圈底部呼叫 draw() 方法始終都會顯示目前指定的影像圖。

Dragger 類別顯示單個影像圖，但允許使用者把影像拖曳到視窗的任何位置。您必須在事件迴圈中呼叫它的 handleEvent() 方法來處理。當使用者完成拖曳時，handleEvent() 會返回 True，這裡您可以呼叫 Dragger 物件的 getMouseUpLoc() 方法來取得使用者放開滑鼠按鈕時的游標的置。

Animation 和 SpriteSheetAnimation 類別是用來處理建構和顯示動畫。兩者都需要一組影像圖來迭代處理。Animation 類別從單個檔案中取得影像圖，而 SpriteSheetAnimation 類別則是要用具有均勻間隔之內部影像的單個圖檔。我們會在第 14 章更全面地探討這些類別的運用。

pygwidgets 範例程式

圖 7-4 顯示了一個範例程式的螢幕畫面截圖，這支範例程式示範了從 pygwidgets 中的多個類別所實例化出來的物件，包括 Image、DisplayText、InputText、TextButton、CustomButton、TextRadioButton、CustomRadioButt on、TextCheckBox、CustomCheckBox、ImageCollection 和 Dragger 等。

這支範例程式的原始程式碼可以連到筆者的 GitHub 倉庫（https://github.com/IrvKalb/pygwidgets/）的 pygwidgets_test 資料夾中找到。

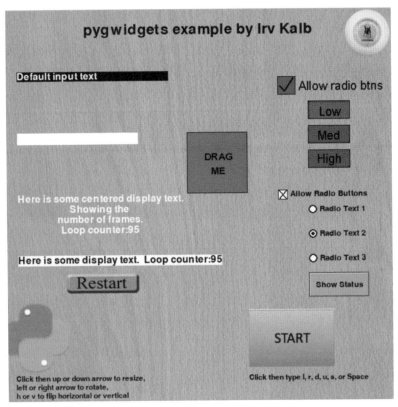

圖 7-4：這個程式視窗示範了從各種 pygwidgets 類別所實例化出來的物件

一致性的 API 是很重要的

關於為一組類別建構 API 的最後說明是：盡可能在不同但相似的類別中為方法
的參數維持一致性。舉例來說，pygwidgets 中每個類別的 __init__() 方法的前
兩個參數依次是 window 和 loc，大家都維持一致性是很重要的，如果這些在某
些呼叫中的順序不同，那麼要把這些類別整合成一個整體時，使用上就會困難
許多。

此外，如果不同的類別實作相同的功能，最好使用相同的方法名稱。例如，
pygwidgets 中的許多類別都有一個名為 setValue() 的方法和另一個名為 get
Value() 的方法，它們都處理相同的功能。在接下來的兩章中，我會做更多地
的說明，探討為什麼維持這種一致性是如此重要。

總結

本章介紹了物件導向的 pygwidgets 套件，這是個圖形使用介面小工具（GUI widgets）的程式庫。我們一開始討論了方法中參數的預設值，如果在呼叫中沒有指定相符匹配的引數值，則會用方法中關鍵字參數的預設值代入。

隨後介紹了 pygwidgets 模組，該模組中含有許多預先建構的 GUI widget 類別，並以實例展示怎麼使用。最後介紹了一個範例程式，該程式提供了介面中大多數的 widgets 小工具運用範例。

在 pygwidgets 中編寫類別有兩個關鍵好處。第一個好處是，類別隱藏了方法的複雜性。一旦類別能正常運作發揮其功用，那就不必再擔心類別內部的實作細節了。第二個好處是，您可以根據需要建立很多個類別實例來重用程式碼。您的類別可以透過含有精心挑選了預設值的關鍵字參數來提供基本功能。但您也可以在呼叫時輕鬆依需要自訂覆蓋原有的預設值。

您可以為其他程式設計師（和您自己）發布類別的介面，以便在不同的程式開發專案中使用。提供良好的說明文件和一致性對於這些類別的運用會有很大的幫助。

PART 3

封裝、多型和繼承

物件導向程式設計的三個主要原則分別是封裝（encapsulation）、多型（polymorphism，或譯多態）和繼承（inheritance）。這一篇接下來的三章會依序解釋這三個原則，介紹說明其底層概念並展示如何在 Python 中實作和運用。為了讓程式語言能發揮 OOP 的精神，就必須支持和滿足所有這三個中心原則和要求。（在求職面試中可能會被問到物件導向程式語言的原則和要求，這裡有一個簡單的方法來幫您記住：這就是一個 PIE—Polymorphism、Inheritance、Encapsulation！）

第 8 章說明了封裝：隱藏細節並將所有內容保存在一個地方。

第 9 章討論多型：多個類別怎麼擁有同名的方法。

第 10 章介紹了繼承：在已存在的程式碼之上進行建構和運用。

最後，第 11 章詳細介紹了一些在邏輯上不適合前三章內容，但對 OOP 很有用且重要的主題（大都是和處理記憶體管理相關）。

封裝

物件導向程式設計的三個主要原則中，第一個就是**封裝**（encapsulation）。這個單字可能會讓人聯想到太空艙、細胞壁或藥用膠囊之類的印象，裡面裝著珍貴的物品，且不受外界環境影響。在程式設計裡，封裝的意思也有類似但更詳細的含義：對所有外部程式碼隱藏其內部細節的狀態和行為，並將所有程式碼放在一個地方。

在本章中，我們會看到封裝這個概念怎麼和函式搭配，然後再與物件的方法一起使用。我還會討論封裝的爭議：使用直接存取，還是使用 getter 和 setter 存取。我會展示怎麼讓 Python 把實例變數標記為私有（private），表明該變數不應被類別外部的程式碼存取，並且還會介紹 Python property decorator（屬性裝飾器）。最後則是探討類別設計中的抽象概念。

函式的封裝

函式是封裝的典型例子，因為您呼叫某個函式的目的是使用其功能，通常並不關心函式內部是如何運作的。編寫良好的函式會含有一系列處理步驟，這些步驟組成了一個更大的單獨任務，此任務才是您要關注的。函式的名稱最好能描述其程式碼所展現的操作。以 Python 標準程式庫中的內建 len() 函式來看，其功用是用來查尋字串中的字元數或串列中的元素個數。傳入一個字串或串列後，該函式會返回其中的個數。當您編寫呼叫這個函式的程式碼時，不需要關注 len() 的裡面是怎麼運作的。您不會停下來考量函式中的程式碼是兩行還是兩千行，所使用一個還是一百個的區域變數。您只需要知道要傳入什麼引數以及怎麼使用返回的結果。

您所編寫的函式也是如此，例如下列函式會計算並返回數字串列的平均值：

```python
def calculateAverage(numbersList):
    total = 0.0
    for number in numbersList:
        total = total + number
    nElements = len(numbersList)
    average = total / nElements
    return average
```

一旦函式測試通過並且能順利運作，您就不必再擔心實作的細節了。您只需要知道將哪些引數會傳送到函式中，以及函式會返回什麼內容。

但如果有一天您發現有更簡單或更快的演算法可計算平均值時，您可以用新的做法來重寫這個函式。只要介面（輸入和輸出）沒有改變，之前對函式的所有呼叫都不需要修改。這種模組化的做法能讓程式碼更易於維護。

物件的封裝

與一般函式中所使用的變數不同，物件中的實例變數在不同的方法呼叫中會持續存在。為了讓接下來的說明更清楚，我會引入一個新的術語：**客戶端**（**client**）（我不想在這裡用「**使用者（user）**」這個術語，因為它通常是指最終程式的人類使用者）。

客戶端（client）

從類別建立物件並呼叫該物件之方法的任何軟體。

我們還必須考量物件或類別的內部與外部的二元性。當您在某個類別內部工作時（在某個類別內部編寫方法的程式碼），您關注的是類別的不同方法要怎麼共享實例變數。您會考量到演算法的效率，也會思考介面應該是什麼樣子：應該提供什麼方法、各個方法的參數是什麼，以及應該使用什麼作為預設值。簡而言之，您的關注點是在方法的設計和實作細節。

但從類別外部來看，身為客戶端的程式設計師，您需要知道類別的介面是什麼。您的關注點變成是類別的方法能處理什麼，呼叫時應該傳入什麼引數，以及從各個方法傳回什麼樣的資料。

也就是說，類別透過以下的做法來發揮「封裝」的作用：

■ 所有實作細節都隱藏在其方法和實例變數中。

■ 透過物件的介面（類別中定義的方法）提供客戶端需要的所有功能。

物件擁有自己的資料

在物件導向程式設計中，我們會說物件內部的資料是歸物件所有。OOP 程式設計師普遍會認同的「良好」設計原則是，客戶端程式碼應該只關注類別的介面，而不應該關注方法的實作細節。請看 Listing 8-1 這個簡單的 Person 類別的範例程式。

↳ Listing 8-1：Person 類別中的資料所有權

```
class Person():

    def __init__(self, name, salary):
        self.name = name
        self.salary = salary
```

在我們實例化新的 Person 物件時會設定實例變數 self.name 和 self.salary 的值，如下所示：

```
oPerson1 = Person('Joe Schmoe', 90000)
oPerson2 = Person('Jane Smith', 99000)
```

各個 Person 物件都會擁有自己的兩個實例變數集合。

封裝解釋的爭議

不同的程式設計師對實例變數的可存取性有不同的看法，這讓事情變得有點爭議。Python 允許使用簡單的「．」點語法直接存取實例變數，這樣子對封裝就有較鬆散的解釋。客戶端程式可以用「<object>.<instanceVariableName>」語法，按名稱合法地存取物件的實例變數。

但是，對封裝較嚴格的解釋是客戶端軟體應該不能直接擷取或修改實例變數的值。相反地，客戶端應該使用該類別專用的方法來擷取或修改物件的值。

接下來讓我們看看這兩種爭議到底有何不同。

直接存取和為什麼要避免這種用法

如前所述，Python 確實允許直接存取實例變數。Listing 8-2 是以 Listing 8-1 中的 Person 類別實例化了兩個物件（與上一節相同），但隨後直接存取它們的 self.salary 實例變數。

↳ 檔案：PersonGettersSettersAndDirectAccess/Main_PersonDirectAccess.py
Listing 8-2：這個範例程式的做法是直接存取實例變數

```
# Person 的範例主程式，使用直接存取的做法

from Person import *

oPerson1 = Person('Joe Schmoe', 90000)
oPerson2 = Person('Jane Smith', 99000)

# 直接擷取 salary 變數
print(oPerson1.salary)  ❶
print(oPerson2.salary)

# 直接修改 salary 變數
oPerson1.salary = 100000  ❷
oPerson2.salary = 111111

# 再次擷取 salary 變數並印出來
print(oPerson1.salary)
print(oPerson2.salary)
```

Python 允許您編寫這樣的程式碼，這段程式可以用標準的「．」點語法直接擷取❶和設定❷任何實例變數。大多數 Python 程式設計師認同和接受這樣的做法。事實上，Guido van Rossum（Python 之父）在談到這個問題時說過一句名言：「我們都是成年人了」，他的意思是程式設計師在嘗試直接存取實例變數時應該知道自己在做什麼以及這樣做的風險。

不過，我還是覺得直接存取物件的實例變數是一種非常危險的做法，因為它破壞了「封裝」的核心思想。為了說明為什麼會出現這種情況，讓我們看一些範例和場景，了解直接存取可能會造成的問題。

修更實例變數的名稱

直接存取的第一個問題是修改了實例變數的名稱後，會破壞所有直接使用原本名稱的客戶端程式碼。當類別的開發人員發現原本的變數名稱的並不是最優時，就有可能會出現這種情況，原因如下：

■ 原本的名稱沒有足夠清楚地描述它所代表的資料。

■ 變數是布林值，有時會希望重新命名變數來交換 True 和 False 所代表的內容（例如，closed 改成 open、allowed 改成 disallowed、active 改成 disabled）。

■ 原本的名稱中拼寫或大寫出錯要修正。

■ 變數最初是個布林值，但後來意識到變數需要表示兩個以上的值。

在上述任何一種情況下，如果開發人員把類別中的實例變數名稱從 self.<originalName> 更改為 self.<newName>，則所有直接使用原本名稱的客戶端軟體都會被破壞中斷。

在計算處理時更改實例變數的值

直接存取會造成問題的另一種情況是在類別的程式碼需要更改以滿足新的需求時發生。假設在編寫類別時是利用實例變數來表示某段資料，但功能發生了變化，因此您需要一種演算法來計算而得到想要的值。以第 4 章中的 Account 類別為例，為了讓銀行帳戶更真實，我們可能想要加入一個利率的處理。您可能會認為這只是個簡單的問題，只取一個名稱為 self.interestRate 實例變數來存放利率值，隨後使用直接存取方法，在客戶端軟體可以使用以下方法存取 Account 物件的這個值：

```
oAccount.interestRate
```

這能運作一段時間,但以後銀行可能會決定一項新政策,比如利率取決於帳戶中的金額。利率是以下列這樣計算出來的:

```
def calculateInterestRate(self):
    # 假設 self.balance 有在其他方法中設定了
    if self.balance < 1000:
        self.interestRate = 1.0
    elif self.balance < 5000:
        self.interestRate = 1.5
    else:
        self.interestRate = 2.0
```

calculateInterestRate() 方法不僅僅依賴於 self.interestRate 中的單個利率值,也會根據帳戶餘額來決定目前的利率值。

任何直接存取 oAccount.interestRate 並使用實例變數值的客戶端軟體可能取得的是個過時的值,這取決於上一次呼叫 calculateInterestRate() 的時間。所有設定新 interestRate 的客戶端軟體都可能會發現「新值」會被呼叫 calculateInterestRate() 的其他程式碼或銀行帳戶所有者在進行存款或取款後神秘地改變了。

但是,如果把利息計算的方法命名為 getInterestRate(),且從客戶端軟體呼叫執行,則利率都是即時計算取得,所以不會出現潛在錯誤。

驗證資料

設定值時避免直接存取的第三個原因是客戶端的程式碼很容易把實例變數設定為無效值。更好的方法是呼叫類別中的方法,以專用的方法來設定值。身為開發人員,您可以在該方法中放入驗證的程式碼,以確保設定的值是適當的。請看 Listing 8-3 這個範例,程式碼的功用是管理俱樂部的會員。

┗ 檔案:ValidatingData_ClubExample/Club.py
Listing 8-3:Club 類別的範例

```
# Club 類別

class Club():

    def __init__(self, clubName, maxMembers):
        self.clubName = clubName  ❶
```

```
        self.maxMembers = maxMembers
        self.membersList = []

    def addMember(self, name): ❷
        # 確定會員數是否已達上限
        if len(self.membersList) < self.maxMembers:
            self.membersList.append(name)
            print('OK.', name, 'has been added to the', self.clubName, 'club')
        else:
            print('Sorry, but we cannot add', name, 'to the',
                    self.clubName, 'club.')
            print('This club already has the maximum of',
                    self.maxMembers, 'members.')

    def report(self): ❸
        print()
        print('Here are the', len(self.membersList), 'members of the',
                self.clubName, 'club:')
        for name in self.membersList:
            print('    ' + name)
        print()
```

Club 類別的程式碼利用實例變數❶來追蹤俱樂部的名稱、最大會員數和會員串列。實例化之後就可以呼叫方法把會員新增進俱樂部❷，並回報印出俱樂部的會員❸（我們可以輕鬆加入更多方法來處理刪除會員、更改名稱等操作，但目前這兩個已經足夠說明本節要討論的問題）。

以下使用 Club 類別的測試程式碼。

↳ 檔案：ValidatingData_ClubExample/Main_Club.py

```
# Club 範例主程式

from Club import *

# 建立一個會員上限為 5 人的俱樂部
oProgrammingClub = Club('Programming', 5)
oProgrammingClub.addMember('Joe Schmoe')
oProgrammingClub.addMember('Cindy Lou Hoo')
oProgrammingClub.addMember('Dino Richmond')
oProgrammingClub.addMember('Susie Sweetness')
oProgrammingClub.addMember('Fred Farkle')
oProgrammingClub.report()
```

我們建立了一個會員人員最多為 5 人的程式設計俱樂部，然後新增了五名會員進去。程式碼執行良好並回報新增到俱樂部的會員資料：

```
OK. Joe Schmoe has been added to the Programming club
OK. Cindy Lou Hoo has been added to the Programming club
OK. Dino Richmond has been added to the Programming club
OK. Susie Sweetness has been added to the Programming club
OK. Fred Farkle has been added to the Programming club
```

現在讓我們嘗試新增第六名會員：

```
# 嘗試新增其他成員
oProgrammingClub.addMember('Iwanna Join')
```

這個嘗試遭到否決，並印出適當的錯誤訊息：

```
Sorry, but we cannot add Iwanna Join to the Programming club.
This club already has the maximum of 5 members.
```

addMember() 程式碼會執行所有需要的驗證，以確保新增會員的呼叫能順利運作或生成適當的錯誤訊息。然而，透過直接存取的做法，客戶端可以改變 Club 類別的基本性質。例如，客戶端可能惡意或意外更改了最大會員數：

```
oProgrammingClub.maxMembers = 300
```

此外，假設您知道 Club 類別是以串列來存放會員，並且知道代表會員的實例變數名稱。在這種情況下就能編寫客戶端程式碼，直接新增到會員串列內而無需進行方法的呼叫，如下所示：

```
oProgrammingClub.memberList.append('Iwanna Join')
```

這行程式無視俱樂部的人數限制而直接把會員加進去，因為它避開了方法中確保會員人數的判定程式碼。使用直接存取的客戶端程式碼甚至可能導致 Club 物件內部出現錯誤。舉例來說，實例變數 self.maxMembers 應該是整數值，若使用直接存取，客戶端程式碼可以將把值更改為字串，將來進行 addMember() 的任何呼叫都會在該方法的第一行就崩潰當掉，它會嘗試把會員串列的長度與最大會員數進行比較，Python 無法以整數與字串進行比較，所以程式就會出現錯誤。

允許從物件的外部直接存取實例變數是很危險做法，因為它可能繞過了某些保護物件資料的安全檢測。

Getter 和 Setter 的嚴格解釋

嚴格的封裝做法表明客戶端程式碼不應該直接存取實例變數。如果某個類別希望能讓客戶端軟體存取物件中保存的資訊，標準的做法是在類別中放入 getter 和 setter 方法來進行相關處理。

getter
從類別實例化的物件中擷取資料的專用方法。

setter
把資料指定給從類別實例化之物件的專用方法。

getter 和 setter 方法的功用是讓客戶端軟體的編寫者能從物件中擷取資料和設定資料，而且無需深入了解類別的實作細節——特別是無需知道或使用任何實例變數的名稱。Listing 8-1 中的 Person 類別程式碼中有個實例變數 self.salary。在 Listing 8-4 的範例中，我們向 Person 類別新增了 getter 和 setter 方法，這樣就能讓呼叫方擷取取和設定薪水資料，無需直接存取 Person 物件的 self.salary 實例變數。

↳ 檔案：PersonGettersSettersAndDirectAccess/Person.py
Listing 8-4：Person 類別中加了 getter 和 setter 方法的範例

```
# Person 類別

class Person():

❶ def __init__(self, name, salary):
        self.name = name
        self.salary = salary

    # 允許呼叫方擷取 salary 資料
    def getSalary(self):
        return self.salary

    # 允許呼叫方設定新的 salary 資料
❷ def setSalary(self, salary):
        self.salary = salary
```

這些方法的名稱中 get ❶和 set ❷部分不是必需的，但按慣例大家都這樣取名字。通常都會在這些詞後面加上對正要存取之資料的描述字詞，以這裡的範例來看是用 salary，雖然會用正在存取之實例變數的名稱來配合，但這也不是必需的。

Listing 8-5 顯示了一些測試的程式碼,它實例化了兩個 Person 物件,然後使用 getter 和 setter 方法擷取和設定他們的 salary(薪水)資料。

📂 檔案:PersonGettersSettersAndDirectAccess/Main_PersonGetterSetter.py
Listing 8-5:使用 getter 和 setter 方法的範例主程式

```
# Person 範例主程式使用了 getter 和 setter 方法

from Person import *

oPerson1 = Person('Joe Schmoe', 90000) ❶
oPerson2 = Person('Jane Smith', 99000)

# 使用 getter 取得 salary 資料並印出來
print(oPerson1.getSalary()) ❷
print(oPerson2.getSalary())

# 使用 setter 變更 salary 資料
oPerson1.setSalary(100000) ❸
oPerson2.setSalary(111111)

# 再次使用 getter 取得 salary 資料並印出來
print(oPerson1.getSalary())
print(oPerson2.getSalary())
```

程式一開始是從 Person 類別❶建立兩個 Person 物件,然後使用 getter 和 setter 方法來擷取❷和更改❸在 Person 物件中的 salary(薪水)資料。

Getter 和 setter 提供了在物件中擷取和設定值的正式做法,它們強制提供了一層保護,只有在類別原本的開發者允許的情況下才能存取實例變數。

> **NOTE**
>
> 有些 Python 文獻中使用「**accessor**」這個術語來表示 getter 方法,使用「**mutator**」這個術語來表示 setter 方法。這些不同的名稱都是指相同的事物。在本書中,我都使用大家最熟悉的術語 getter 和 setter。

安全的直接存取

在某些情況下,直接存取實例變數似乎是合理的做法:當實例變數的用途與含義絕對清楚,很少或不需要對資料進行驗證,而且名稱永遠不會改變時就可以使用直接存取。pygame 套件中的 Rect(矩形)類別就是個很好的例子。

pygame 中的矩形是使用四個值來定義的（x、y、width 和 height），如下列的範例所示：

```
oRectangle = pygame.Rect(10, 20, 300, 300)
```

在建立矩形物件之後，使用 oRectange.x、oRectange.y、oRectange.width 和 oRectange.height 直接存取變數似乎是可以接受的用法。

讓實例變數更私有

在 Python 中，所有實例變數都是 public 公用的（也就是說，可以由類別外部的程式碼存取）。但如果您只想要讓類別中某些實例變數可以被存取而不是全部呢？有些 OOP 語言允許您把某些實例變數顯式標記為 public 公用或 private 私有，但在 Python 中則沒有這樣的關鍵字。不過使用 Python 開發類別的程式設計師可以透過兩種方式表明實例變數和方法是私有的。

隱式的私有

要讓實例變數標記為永遠不應該從外部存取的實例變數，按照慣例的寫法，實例變數的名稱都以一個前置底線做為開頭：

```
self._name
self._socialSecurityNumber
self._dontTouchThis
```

像這樣取名的實例變數旨在標示私有資料，客戶端軟體不應嘗試直接存取。如果存取實例變數，程式碼可能還是有效，但不能保證沒問題。

相同的慣例也可用在方法的名稱：

```
def _internalMethod(self):

def _dontCallMeFromClientSoftware(self):
```

同樣地，這只是一個慣例約定，並不是強制。如果任何客戶端軟體呼叫了名稱以底線開頭的方法，Python 雖然允許這麼呼叫，但這樣做很可能會導致意外的錯誤。

更明確標示為私有

Python 確實有更明確的私有化級別來標示。若想要禁止客戶端軟體直接存取某些資料，您可以建立一個以兩個底線為開頭的實例變數名稱。

假設我們建立了一個名為 PrivatePerson 的類別，其實例變數 self.__privateData 就不能從物件外部來存取：

```
# PrivatePerson 類別

class PrivatePerson():

    def __init__(self, name, privateData):
        self.name = name
      ❶ self.__privateData = privateData

    def getName(self):
        return self.name

    def setName(self, name):
        self.name = name
```

隨後我們建立一個 PrivatePerson 物件，傳入一些我們希望保持私有❶的資料。嘗試從客戶端軟體直接訪問 __privateData 實例變數，如下所示：

```
usersPrivateData = oPrivatePerson.__privateData
```

這樣的寫法會出現錯誤訊息：

```
AttributeError: 'PrivatePerson' object has no attribute '__privateData'
```

同樣地，如果您建立的方法名稱是以兩個底線開頭，那麼客戶端軟體嘗試呼叫該方法時都會產生錯誤提醒。

Python 透過執行「**名字修飾（name mangling）**」來提供私有化的功能。在幕後的處理中，Python 會更改以兩個底線開頭的所有名稱，其做法是在其前面加上一個底線和類別的名稱，因此 __<name> 變為 _<className>__<name>。舉例來說，在 PrivatePerson 類別中，Python 在幕後會把 self.__privateData 更改為 self._PrivatePerson__privateData。因此，如果客戶端程式嘗試使用 oPrivatePerson.__privateData 名稱時，這樣的寫法就不會得到認可。

這是一個微妙的變化，旨在阻止使用直接訪問，但您應該注意，它並不能絕對保證隱私。

如果客戶端程式設計師知道這個原理，他們仍然可以使用 <object>._<class Name>__<name>（或者，在上述的範例中是用 oPrivatePerson._PrivatePerson__privateData）來直接存取實例變數。

Decorator 和 @property

在高層次的概念上，decorator（裝飾器）是一種把另一個方法當作引數並擴展原本方法工作方式的方法（裝飾器也可以是裝飾函式或方法的函式，但我在本書中把焦點放在方法上）。裝飾器是較進階的主題，有點超出本書的範圍。但有一組內建的裝飾器可以在直接存取和在類別中用 getter 和 setter 之間提供折衷之法。

裝飾器寫成一行，以 @ 符號開頭，後面接著是裝飾器的名稱，並直接放在方法的 def 陳述句之前。這會把裝飾器套用在方法上並新增到行為中：

```
@<decorator>
def <someMethod>(self, <parameters>)
```

我們會使用兩個內建的裝飾器並把它們套用到類別中的兩個方法來實作一個 **property（屬性）**。

property（屬性）
類別的一個屬性（attribute），在客戶端程式碼看來是個實例變數，但在存取它時會變成呼叫一個方法。

property（屬性）允許類別開發人員以間接的方式，就像魔術師利用某種手法一樣——觀眾認為自己所看到，與魔術師幕後的做法其實是完全不同的事情。在編寫一個使用 property 裝飾器的類別時，開發人員會編寫 getter 和 setter 方法，並為每個方法加入不同的內建裝飾器。第一個方法是 getter，前面是內建的 @property 裝飾器。方法的名稱定義了客戶端程式碼要使用的屬性的名稱。第二個方法是 setter，前面加了「@<屬性名稱>.setter」裝飾器。以下展示了一個最小型的範例類別：

```
class Example():
    def __init__(self, startingValue):
        self._x = startingValue

    @property
    def x(self): # 這是用來裝飾 getter 方法
        return self._x

    @x.setter
    def x(self, value): # 這是用來裝飾 setter 方法
        self._x = value
```

在 Example 類別中，x 是 property 的名稱。在標準的 __init__() 方法之後，不同以往的是我們有兩個具有相同名稱的方法：都是用 property 的名稱。第一個方法是 getter，而第二個方法是 setter。setter 方法是可選擇性的，如果它不存在，則該屬性會是唯讀的。

以下是一些客戶端程式碼使用 Example 類別的例子：

```
oExample = Example(10)
print(oExample.x)
oExample.x = 20
```

在這段程式碼中，我們建構了一個 Example 類別的實例，呼叫了 print()，並執行一個簡單的指定值處理。從客戶端的角度來看，這段程式碼可讀性很強。當我們編寫 oExample.x 時，看起來就像是在使用對實例變數的直接存取。但是，當客戶端程式碼存取物件屬性的值（在指定值語句的右側或當作為函式或方法呼叫中的引數）時，Python 會將其轉換為呼叫物件的 getter 方法。當「物件.屬性」這種型式出現在指定值陳述句的左側時，Python 會呼叫物件的 setter 方法。getter 和 setter 方法會影響真實的實例變數 self._x。

以下是一個更真實的範例，應該會解釋說明得更清楚。Listing 8-6 展示了一個 Student 類別，其中含有一個 property 是 grade、設了 property 裝飾器的 getter 和 setter 方法，以及一個私有實例變數 __grade。

⤷ 檔案：PropertyDecorator/Student.py
Listing 8-6：設有 property decorator 的 Student 類別

```
# 使用 property 存取（直接）物件中的資料

class Student():
```

```
    def __init__(self, name, startingGrade=0):
        self.__name = name
        self.grade = startingGrade  ❶

    @property  ❷
    def grade(self):  ❸
        return self.__grade

    @grade.setter  ❹
    def grade(self, newGrade):  ❺
        try:
            newGrade = int(newGrade)
        except (TypeError, ValueError) as e:
            raise type(e)('New grade: ' + str(newGrade) + ', is an invalid type.')
        if (newGrade < 0) or (newGrade > 100):
            raise ValueError('New grade: ' + str(newGrade) + ',
                            must be between 0 and 100.')
        self.__grade = newGrade
```

__init__() 方法有點不一樣，所以讓我們先看看其他方法。請注意，這裡有兩個名稱都為 grade() 的方法。在定義第一個 grade() 方法之前，我們加了一個 @property 裝飾器❷，這樣會把名稱 grade 定義為從類別建構的任何物件之 property（屬性）。第一個方法❸是個 getter，它只返回目前 grade 的值，保存在私有 self.__grade 實例變數中，但可以放入計算值並返回它可能需要的任何程式碼。

在第二個 grade() 方法之前有一行 @grade.setter 裝飾器❹，第二個方法❺接受一個新值作為參數，進行多次檢查以確保該值有效，然後將新值設定到 self.__grade 中。

__init__() 方法會先把學生的姓名儲存在一個實例變數內。下一行❶看起來很簡單，但有點不一樣。正如您所見，大家通常會把參數的值儲存到實例變數中。因此，我們可能會想把這一行寫成：

```
self.__grade = startingGrade
```

但相反的，我們把起始成績（startingGrade）的值儲存到 grade 中。由於 grade 是屬性（property），Python 把這個指定值陳述句轉換為對 setter 方法的呼叫❺，其優點是在把值儲存到實例變數 self.__grade 之前會進行驗證。

Listing 8-7 提供了一些使用 Student 類別的測試程式碼。

↳ 檔案：PropertyDecorator/Main_Property.py

Listing 8-7：建立 Student 物件和存取 property 屬性的主程式

```
# Student property 範例主程式
oStudent1= Student('Joe Schmoe') ❶
oStudent2= Student ('Jane Smith')

# 使用 'grade' property 取得學生的成績資料並印出來
print(oStudent1.grade) ❷
print(oStudent2.grade)
print()

# 使用 'grade' property 來設定新的值
oStudent1.grade = 85 ❸
oStudent2.grade = 92

print(oStudent1.grade) ❹
print(oStudent2.grade)
```

在上面的測試程式碼中，我們先建構了兩個 Student 物件❶並印出各個物件的
grade（成績）值❷。程式看起來像是直接存取各個物件的 grade 值，但由於
grade 是個 property，Python 會把這些行轉換為呼叫各個物件之 getter 方法，並
返回私有實例變數 self.__grade 的值。

隨後為各個 Student 物件❸設定新的 grade 值。這裡看起來像是直接把值設定到
各個物件的資料中，但同樣，因為 grade 是個 property，Python 會把這些行轉
換呼叫 setter 方法，該方法在進行指定值之前會驗證值是否符合。測試程式碼
最後是印出 grade 的新值❹。

執行這段程式碼後的輸出如我們所預期的：

```
0
0

85
92
```

使用 @property 和 @<property_name>.setter 裝飾器可以讓您充分運用了直接
存取和 getter 與 setter 的世界。客戶端軟體是以看起來像直接存取實例變數的
方式編寫，但作為類別的開發者，方法加了裝飾器，在擷取和設定物件擁有的
實際實例變數時，甚至允許驗證輸入的值。這種做法支持了封裝的概念，因為
客戶端程式碼不是真的直接存取實例變數。

雖然許多專業 Python 開發人員都會使用這種技術，但我個人覺得這種做法有點模棱兩可，因為當我閱讀其他開發人員的程式碼時，並不清楚它是使用直接存取實例變數還是用了 Python 的 property 轉化裝飾的呼叫。我更喜歡使用標準的 getter 和 setter 方法，在本書的其餘部分我都是以這種寫法來呈現。

pygwidgets 類別中的封裝

本章開頭對封裝的定義都集中在兩個重點：隱藏內部細節和將所有相關程式碼放在一個地方。pygwidgets 中的所有類別在設計時都考量過這些因素。舉例來說，TextButton 和 CustomButton 類別就很好的封裝範例。

這兩個類別的方法封裝了 GUI 按鈕的所有功能。雖然這兩個類別的原始程式碼是可以拿來用的，但客戶端程式設計師無需查看其中細節就能有效地活用。客戶端程式碼也不需要嘗試存取它們的任何實例變數：所有按鈕功能都可以透過呼叫這些類別的方法來運用。這裡遵循了封裝的嚴格詮釋，這表示客戶端軟體存取物件資料的**唯一**方法是呼叫該物件的方法。客戶端程式設計師可以把這些類別當成黑盒子（black box），沒有必要去查看盒子中是怎麼完成任務的。

> NOTE
>
> 整個**黑盒測試**（**black box testing**）行業是圍繞著這樣的思維而發展起來的：丟一個類別給測試程式設計師來測試，但不允許看到該類別的程式碼。測試程式只提供介面的說明文件，並編寫程式碼在許多不同的情況下測試所有介面，以確保所有方法都有按描述運作。這組測試不僅確保了程式碼和說明文件是相符匹配的，而且在類別中新增或修改程式碼後也會再次使用，以確保這些更動沒有破壞任何內容。

真實世界中的故事

幾年前，我參與了一個大型教育系統的專案設計和開發，該專案使用物件導向的 Lingo 語言在 Macromedia（後來是 Adobe）的 Director 環境中建構。Director 這套軟體可以透過 XTRA 進行擴展來新增功能，類似於把 plug-in 加到瀏覽器的方式。這些 XTRA 是由許多第三方供應商開發和銷售。在設計系統時，我們

計劃把導覽和其他課程相關的資訊儲存在資料庫內。我查閱了所有可用的不同資料庫 XTRA 套件,並購買了某個特定的 XTRA,我將其稱為 XTRA1。

每個 XTRA 都附帶其 API 說明文件,其中展示了怎麼使用結構化查詢語言（SQL）對資料庫進行查詢。我決定建構一個 Database 類別,該類別中放了使用 XTRA1 的 API 存取資料庫的所有功能。以這樣做法,所有與 XTRA 直接溝通整流的程式碼都在 Database 類別內。圖 8-1 顯示了這個專案的整體架構。

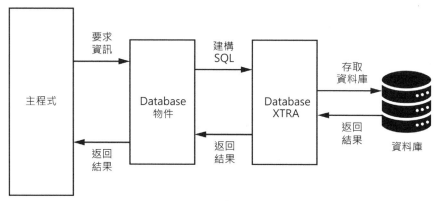

圖 8-1:使用物件和 XTRA 存取資料庫的架構

當程式啟動時,它建構了 Database 類別的單個實例。主程式碼是 Database 物件的客戶端。每當主程式想要從資料庫中擷取資料時,而不是格式化 SQL 查詢本身,它就會呼叫 Database 物件的方法來提供有關它想要什麼資訊的詳細說明。Database 物件中的方法把每個要求轉換為對 XTRA1 進行的 SQL 查詢,以從資料庫中取得資料。以這樣的處理,只有 Database 物件的程式碼知道怎麼使用其 API 來存取 XTRA。

這支程式執行良好,客戶也很喜歡使用這項產品。但每隔一段時間,我們就會在從資料庫返回的資料中發現錯誤。我聯繫了 XTRA1 開發人員並提供了許多容易重現的問題範例。不幸的是,開發人員都無法解決這些問題。

由於缺乏回應,我們最終決定購買不同的資料庫 XTRA,也就是 XTRA2 來服務這支程式。XTRA2 也以類似的方式運作,但在它的初始化的處理上有一些細微的差異,並且需要對 SQL 查詢的建構方式進行一些細微的修改。

因為 Database 類別封裝了與 XTRA 溝通的所有細節，所以我們能夠進行所有必要的修改讓 Database 類別使用 XTRA2 來處理。我們沒有修改主程式（客戶端程式碼）中的任何一行程式。

在這個案例中，我既是資料庫類開發人員，也是客戶端軟體的開發人員。如果我的客戶端程式碼直接存取的方式使用了類別中實例變數的名稱，我就不得不爬過所有程式，修改每一行相關的程式碼。對類別使用了封裝的概念，讓我免於浪費很多時間來重新修改和測試。

作為故事的後續，雖然 XTRA2 運作良好，但那家公司最後倒閉了，我不得不再次經歷同樣的過程。再一次，由於封裝的概念，只要對 Database 類別的程式碼進行修改，改成使用 XTRA3 搭配運用就好了。

抽象

抽象（abstraction）是另一個與封裝密切相關的 OOP 概念，許多開發人員認為這是 OOP 的第四項原則。

封裝是關於實作，隱藏構成類別的程式碼和資料的細節，而**抽象**是關於客戶端對類別的看法。這個概念是關於從外部對類別的看法。

> **抽象（abstraction）**
> 透過隱藏不必要的細節來處理複雜性。

從本質上來說，抽象算是一種提醒，用來確保使用者對系統的看法是盡量簡化單純。

抽象這個概念在消費品中極為常見。我們每天都在使用電視、電腦、微波爐、汽車等，對這些產品擴展給我們的使用介面也感到滿意。透過它們的控制元件來提供了對某些功能的抽象化。例如在汽車中踩下油門踏板就會前進、用微波爐時可以設定時間後按開始加熱一些食物，但只有很少部分的人會去真正了解這些產品內部細節是怎麼運作的。

以下是個從電腦科學世界中抽象出來的例子。在程式設計中，**堆疊（stack）**是一種以**後進先出（LIFO）**順序儲存資料的機制。請把它想像成一堆碟子，乾淨的碟子加入時是疊放在頂端，使用者在需要碟子時從頂端取一個。堆疊有

兩個標準操作：push 是把一個項目加到堆疊頂端，而 pop 是從堆疊中取走頂端的項目。

在程式需要進行任何導航移動時，堆疊特別有用，因為可以用來留下麵包屑的痕跡，以便讓程式可以找到返回的路。這就是程式語言在程式碼中追蹤函式和方法呼叫的執行方式：當您呼叫某個函式或方法時，返回點會被放入堆疊，當函式或方法返回時，透過從堆疊頂端彈出最新的資訊就能找到返回的點位。利用這種方式，程式碼可以根據需要進行任意層級的呼叫，而且都能正確展開。

以抽象的概念來看，假設客戶端程式需要堆疊的功能，那堆疊是很容易建構並提供 push 和 pop 的能力。如果將其寫成為類別，則客戶端程式碼會建構出如下所示的堆疊：

```
oStack = Stack()
```

客戶端會透過呼叫 push() 方法來加入資訊，如下所示：

```
oStack.push(<someData>)
```

而它也會透過呼叫 pop() 方法來擷取最新的資料，如下所示：

```
<someVariable> = oStack.pop()
```

客戶端不需要知道或關注這些方法內部是如何實作或資料是如何儲存的。Stack 的實作將完全由 Stack 的方法來處理。

雖然客戶端程式碼可以把 Stack 類別看成是黑盒子，但進入細看，您會發現在 Python 中編寫這樣的類別相當簡單。Listing 8-8 展示了實作的細節。

↳ 檔案：Stack/Stack.py
Listing 8-8：以 Python 編寫的 Stack 類別

```
# Stack 類別

class Stack():
    ''' Stack 類別實作是用後進先出（LIFO）演算法來處理'''
    def __init__(self, startingStackAsList=None):
        if startingStackAsList is None:
         ❶ self.dataList = [ ]
        else:
            self.dataList = startingStackAsList[:]  # 複製一份
```

```
❷ def push(self, item):
      self.dataList.append(item)

❸ def pop(self):
      if len(self.dataList) == 0:
          raise IndexError
      element = self.dataList.pop()
      return element

❹ def peek(self):
      # 擷取頂端項目，但沒有移除
      item = self.dataList[-1]
      return item

❺ def getSize(self):
      nElements = len(self.dataList)
      return nElements

❻ def show(self):
      # 以垂直向來顯示堆疊的內容
      print('Stack is:')
      for value in reversed(self.dataList):
          print('   ', value)
```

Stack 類別使用名為 self.dataList 的串列實例變數來追蹤所有資料❶。客戶端不需要知道這個類別的內部細節，但是 push() ❷只是使用 Python 的 append() 來把一個項目加到內部串列中，而 pop() ❸是從內部串列中彈出最後一個元素。因為很容易做到，所以 Stack 類別的這個實作還提供了三個額外的方法：

■ peek() 方法❹允許呼叫方擷取堆疊頂端的資料，而無需從堆疊中移除。

■ getSize() 方法❺會返回堆疊中含有的項目數量。

■ show() 方法❻以客戶端認知想像的堆疊型式印出堆疊的內容：資料是以垂直方向排放顯示，最新推入的資料顯示在頂端。對於需要多次呼叫 push() 和 pop() 的客戶端程式碼，用這個方法來除錯是很有幫助的。

這是個非常簡單的範例，但是隨著您編寫類別的經驗愈豐富，您的類別通常會愈來愈複雜。在此過程中，您可能會發現編寫方法時有更清潔、更有效的做法，並且可能會重寫。因為物件提供了封裝和抽象的概念，作為一個類別的設計編寫人員，您應該能隨意修改其程式碼和資料，只要發布出去的介面沒有改變就可以了。修改方法中的實作應該不會對客戶端軟件產生不良影響，封裝的概念允許您在不影響任何客戶端程式碼的情況下進行改進。事實上，如果您找到提高程式碼效率並發布新版本的做法，客戶端程式碼可能會更有效率，而客戶端的程式碼也不需要更改。

property（屬性）是抽象的很好範例。正如您之前所看到的，客戶端程式設計師所用的語法可以直接使用 property 屬性來明確告知其意圖（擷取和設定物件中的值）。呼叫的方法中之實作可能要複雜得多，客戶端只關注結果即可，其細節對客戶端程式碼是完全隱藏起來的。

總結

封裝是物件導向程式設計的第一個主要原則，建構好的類別對客戶端程式碼會隱藏其實作細節和資料，並確保類別是放在一個地方並提供客戶端需要的所有功能。

OOP 有個關鍵概念是物件會擁有它們的資料，這就是為什麼如果您希望客戶端程式碼能存取實例變數所儲存的資料，我建議您編寫 getter 和 setter 方法來處理。Python 確實允許使用「 ． 」點語法直接存取物件中的實例變數，但本章已說明過這種做法的缺點，所以我強烈建議您不要使用這種語法。

有一些約定慣例能把實例變數和方法標記為私有，根據您需要的私有化級別使用前置為底線或雙底線來取名字。Python 在這個議題中有折衷的做法，允許使用 @property 裝飾器來配合。這種做法能讓客戶端程式碼看起來好像是直接存取實例變數，而在後端的 Python 會轉化為呼叫類別中裝飾器的 getter 和 setter 方法。

pygwidgets 套件提供了許多很好的封裝範例。身為客戶端程式設計師，您是從外部看到某個類別後會使用該類別提供的介面來進行處理。若身為類別的設計開發者，抽象的概念（透過隱藏細節來處理複雜性）幫助您從客戶端的角度思考類別的介面要怎麼呈現，這樣就能設計出好的介面。不過在 Python 中，如果您有需要是可以使用其相關類別的原始程式碼，讓您可以深入查看其實作的相關細節。

9

多型

本章所談的主題是關於 OOP 的第二個主要原則：**多型**（**Polymorphism**），這個英文字的組成來自希臘語：前置的 **poly** 代表「很多」或「許多」，而 **morphism** 代表「形狀」、「形式」或「結構」。

因此，多型在本質上代表著多種形式。我這裡講的不是指 Star Trek 風格的變形外星人——事實上，情況恰好相反。OOP 中的多型不是指一件事具有多種形式，而是關於多個類別怎麼擁有完全相同名稱的方法。這最終會為我們提供一種高度直觀的方式來處理物件集合，這與各個物件來自哪個類別是無關的。

在談論客戶端程式呼叫物件的方法時，OOP 程式設計師通常是用「發送訊息」這樣的術語，物件在收到訊息時應該做什麼由物件決定。使用多型時，我們可以向多個物件發送相同的訊息，各個物件會根據其設計用途和可用資料做出不同的反應。

在本章中，我會討論「多型」這樣的能力是怎麼協助您能建構出易於擴充和可預測的類別套件。我們還會對運算子使用多型，讓相同的運算子可以根據它們正在使用的資料型別來執行不同的操作。最後，我會向您展示如何使用 print() 函式從物件中取得有用的除錯資訊。

向現實世界的物件發送訊息

讓我們以汽車為例來看看現實世界中的多型。所有汽車都有油門踏板，當駕駛踩下油門踏板時，會向汽車發送「加速」的訊息。駕駛的汽車可能是內燃機或電動機，或者是混合動力的車子，這些型別的汽車內部都有自己的實作細節，當它接收到「加速」訊息時會去做什麼是會有其對應的行為。

多型允許程式更容易地採用新的技術。如果有人要開發核動力汽車，汽車的使用介面還是會保持不變（駕駛仍要踩下油門踏板來發送相同的訊息），但一種截然不同的機制會讓核動力汽車行駛得更快。

另一個現實世界的例子是，想像您進入一個大房間，裡面有一排控制各種不同燈光的電燈開關。有些燈泡是老式白熾燈泡，有些是熒光燈，有些是較新的 LED 燈泡。當您向上切換所有開關時，您會向所有燈泡發送「打開」訊息。白熾燈、熒光燈和 LED 燈泡發光的基本機制大相徑庭，但每種燈泡都實作出開燈動作，這是使用者預期的目標。

程式設計中「多型」的經典範例

就以 OOP 來說，多型是關於客戶端程式碼怎麼在不同的物件中呼叫具有完全相同名稱的方法，並且各個物件會做它需要做的事情，以此來實作該物件方法的原本的含義。

這裡有個多型的經典範例，代表不同類型寵物的程式碼。假設您有一堆狗、貓和鳥的寵物，並且每隻寵物都了解一些基本命令。如果您讓這些寵物說話（也就是說，您向每隻寵物發送「speak」訊息），狗會「bark」，貓會「meow」，而鳥會「tweet」。Listing 9-1 展示了如何在程式碼中實作上述的要求。

↳ 檔案：PetPolymorphism.py

Listing 9-1：對不同類別實例化的物件發送「speak」訊息

```
# 寵物多型的範例
# 有三個類別，各自有不同的 "speak" 方法

class Dog():
    def __init__(self, name):
        self.name = name

❶ def speak(self):
        print(self.name, 'says bark, bark, bark!')

class Cat():
    def __init__(self, name):
        self.name = name

❷ def speak(self):
        print(self.name, 'says meeeooow')

class Bird():
    def __init__(self, name):
        self.name = name

❸ def speak(self):
        print(self.name, 'says tweet')

oDog1 = Dog('Rover')
oDog2 = Dog('Fido')
oCat1 = Cat('Fluffy')
oCat2 = Cat('Spike')
oBird = Bird('Big Bird')

petsList = [oDog1, oDog2, oCat1, oCat2, oBird] ❹

# 對所有寵物發送相同的訊息（呼叫相同的方法）
for oPet in petsList:
❺   oPet.speak()
```

每個類別都有一個 speak() 方法，但是每個方法的內容不同❶❷❸。每個類別
在它的這個方法的版本中做它需要處理的所有事情。方法名稱雖然相同，但實
作的內容卻不同。

為了讓工作更好處理，我們把所有的寵物物件都放入一個串列中❹。因為要讓
寵物都執行 speak，隨後會遍訪所有物件並透過呼叫各個物件中完全相同名稱
的方法❺，以這樣的做法來發送相同的訊息，而不用擔心物件的是什麼型別。

使用 Pygame 繪製形狀圖案的範例

接下來會介紹使用 pygame 的多型範例。在第 5 章中，我們使用 pygame 繪製了矩形、圓形、多邊形、橢圓和直線等基本形狀圖案。在這裡則是建構一個範例程式，會在視窗中隨機建立和繪製不同的形狀圖案，隨後使用者可以點選其中任何形狀，程式會回報被點選的形狀是什麼類型和大小。由於形狀是隨機建立的，因此每次程式執行時，形狀的大小、位置、數量都會有所不同。圖 9-1 顯示了範例程式執行後的一些輸出結果。

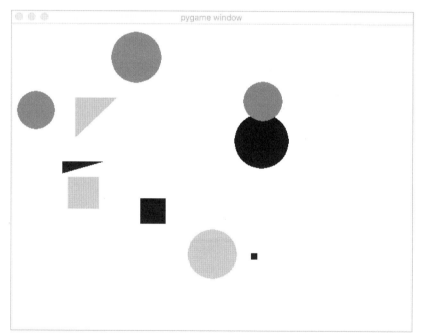

圖 9-1：使用 pygame 的多型來繪製不同形狀圖案的範例

我們會實作三個類別程式來繪製不同的形狀：Square（方形）、Circle（圓形）和 Triangle（三角形）。這裡要注意的關鍵重點是這三個形狀類別都含有多個相同名稱的方法，__init__()、draw()、getType()、getArea() 和 clickedInside()，它們執行相同的任務，但每個方法的實作細節卻是不同的，因為每個類別要處理的是不同的形狀。

Square 類別

我會從最簡單基本的形狀開始。Listing 9-2 展示了 Square 類別的程式碼內容。

↳ 檔案：Shapes/Square.py
Listing 9-2：Square 類別

```
# Square 類別

import pygame
import random

# 設定色彩
RED = (255, 0, 0)
GREEN = (0, 255, 0)
BLUE = (0, 0, 255)

class Square():

❶   def __init__(self, window, maxWidth, maxHeight):
        self.window = window
        self.widthAndHeight = random.randrange(10, 100)
        self.color = random.choice((RED, GREEN, BLUE))
        self.x = random.randrange(1, maxWidth - 100)
        self.y = random.randrange(25, maxHeight - 100)
        self.rect = pygame.Rect(self.x, self.y, self.widthAndHeight,
                                self.widthAndHeight)
        self.shapeType = 'Square'

❷   def clickedInside(self, mousePoint):
        clicked = self.rect.collidepoint(mousePoint)
        return clicked

❸   def getType(self):
        return self.shapeType

❹   def getArea(self):
        theArea = self.widthAndHeight * self.widthAndHeight
        return theArea

❺   def draw(self):
        pygame.draw.rect(self.window, self.color, (self.x, self.y,
                         self.widthAndHeight, self.widthAndHeight))
```

在 __init__() 方法中❶，我們設定了一些實例變數在類別的方法中使用。這種做法能讓方法的程式碼維持單純簡潔。由於 __init__() 方法存放了 Square 的 Rect 物件，所以 clickedInside() 方法❷只檢查滑鼠游標點按的位置是否在該矩形內，返回 True 或 False。

getType() 方法❸只返回點按的項目是 Square 的資訊。getArea() 方法❹會以寬度乘上高度得出大小並返回結果值。draw() 方法❺使用 pygame 的 draw.rect() 隨機挑選色彩來繪製形狀。

Circle 和 Triangle 類別

接下來要討論的是 Circle 和 Triangle 類別的程式碼。需要注意的重點是，這些類別具有與 Square 類別同名的方法，但是這些方法中的程式碼細節（尤其是 clickedInside() 和 getArea()）卻大不相同。Listing 9-3 展示了 Circle 類別的程式碼內容。Listing 9-4 展示了 Triangle 類別的程式碼內容，它建立了隨機大小的直角三角形，兩個直角邊與 x 和 y 軸平行，直角置於左上角。

↳ 檔案：Shapes/Circle.py
Listing 9-3：Circle 類別

```
# Circle class

import pygame
import random
import math

# 設定色彩值
RED = (255, 0, 0)
GREEN = (0, 255, 0)
BLUE = (0, 0, 255)

class Circle():

    def __init__(self, window, maxWidth, maxHeight):
        self.window = window

        self.color = random.choice((RED, GREEN, BLUE))
        self.x = random.randrange(1, maxWidth - 100)
        self.y = random.randrange(25, maxHeight - 100)
        self.radius = random.randrange(10, 50)
        self.centerX = self.x + self.radius
        self.centerY = self.y + self.radius
        self.rect = pygame.Rect(self.x, self.y,
                                self.radius * 2, self.radius * 2)
        self.shapeType = 'Circle'

❶   def clickedInside(self, mousePoint):
        distance = math.sqrt(((mousePoint[0] - self.centerX) ** 2) +
                             ((mousePoint[1] - self.centerY) ** 2))
        if distance <= self.radius:
            return True
        else:
```

```
                return False
❷   def getArea(self):
        theArea = math.pi * (self.radius ** 2)
        return theArea

    def getType(self):
        return self.shapeType

❸   def draw(self):
        pygame.draw.circle(self.window, self.color,
                           (self.centerX, self.centerY),
                           self.radius, 0)
```

♪ 檔案：Shapes/Triangle.py
Listing 9-4：Triangle 類別

```
# Triangle 類別

import pygame
import random

# 設定色彩值
RED = (255, 0, 0)
GREEN = (0, 255, 0)
BLUE = (0, 0, 255)

class Triangle():

    def __init__(self, window, maxWidth, maxHeight):
        self.window = window
        self.width = random.randrange(10, 100)
        self.height = random.randrange(10, 100)
        self.triangleSlope = -1 * (self.height / self.width)
        self.color = random.choice((RED, GREEN, BLUE))
        self.x = random.randrange(1, maxWidth - 100)
        self.y = random.randrange(25, maxHeight - 100)
        self.rect = pygame.Rect(self.x, self.y,
                                self.width, self.height)
        self.shapeType = 'Triangle'

❹   def clickedInside(self, mousePoint):
        inRect = self.rect.collidepoint(mousePoint)
        if not inRect:
            return False

        # 如果點在三角形中則進行一些運算
        xOffset = mousePoint[0] - self.x
        yOffset = mousePoint[1] - self.y
        if xOffset == 0:
            return True
```

```
        # 計算斜率（上升程度）
        pointSlopeFromYIntercept = (yOffset - self.height) / xOffset
        if pointSlopeFromYIntercept < self.triangleSlope:
            return True
        else:
            return False

    def getType(self):
        return self.shapeType

❺ def getArea(self):
        theArea = .5 * self.width * self.height
        return theArea

❻ def draw(self):
        pygame.draw.polygon(self.window, self.color,
                            ((self.x, self.y + self.height),
                             (self.x, self.y),
                             (self.x + self.width, self.y)))
```

為了理解這裡的多型，讓我們看一下每個形狀的 clickedInside() 方法的程式碼。Square 類別的 clickedInside() 方法非常簡單：檢查滑鼠游標的點按是否發生在 Square 的矩形範圍內。Circle 和 Triangle 類別中 clickedInside() 的計算細節並不是特別重要，但它們顯然在進行不同的計算。Circle 類別❶的 clickedInside() 方法僅在使用者點按形狀的色彩像素時才回報點按資訊，也就是說，它檢測到在圓的邊界矩形範圍內的點按事件，但點按也必須在圓的半徑內才能算作點按。Triangle 類別❹的 clickedInside() 方法必須確定使用者是否點按了矩形色彩三角形部分內的像素。這三個類別中的方法都接受滑鼠游標點按作為參數，並返回 True 或 False 作為結果。

這些類別的 getArea() 方法❷❺和 draw() 方法❸❻的名稱與 Square 類別的方法名稱相同，但它們在內部執行著不同的工作。面積大小的計算方式不同，它們繪製的形狀也不同。

建構繪製形狀的主程式

Listing 9-5 展示了主程式的原始程式碼，它建構了一個會隨機挑選的形狀物件串列。

↳ 檔案：Shapes/Main_ShapesExample.py
Listing 9-5：從三個類別建立隨機形狀圖案的主程式

```python
import pygame
import sys
from pygame.locals import *
from Square import *
from Circle import *
from Triangle import *
import pygwidgets

# 設定常數
WHITE = (255, 255, 255)
WINDOW_WIDTH = 640
WINDOW_HEIGHT = 480
FRAMES_PER_SECOND = 30
N_SHAPES = 10

# 設定視窗
pygame.init()
window = pygame.display.set_mode((WINDOW_WIDTH, WINDOW_HEIGHT), 0, 32)
clock = pygame.time.Clock()

shapesList = []
shapeClassesTuple = (Square, Circle, Triangle)
for i in range(0, N_SHAPES): ❶
    randomlyChosenClass = random.choice(shapeClassesTuple)
    oShape = randomlyChosenClass(window, WINDOW_WIDTH, WINDOW_HEIGHT)
    shapesList.append(oShape)

oStatusLine = pygwidgets.DisplayText(window, (4,4),
                                    'Click on shapes', fontSize=28)


# 主迴圈
while True:
    for event in pygame.event.get():
        if event.type == QUIT:
            pygame.quit()
            sys.exit()

        if event.type == MOUSEBUTTONDOWN: ❷
            # 以相反順序先檢查最後繪製的形狀
            for oShape in reversed(shapesList): ❸
                if oShape.clickedInside(event.pos): ❹
                    area = oShape.getArea() ❺
                    area = str(area)
                    theType = oShape.getType()
                    newText = 'Clicked on a ' + theType + ' whose area is ' + area
                    oStatusLine.setValue(newText)
                    break # 只處理最頂層的形狀

    # 告知各個形狀進行繪製
    window.fill(WHITE)
    for oShape in shapesList:
        oShape.draw()
```

```
    oStatusLine.draw()

    pygame.display.update()
    clock.tick(FRAMES_PER_SECOND)
```

正如在第 4 章中學過的，每當我們想要管理大量物件時，最典型的做法是建構物件串列來存放。因此，在主迴圈開始之前，程式會先建構一個形狀串列❶來存放隨機挑選的圓形、方形或三角形，隨後建立挑選出之型別的物件，並將其附加到串列中。使用這種方法，我們可以遍訪串列並在串列的每個物件中呼叫同名的方法。

在主迴圈中，程式會檢查使用者點按時發生的滑鼠游標按下事件❷。每當檢測到事件時，程式碼都會遍訪 shapeList ❸並為每個形狀呼叫 clickedInside() 方法❹。由於多型的關係，物件是從哪個類別實例化的並不重要。同樣地，關鍵是 clickedInside() 方法的實作對於不同的類別可能是不同的。

當任何 clickedInside() 方法返回 True 時❺，我們呼叫該物件的 getArea() 方法和 getType() 方法，不用去管是點按了哪種型別的物件。

在點按幾個不同的形狀後，以下是典型的執行輸出內容：

```
Clicked on a Circle whose area is 5026.544
Clicked on a Square whose area is 1600
Clicked on a Triangle whose area is 1982.5
Clicked on a Square whose area is 1600
Clicked on a Square whose area is 100
Clicked on a Triangle whose area is 576.0
Clicked on a Circle whose area is 3019.06799
```

擴充模式

以一般命名的方法來建構類別就等於是建立了一致的模式，讓我們能夠輕鬆地擴充程式的功能。舉例來說，要為上述這支程式加了處理「橢圓」的功能，我們建構 Ellipse 類別來實作 getArea()、clickedInside()、draw() 和 getType() 方法（以橢圓的面積來說，clickedInside() 方法中數學運算處理的程式碼可能較為複雜）。

一旦編寫好 Ellipse 類別的程式碼，我們需要對程式碼進行的唯一更改就是把 Ellipse 加到 shapeClassesTuple 的元組中以供隨機挑選。主迴圈中用於檢查點按、取得形狀範圍等的程式碼根本不需要更改。

這個例子展示了多型的兩個重要特徵：

- 多型把第 8 章中討論的抽象概念擴充成到類別的集合。如果多個類別的方法具有相同的介面，客戶端程式設計師可以忽略所有類別中這些方法的實作細節。

- 多型可以讓客戶端程式設計更容易。如果客戶端程式設計師已經熟悉一個或多個類別所提供的介面，那麼呼叫另一個多型類別的方法應該像遵循某種模式一樣簡單。

pygwidgets 展示多型的運用

pygwidgets 中的所有類別都被設計為使用多型，而且它們都實作了兩個常用方法。第一個是在第 6 章第一次使用的 handleEvent() 方法，它接受一個事件物件作為參數。每個類別都必須在此方法中放入自己的程式碼來處理由 pygame 可能會生成的事件。每次透過主迴圈，客戶端程式都需要為從 pygwidgets 實例化出來的每個物件實例呼叫 handleEvent() 方法。

第二個是 draw() 方法，它會把影像繪製到視窗中。使用 pygwidgets 的程式在處理繪圖的部分，其典型的樣貌可能如下所示：

```
inputTextA.draw()
inputTextB.draw()
displayTextA.draw()
displayTextB.draw()
restartButton.draw()
checkBoxA.draw()
checkBoxB.draw()
radioCustom1.draw()
radioCustom2.draw()
radioCustom3.draw()
checkBoxC.draw()
radioDefault1.draw()
radioDefault2.draw()
radioDefault3.draw()
statusButton.draw()
```

從客戶端的角度來看，每一行都是呼叫了 draw() 方法，沒有傳入任何內容。但從內部的角度來看，實作這些方法的程式碼是非常不同的。例如，Text Button 類別的 draw() 方法與 InputText 類別的 draw() 方法雖然名稱一樣，但內容就完全不同。

此外，所有管理值的 widget 都有一個 setValue() 和可選擇性的 getValue() 方法。舉例來說，要取得使用者在 InputText widget 中輸入的文字，您可以呼叫 getValue() 這個 getter 方法。Radio button（選項按鈕）和 checkbox（核取方塊）widget 也有一個 getValue() 方法來獲取它們的目前值。要把新的文字放入 DisplayText widget，請呼叫 setValue() 這個 setter 方法，並傳入新的文字即可。可以透過呼叫它們的 setValue() 方法來設定選項按鈕和核取方塊 widget。

多型能讓客戶端程式設計師對一組類別的運用感到滿意。當客戶端知道了某種處理模式時，例如使用名為 handleEvent() 和 draw() 方法，他們可以很容易地預測如何運用同一個集合中的新類別。

在撰寫本文時，pygwidgets 套件還沒提供水平或垂直 Slider 類別的 widget，還沒能讓使用者輕鬆地以滑動的方式從一系列數字中進行選擇。如果我要加入這些新的 widget 介面工具，其中必定會含有以下內容：handleEvent() 方法處理與所有使用者的互動，以及用來獲取和設定 Slider 目前值的 getValue() 和 setValue() 方法，另外則是一個 draw() 方法。

運算子的多型

Python 本身的運算子就能展示多型。請思考以下帶有 + 運算子的範例：

```
value1 = 4
value2 = 5
result = value1 + value2
print(result)
```

執行後會印出：

```
9
```

這裡的 + 運算子顯然代表的是數學意義上的「加法」，因為這兩個變數都存放整數值。但現在思考第二個例子：

```
value1 = 'Joe'
value2 = 'Schmoe'
result = value1 + value2
print(result)
```

執行後會印出：

```
JoeSchmoe
```

「result = value1 + value2」這一行與第一個範例完全相同,但它執行的操作卻完全不同。對於字串值,+ 運算子執行的操作是字串的連接。使用了相同的運算子,但執行了不同的操作。

這種對運算子具有多種含義的技術,大家稱之為「**運算子多載（operator overloading）**」。對於某些類別,運算子多載的能力增進了非常有用的功能,並大幅提高了客戶端程式碼的可讀性。

魔術方法

Python 為特定目的保留了非尋常形式的方法命名,像前置是兩個底線加上某個名稱和兩個底線的取名方式:

```
__<someName>__()
```

這些正式稱為「**特殊方法（special method）**」,但 Python 程式設計師更常將其稱為「**魔術方法（magic method）**」。其中許多已經定義,例如 __init__(),每當您從類別中實例化一個物件時都會呼叫它,但是這種風格的所有其他名稱都可以用於將來的擴充,這些被稱為「魔術」方法,因為 Python 在檢測到運算子、特殊函式呼叫或其他一些特殊情況時就會在後端呼叫它們。這種方法不打算由客戶端程式碼直接呼叫。

> **NOTE**
> 因為這些魔法方法的名稱很難發音（例如, __init__() 被讀作「underscore underscore init underscore underscore」）,但 Python 程式設計師通常把這些稱為 dunder 方法（雙底線的縮寫版本）,這種方法的讀音為「dunder init」。

繼續前面的例子,我們會看看它是如何與 + 運算子一起搭配工作的。內建的資料型別（整數、浮點數、字串、布林值等）實際上在 Python 中是當作類別實作的。我們可以透過使用內建的 isinstance() 函式的測試來看到這一點,該函式接受一個物件和一個類別,如果物件是從類別實例化的,則返回 True,否則返回 False。以下這兩行執行後會回報 True:

```
print(isinstance(123, int))
print(isinstance('some string', str))
```

內建資料型別的類別含有一組魔術方法，包括用來進行基本數學運算的運算子。當 Python 檢測到帶有整數的 + 運算子時，它會呼叫內建 integer 類別中名為 __add__() 的魔術方法，該方法會執行整數的加法運算。當 Python 看到與以字串使用相同的 + 運算子時，它會呼叫 string 類別中的 __add__() 方法，該方法執行的處理是字串連接。

這種機制是通用的，因此當 Python 在處理從您的類別中實例化的物件時遇到 + 運算子時，如果您的類別中存有 __add__() 方法，它會呼叫這個方法。因此，身為類別的開發人員，您可以編寫程式碼來為該運算子創造新的意義。

每個運算子都會對映到一個特定的魔術方法名稱。雖然魔術方法有很多種，但在這裡我們會從比較運算子相關的那些內容開始介紹說明。

比較運算子的魔術方法

請思考 Listing 9-2 中的 Square 類別。假設您希望客戶端軟體能夠比較兩個 Square 物件並查看它們是否相等。在比較物件時，由您來決定「相等」的意義。舉例來說，您可以定義為具有相同色彩、相同位置和相同大小的兩個物件。若以簡單的例子來看，可以把兩個 Square 物件的邊長相同定義為相等。這很容易透過比較兩個物件的 self.heightAndWidth 實例變數並返回布林值來完成比較。您可以編寫自己的 equals() 方法，然後客戶端軟體可以像下列這般呼叫使用：

```
if oSquare1.equals(oSquare2):
```

這種方式能處理得很好。但客戶端軟體若使用標準 == 比較運算子會更自然：

```
if oSquare1 == oSquare2:
```

以這種方式編寫，Python 會把 == 運算子轉換呼叫第一個物件的魔術方法。在以這個例子來看，Python 會嘗試呼叫 Square 類別中名為 __eq__() 的魔術方法。表 9-1 顯示了所有比較運算子的魔術方法。

表 9-1：比較運算子的符號、意義和魔術方法名稱

符號	意義	魔術方法名稱
==	相等	__eq__()
!=	不相等	__ne__()
<	小於	__lt__()
>	大於	__gt__()
<=	小於等於	__le__()
>=	大於等於	__ge__()

若想要讓 == 比較運算子檢查兩個 Square 物件之間的相等性，您可以在 Square 類別中編寫如下方法：

```
def __eq__(self, oOtherSquare):
    if not isinstance(oOtherSquare, Square):
        raise TypeError('Second object was not a Square')
    if self.heightAndWidth == oOtherSquare.heightAndWidth:
        return True # 相符
    else:
        return False # 不相符
```

當 Python 檢測到第一個物件是 Square 的 == 比較運算子時，它會在 Square 類別中呼叫此方法。由於 Python 是一種鬆散型的語言（它不需要定義變數型別），因此第二個參數可以是任何資料型別。但是，為了讓比較能正常進行，第二個參數也必須是 Square 物件。我們使用 isinstance() 函式執行檢測，該函式與程式設計師定義的類別一起使用，這搭配的用法與內建類別一樣。如果第二個物件不是 Square，則會引發例外。

隨後我們把目前物件（self）的 heightAndWidth 與第二個物件（oOtherSquare）的 heightAndWidth 進行比較。以這個例子來看，直接存取兩個物件的實例變數是完全可以接受的，因為這兩個物件屬於同一型別，因此它們必須含有相同的實例變數。

Rectangle 類別的魔術方法

為了擴充程式，我們會建構一個使用 Rectangle 類別來繪製多個矩形形狀的程式。使用者能夠點按任意兩個矩形，程式會回報這兩個矩形的面積是否相同，或者第一個矩形的面積是否大於或小於第二個矩形的面積。我們會使用 ==、

< 和 > 運算子來進行處理，並期望每次比較的結果是布林值 True 或 False。
Listing 9-6 是 Rectangle 類別的程式碼，它為這些運算子實作了魔術方法。

↳ 檔案：MagicMethods/Rectangle/Rectangle.py
Listing 9-6：Rectangle 類別

```
# Rectangle 類別

import pygame
import random

# 設定色彩值
RED = (255, 0, 0)
GREEN = (0, 255, 0)
BLUE = (0, 0, 255)

class Rectangle():

    def __init__(self, window):
        self.window = window
        self.width = random.choice((20, 30, 40))
        self.height = random.choice((20, 30, 40))
        self.color = random.choice((RED, GREEN, BLUE))
        self.x = random.randrange(0, 400)
        self.y = random.randrange(0, 400)
        self.rect = pygame.Rect(self.x, self.y, self.width, self.height)
        self.area = self.width * self.height

    def clickedInside(self, mousePoint):
        clicked = self.rect.collidepoint(mousePoint)
        return clicked

    # 當您要用 == 運算子比較兩個 Rectangle 物件時
    # 會呼叫的魔術方法
    def __eq__(self, oOtherRectangle):  ❶
        if not isinstance(oOtherRectangle, Rectangle):
            raise TypeError('Second object was not a Rectangle')
        if self.area == oOtherRectangle.area:
            return True
        else:
            return False

    # 當您要用 < 運算子比較兩個 Rectangle 物件時
    # 會呼叫的魔術方法
    def __lt__(self, oOtherRectangle):  ❷
        if not isinstance(oOtherRectangle, Rectangle):
            raise TypeError('Second object was not a Rectangle')
        if self.area < oOtherRectangle.area:
            return True
        else:
            return False

    # 當您要用 > 運算子比較兩個 Rectangle 物件時
```

```
# 會呼叫的魔術方法
def __gt__(self, oOtherRectangle): ❸
    if not isinstance(oOtherRectangle, Rectangle):
        raise TypeError('Second object was not a Rectangle')
    if self.area > oOtherRectangle.area:
        return True
    else:
        return False

def getArea(self):
    return self.area

def draw(self):
    pygame.draw.rect(self.window, self.color, (self.x, self.y, self.width,
                    self.height))
```

方法 __eq__() ❶、__lt__() ❷和 __gt__() ❸允許客戶端程式碼在 Rectangle 物件之間使用標準比較運算子。若想要比較兩個矩形是否相等，您可以像下列這般編寫：

```
if oRectangle1 == oRectangle2:
```

此行執行時會呼叫第一個物件的 __eq__() 方法，並把第二個物件當作第二個參數傳入。該函式會返回 True 或 False。同樣地，若想要比較是否為小於時，可以寫出像下列這一行：

```
if oRectangle1 < oRectangle2:
```

__lt__() 方法會檢查第一個矩形的面積是否小於第二個矩形的面積。如果客戶端程式碼使用 > 運算子比較兩個矩形，則會呼叫 __gt__() 方法。

使用魔術方法的主程式

Listing 9-7 展示了測試魔術方法的主程式。

↳ 檔案：MagicMethods/Rectangle/Main_RectangleExample.py
Listing 9-7：主程式中會繪製和比較 Rectangle 物件

```
import pygame
import sys
from pygame.locals import *
from Rectangle import *

# 設定常數
```

```
WHITE = (255, 255, 255)
WINDOW_WIDTH = 640
WINDOW_HEIGHT = 480
FRAMES_PER_SECOND = 30
N_RECTANGLES = 10
FIRST_RECTANGLE = 'first'
SECOND_RECTANGLE = 'second'

# 設定視窗
pygame.init()
window = pygame.display.set_mode((WINDOW_WIDTH, WINDOW_HEIGHT), 0, 32)
clock = pygame.time.Clock()

rectanglesList = []
for i in range(0, N_RECTANGLES):
    oRectangle = Rectangle(window)
    rectanglesList.append(oRectangle)

whichRectangle = FIRST_RECTANGLE

# 主迴圈
while True:
    for event in pygame.event.get():
        if event.type == QUIT:
            pygame.quit()
            sys.exit()

        if event.type == MOUSEBUTTONDOWN:
            for oRectangle in rectanglesList:
                if oRectangle.clickedInside(event.pos):
                    print('Clicked on', whichRectangle, 'rectangle.')

                    if whichRectangle == FIRST_RECTANGLE:
                        oFirstRectangle = oRectangle ❶
                        whichRectangle = SECOND_RECTANGLE

                    elif whichRectangle == SECOND_RECTANGLE:
                        oSecondRectangle = oRectangle ❷
                        # 使用者選了 2 個矩形進行比較
                        if oFirstRectangle == oSecondRectangle: ❸
                            print('Rectangles are the same size.')
                        elif oFirstRectangle < oSecondRectangle: ❹
                            print('First rectangle is smaller than second
                                    rectangle.')
                        else: # 必定比較大 ❺
                            print('First rectangle is larger than second
                                    rectangle.')
                        whichRectangle = FIRST_RECTANGLE

    # 清除視窗並繪製所有矩形
    window.fill(WHITE)
    for oRectangle in rectanglesList: ❻
        oRectangle.draw()

    pygame.display.update()
    clock.tick(FRAMES_PER_SECOND)
```

這支程式執行後使用者要點按一對矩形來比較它們的大小。我們把選定的矩形儲存在兩個變數中❶❷。

我們使用 == 運算子❸檢查相等性，它解析為呼叫 Rectangle 類別的 __eq__() 方法。如果矩形大小相同，則會印出適當的文字訊息。如果不是，則再使用 < 運算子❹檢查第一個矩形是否小於第二個矩形，這會呼叫 __lt__() 方法來處理。如果這個比較結果也不為 True，則印出第一個大於第二個的訊息❺。我們不需要在這個程式中使用 > 運算子，但由於其他客戶端的程式碼可能會以不同的方式實作物件的大小比較，因此為了完整性，我們還是放入了 __gt__() 方法。

最後會繪製串列中的所有矩形❻。

因為我們在 Rectangle 類別中放入了魔術方法 __eq__()、__lt__() 和 __gt__()，所以我們能夠以高度直觀和易讀的方式使用標準比較運算子來進行處理。

以下是執行程式後，點按多個不同矩形的輸出範例：

```
Clicked on first rectangle.
Clicked on second rectangle.
Rectangles are the same size.
Clicked on first rectangle.
Clicked on second rectangle.
First rectangle is smaller than second rectangle.
Clicked on first rectangle.
Clicked on second rectangle.
First rectangle is larger than second rectangle.
```

數學運算子魔術方法

您可以編寫額外的魔術方法來定義當客戶端程式碼從您的類別實例化的物件之間使用其他算術運算子時要進行什麼處理。

表 9-2 展示了為基本算術運算子呼叫的方法。

表 9-2：數學運算子的符號、意義和魔術方法名稱

符號	意義	魔術方法名稱
+	加法	__add__()
-	減法	__sub__()
*	乘法	__mul__()
/	除法（結果為浮點數）	__truediv__()
//	整數除法	__floordiv__()
%	取餘	__mod__()
abs	絕對值	__abs__()

例如，若想要處理 + 運算子，您可以在類別中實作一個方法，如下所示：

```
def __add__(self, oOther):
    # 當程式碼試圖對兩個物件進行相加時，
    # 您想要的操作處理可寫在這裡。
```

可連到 https://docs.python.org/3/reference/datamodel.html 網站，從官方說明文件中找到所有 magic 或 dunder 方法的完整清單。

向量的運用範例

在數學中，向量是一對有序的 x 和 y 值，通常在圖上表示為有向的線段。在本節中，我們會建構一個類別在使用數學運算子的魔術方法對向量進行操作。對向量可執行的數學運算有很多。圖 9-2 顯示了加入兩個向量的範例。

加入兩個向量後會生成一個新向量，其 x 值是兩個向量的 x 值相加之和，其 y 值是兩個向量的 y 值相加之和。在圖 9-2 中，我們把向量 (3, 2) 和向量 (1, 3) 相加後建立了向量 (4, 5)。

如果兩個向量的 x 值相同且 y 值相同，則認定兩個向量相等。向量的大小被計算為直角三角形的斜邊，其一側長度為 x，第二側長度為 y。我們可以用**畢氏定理（Pythagorean theorem）**來計算其長度，並使用長度來比較兩個向量的大小。

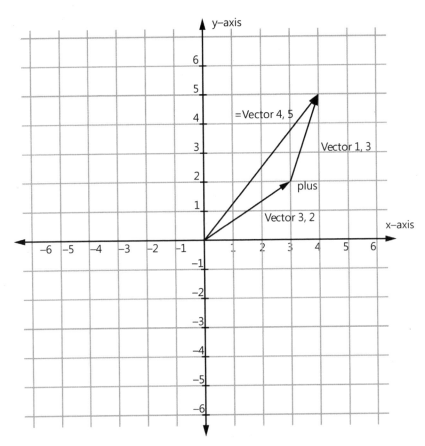

圖 9-2：在笛卡兒座標中的向量加法

Listing 9-8 是 Vector 類別的程式碼，它說明了在兩個 Vector 物件之間進行數學運算和比較所需的適當魔術方法（這些方法中的每一個都有額外的程式碼，使用呼叫 isinstance() 來確保第二個物件是 Vector。這些檢查是放在可下載的檔案中，但因為版面有限，我在這裡省略了它們）。

⤷ 檔案：MagicMethods/Vectors/Vector.py
Listing 9-8：Vector 類別實作了多個魔術方法

```python
# Vector 類別
import math

class Vector():
    '''Vector 類別會以兩個值來表示一個向量，
       並允許進行多種數學運算'''
    def __init__(self, x, y):
        self.x = x
        self.y = y
```

```
❶ def __add__(self, oOther):  # 由 + 運算子呼叫
       return Vector(self.x + oOther.x, self.y + oOther.y)

   def __sub__(self, oOther):  # 由 - 運算子呼叫
       return Vector(self.x - oOther.x, self.y - oOther.y)

❷ def __mul__(self, oOther):  # 由 * 運算子呼叫
       # 允許乘以向量或純量的特殊程式碼
       if isinstance(oOther, Vector):  # 兩個向量相乘
           return Vector((self.x * oOther.x), (self.y * oOther.y))
       elif isinstance(oOther, (int, float)):  # 兩個純量相乘
           return Vector((self.x * oOther), (self.y * oOther))
       else:
           raise TypeError('Second value must be a vector or scalar')

   def __abs__(self):
       return math.sqrt((self.x ** 2) + (self.y ** 2))

   def __eq__(self, oOther):  # 由 == 運算子呼叫
       return (self.x == oOther.x) and (self.y == oOther.y)

   def __ne__(self, oOther):  # 由 != 運算子呼叫
       return not (self == oOther)  # 呼叫 __eq__

   def __lt__(self, oOther):    # 由 < 運算子呼叫
       if abs(self) < abs(oOther):  # 呼叫 __abs__ 方法
           return True
       else:
           return False

   def __gt__(self, oOther):  # 由 > 運算子呼叫
       if abs(self) > abs(oOther):  # 呼叫 __abs__ 方法
           return True
       else:
           return False
```

這個類別會把算術和比較運算子實作成為魔術方法。客戶端程式碼會使用標準符號進行兩個 Vector 物件之間的數學運算和比較。例如，圖 9-2 中的向量相加可以這樣處理：

```
oVector1 = Vector(3, 2)
oVector2 = Vector(1, 3)
oNewVector = oVector1 + oVector2 # 使用 + 運算子進行向量的相加
```

當第三行執行時，會呼叫 __add__() 方法❶來對兩個 Vector 物件相加，從而建立一個新的 Vector 物件。__mul__() 方法❷中有一個特殊檢查，它允許 * 運算子把兩個向量相乘或是將一個向量乘以一個純量值，這具體取決於第二個值的型別。

在物件中建立值的字串表示

除錯常見的標準做法是加入 print() 的呼叫，好在程式中的某些位置印出變數的值：

```
print('My variable is', myVariable)
```

但如果您嘗試使用 print() 來協助除錯物件的內容，那麼結果並不是特別有用。舉例來說，這裡我們建立了一個 Vector 物件並印出來：

```
oVector = Vector(3, 4)
print('My vector is', oVector)
```

其輸出的結果為：

```
<Vector object at 0x10361b518>
```

這只告訴我們有一個從 Vector 類別實例化出來的物件，並顯示了該物件的記憶體位址。但在大多數情況下，我們真正想知道的是此時物件中實例變數的值。幸運的是，我們可以使用魔術方法來達成這個目的。

這裡有兩種魔術方法可用來從物件獲取資訊（當作字串）：

- __str__() 方法可用來建立物件的字串表示（string representation），該物件這個字串表示很容易地讓人閱讀。如果客戶端程式碼呼叫 str() 內建函式並傳入一個物件，如果該類別中有魔術方法 __str__()，Python 會呼叫這個魔術方法來處理。

- __repr__() 方法可用來建立物件的明確、機器可讀的字串表示。如果客戶端程式碼呼叫 repr() 內建函式並傳入一個物件，如果該類別中有魔術方法 __repr__()，Python 會呼叫這個魔術方法來處理。

我會展示 __str__() 方法，因為這個方法很常用於簡單的除錯。當您呼叫 print() 函式時，Python 會呼叫內建的 str() 函式把每個引數轉換為字串。若是引數沒有 __str__() 方法，此函式會格式化出一個字串，字串中包含物件型別、「object at」和記憶體位址等資訊，隨後返回這個結果字串。這就是為什麼我們看到前面的輸出中含有記憶體位址。

除了上述方式之外，您還可以編寫自己的 __str__() 版本，讓它生成您想要協助除錯類別程式碼的任何字串。一般的方法是建構一個字串，其中包含您想要查看的任何實例變數的值並返回該字串和印出。例如，我們可以把以下方法加到 Listing 9-8 中的 Vector 類別，以獲取有關任何 Vector 物件的資訊：

```python
class Vector():
    --- 前面的方法省略不列出 ---
    def __str__(self):
        return 'This vector has the value (' + str(self.x) + ', ' +
                str(self.y) + ')'
```

如果您實例化一個 Vector 物件，您可以呼叫 print() 函式並傳入這個 Vector 物件來輸出其內容：

```python
oVector = Vector(10, 7)
print(oVector)
```

這個方法不是印出 Vector 物件的記憶體位址，而是印出一份格式良好的報告，其中含有物件內兩個實例變數的值：

```
This vector has the value (10, 7)
```

Listing 9-9 中的主程式建立了一些 Vector 物件，並進行了一些向量的數學運算，最後印出 Vector 運算的結果。

↳ 檔案：Vectors/Main_Vectors.py
Listing 9-9：主程式中是建立和比較向量、進行數學運算和印出向量的範例

```python
# Vector 測試程式碼

from Vector import *

v1 = Vector(3, 4)
v2 = Vector(2, 2)
v3 = Vector(3, 4)

# 這幾行印出布林值或數值
print(v1 == v2)
print(v1 == v3)
print(v1 < v2)
print(v1 > v2)
print(abs(v1))
print(abs(v2))
print()
```

```
# 這幾行印出向量內容（呼叫 __str__() 方法）
print('Vector 1:', v1)
print('Vector 2:', v2)
print('Vector 1 + Vector 2:', v1 + v2)
print('Vector 1 - Vector 2:', v1 - v2)
print('Vector 1 times Vector 2:', v1 * v2)
print('Vector 2 times 5:', v1 * 5)
```

上述程式執行後輸出的結果為：

```
False
True
False
True
5.0
2.8284271247461903

Vector 1: This vector has the value (3, 4)
Vector 2: This vector has the value (2, 2)
Vector 1 + Vector 2: This vector has the value (5, 6)
Vector 1 - Vector 2: This vector has the value (1, 2)
Vector 1 times Vector 2: This vector has the value (6, 8)
Vector 2 times 5: This vector has the value (15, 20)
```

這面的第一組 print() 呼叫會輸出布林值和數值，這是呼叫數學和比較運算子的魔術方法所產生的結果。在第二組 print() 呼叫中，是印出兩個 Vector 物件的內容，隨後進行一些運算並印出新的 Vector。在 Python 後端內部，print() 函式會先為要印出的每個項目呼叫 Python 的 str() 函式，這會觸發呼叫 Vector 物件的 __str__() 魔術方法，該方法建立一個帶有相關資料的格式化字串。

帶有魔術方法的 Fraction 類別

讓我們把其中一些魔術方法整合起來放在一個更複雜的範例中。Listing 9-10 展示了 Fraction 類別的程式碼。每個 Fraction 物件由一個分子（上部）和一個分母（下部）組成，該類別透過把單獨的部分以及分數的近似十進位值儲存在實例變數中來追蹤分數。這些方法允許呼叫方獲取分數的約分值、印出分數及其浮點小數的值、比較兩個分數是否相等、並把兩個分數物件相加。

↳ 檔案：MagicMethods/Fraction.py
Listing 9-10：Fraction 類別實作了幾個數值的魔術方法

```python
# Fraction 類別

import math

class Fraction():
    def __init__(self, numerator, denominator): ❶
        if not isinstance(numerator, int):
            raise TypeError('Numerator', numerator, 'must be an integer')
        if not isinstance(denominator, int):
            raise TypeError('Denominator', denominator, 'must be an integer')
        self.numerator = numerator
        self.denominator = denominator

        # 使用 math 套件來尋找最大公約數
        greatestCommonDivisor = math.gcd(self.numerator, self.denominator)
        if greatestCommonDivisor > 1:
            self.numerator = self.numerator // greatestCommonDivisor
            self.denominator = self.denominator // greatestCommonDivisor
        self.value = self.numerator / self.denominator

        # 標準化分子和分母的符號
        self.numerator = int(math.copysign(1.0, self.value)) * abs(self.numerator)
        self.denominator = abs(self.denominator)

    def getValue(self): ❷
        return self.value

    def __str__(self): ❸
        '''建立分數的字串表示'''
        output = '  Fraction: ' + str(self.numerator) + '/' + \
                 str(self.denominator) + '\n' +\
                 '  Value: ' + str(self.value) + '\n'
        return output

    def __add__(self, oOtherFraction): ❹
        ''' 兩個 Fraction 物件相加'''
        if not isinstance(oOtherFraction, Fraction):
            raise TypeError('Second value in attempt to add is not a Fraction')
        # 使用 math 套件尋找最小公倍數
        newDenominator = math.lcm(self.denominator, oOtherFraction.denominator)

        multiplicationFactor = newDenominator // self.denominator
        equivalentNumerator = self.numerator * multiplicationFactor

        otherMultiplicationFactor = newDenominator // oOtherFraction.denominator
        oOtherFractionEquivalentNumerator =
                oOtherFraction.numerator * otherMultiplicationFactor

        newNumerator = equivalentNumerator + oOtherFractionEquivalentNumerator

        oAddedFraction = Fraction(newNumerator, newDenominator)
        return oAddedFraction
```

```
    def __eq__(self, oOtherFraction): ❺
        '''測試是否相等'''
        if not isinstance(oOtherFraction, Fraction):
            return False  # 不與分數進行比較
        if (self.numerator == oOtherFraction.numerator) and \
           (self.denominator == oOtherFraction.denominator):
            return True
        else:
            return False
```

建立 Fraction 物件時，傳入一個分子和一個分母❶，__init__() 方法會立即計算分數的約分及其浮點小數。在任何時候，客戶端代碼都可以呼叫 getValue() 方法來擷取該值❷。客戶端程式碼也可以呼叫 print() 來印出物件，Python 會呼叫 __str__() 方法來格式化要印出的字串❸。

客戶端可以把兩個不同的 Fraction 物件與 + 運算子一起進行相加的運算。發生這種情況時，會呼叫 __add__() 方法❹來處理，該方法使用 math.lcd()（最小公分母）方法來確保生成的 Fraction 物件具有最小公分母。

最後，客戶端程式碼可以使用 == 運算子來檢測兩個 Fraction 物件是否相等。使用此運算子時會呼叫 __eq__() 方法❺來處理，該方法會檢查兩個分數的值並返回 True 或 False。

下面是一些實例化 Fraction 物件並測試各種魔術方法的程式碼：

```
# 測試程式碼
oFraction1 = Fraction(1, 3)  # 建立 Fraction 物件
oFraction2 = Fraction(2, 5)
print('Fraction1\n', oFraction1)  # 印出物件 ... 呼叫 __str__
print('Fraction2\n', oFraction2)

oSumFraction = oFraction1 + oFraction2  # 呼叫 __add__
print('Sum is\n', oSumFraction)

print('Are fractions 1 and 2 equal?', (oFraction1 == oFraction2)) # 預期是 False
print()

oFraction3 = Fraction(-20, 80)
oFraction4 = Fraction(4, -16)
print('Fraction3\n', oFraction3)
print('Fraction4\n', oFraction4)
print('Are fractions 3 and 4 equal?', (oFraction3 == oFraction4)) # 預期是 True
print()

oFraction5 = Fraction(5, 2)
oFraction6 = Fraction(500, 200)
print('Sum of 5/2 and 500/2\n', oFraction5 + oFraction6)
```

執行上述程式碼後，其輸出結果如下：

```
Fraction1
  Fraction: 1/3
  Value: 0.3333333333333333

Fraction2
  Fraction: 2/5
  Value: 0.4

Sum is
  Fraction: 11/15
  Value: 0.7333333333333333

Are fractions 1 and 2 equal? False

Fraction3
  Fraction: -1/4
  Value: -0.25

Fraction4
  Fraction: -1/4
  Value: -0.25

Are fractions 3 and 4 equal? True

Sum of 5/2 and 500/2
  Fraction: 5/1
  Value: 5.0
```

總結

本章是討論的是 OOP 概念中關鍵的多型。簡單地說，多型是多個類別實作同名方法的能力。每個類別都含有各自特定的程式碼來為從該類別實例化的物件執行需要的操作。本章以一個範例程式來講解，筆者展示了怎麼建構許多不同的形狀類別，每個類別都有一個 __init__()、getArea()、clickedInside() 和 draw() 方法，這些方法的各自版本的程式碼都會處理各自特定的形狀。

如您所見，使用多型有兩個關鍵優勢。第一個優勢是，它把抽象概念擴充到多個類別的集合，允許客戶端程式設計師不必去管實作細節就能運用。第二個優勢是，它允許類別的系統以類似的方式運作，讓這套系統對客戶端程式設計師來說是可預測的。

本章還討論了運算子中的多型的概念，解釋了同一個運算子如何對不同型別的資料進行不同的運算處理。這裡展示了怎麼使用 Python 的魔術方法來達到這個目的，以及如何建構方法來在自己的類別中實作這些運算子。為了示範怎麼運用算術和比較運算子的魔術方法，本章展示了 Vector 類別和 Fraction 類別，此外還展示了怎麼使用 __str__() 方法來協助除錯，印出想要的物件的內容。

10

繼承

OOP 的第三個原則是**繼承**（**inheriance**），它是一種從現有類別衍生新類別的機制。繼承不是從頭開始編寫和使用重複的程式碼，而是允許程式設計師在編寫新類別程式碼時直接從現有類別擴充或區分。

　　讓我們從一個真實的案例開始，這個例子示範了繼承的基本含義。假設您正在烹飪學校學習。有一堂課涉及製作漢堡的詳盡示範，您學到關於不同肉塊、絞肉的方式、最好的麵包類型、最好的生菜、蕃茄和調味品的所有知識──幾乎是您能想像到的一切內容。您還會了解煎漢堡肉的最佳方式、烹飪時間、翻面的時間和頻率等。

下一堂課程是關於製作起司漢堡的。講師「**可以**」從頭開始教，重讀所有關於漢堡的材料。不過，老師會假設您已經保留了上一堂課的知識，因此已經知道製作美味漢堡的所有知識。因此，這堂課的重點是使用哪種類型的起司、何時加上去、使用多少份量等。

故事的重點是沒有必要「重新發明輪子」，相反地，您已經知道的東西是可以直接運用。

物件導向程式設計中的繼承

OOP 中的繼承是指建構（**擴充**）的類別是以現有類別為基礎。建構大型程式時，通常都會取用提供了通用功能的類別。有時您會想要建構一個與已經存在的類別很相似的類別程式，但其中某些處理略有不同，繼承的做法會讓您很容易達成目的，建立一個包含了現有類別所有方法和實例變數的新類別，但又加入了新的和不同的功能。

繼承是一個非常強大的概念，當類別設定正確時，使用繼承似乎是很簡單的。但是，想要設計好類別並讓它能清晰地運用是一項不容易掌握的技能。身作程式的實作者，繼承需要大量的實務經驗才能正確和有效率的運用。有了繼承，兩個類別之間的關係，通常會被稱為基礎類別和子類別。

> **基礎類別**（base class）
> 類別繼承的來源，它是子類別的起點。

> **子類別**（subclass）
> 使用了繼承的類別，它擴增了基礎類別。

雖然這些是用來描述 Python 中的兩個類別之間關係的常用術語，但您也可能會聽到以其他方式來稱呼它們，例如：

■ **超類別**（superclass）和**子類別**（subclass）

■ **基礎類別**（base class）和**衍生類別**（derived class）

■ **父類別**（parent class）和**子類別**（child class）

圖 10-1 是顯示這種關係的標準圖例。

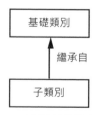

圖 10-1：子類別繼承自基礎類別

子類別繼承了定義在基礎類別中的所有方法和實例變數。

圖 10-2 提供一個不同但更確切的關係圖，展示了從不同角度來看兩個類別之間的關係。

圖 10-2：基礎類別被合併到子類別中

身為類別程式的實作者，您可以把基礎類別看成會合併到子類別中，也就是說，基礎類別實際上會成為較大子類別中的一部分。如果是子類別的客戶端，您會把子類別看成是一個單元，根本不需要知道基礎類別是否存在。

在討論繼承時，我們常會說子類別和基礎類別之間是一種「**is a（是）**」的關係。舉例來說，學生「is a（是）」人，橘子「is a（是）」水果，汽車「is a（是）」車輛 … 等等。子類別是基礎類別的一個特殊版本，它繼承了基礎類別的所有屬性和行為，但也提供了額外的細節和功能。

最重要的是，子類別會利用以下方式來擴充基礎類別（稍後會詳細解釋）：

■ 子類別可以**重新定義**基礎類別中所定義的方法。也就是說，子類別可提供與基礎類別同名但功能不同的方法，這就是所謂的「**覆寫（overriding）**」方法。當客戶端程式碼呼叫被覆寫的方法時，子類別中的方法會被呼叫來使用（但是子類別中方法的程式碼仍然可以呼叫基礎類別中的同名方法）。

■ 子類別可以加入未出現在基礎類別中的新方法和實例變數。

在設計編寫子類別時有另一種常用的思考方式，那就是「**從不同處編寫程式碼（coding by difference）**」。 由於子類別繼承了基礎類別的所有實例變數和方法，因此不需要重複再寫入所有程式碼；子類別只需要編寫放入與基礎類別不同的程式碼內容。因此，子類別的程式碼只包含新的實例變數（及其初始化）、覆寫的方法和／或在基礎類別中沒有的新方法。

實作繼承

在 Python 中的「繼承」的語法很簡單且優雅。基礎類別不需要知道它自己是被當成基礎類別來使用。只有子類別需要指示它是繼承自基礎類別。以下是常用的語法：

```
class <BaseClassName>():
    # 基礎類別的方法

class <SubClassName>(<BaseClassName>):
    # 子類別的方法
```

在子類別的 class 陳述句中，在括號內指定它應該繼承來源的基礎類別名稱。以上述的例子來看，我們希望子類別 <SubClassName> 繼承自基礎類別 <BaseClassName>（程式設計師經常把單字 **subclass** 當作動詞「子類別化」使用，例如「讓我們把 ClassA 子類別化來建構 ClassB」）。下面是一個具有真實類別名稱的範例：

```
class Widget():
    # Widget 的方法

class WidgetWithFrills(Widget):
    # WidgetWithFrills 的方法
```

Widget 類別會提供一般功能，而 WidgetWithFrills 類別則會包含 Widget 類別中的所有內容，並可定義它想要的更具體功能的所有其他方法和實例變數。

範例應用：Employee 和 Manager

我會從一個非常簡單的員工和經理範例開始，來讓關鍵概念能清楚表達，隨後再轉向一些更實際的應用。

基礎類別：Employee

Listing 10-1 定義了一個名為 Employee 的基礎類別。

↳ 檔案：EmployeeManagerInheritance/EmployeeManagerInheritance.py
Listing 10-1：Employee 類別當作基礎類別

```python
#  Employee 和 Manager 的繼承應用
#
# 定義 Employee 類別，會被當作基礎類別來使用

class Employee():
    def __init__(self, name, title, ratePerHour=None):
        self.name = name
        self.title = title
        if ratePerHour is not None:
            ratePerHour = float(ratePerHour)
        self.ratePerHour = ratePerHour

    def getName(self):
        return self.name

    def getTitle(self):
        return self.title

    def payPerYear(self):
        # 52 周 * 每周 5 天 * 每天 8 小時
        pay = 52 * 5 * 8 * self.ratePerHour
        return pay
```

Employee 類別具有下列幾個方法：__init__()、getName()、getTitle() 和 payPer Year()，它還有三個實例變數：self.name、self.title 和 self.ratePerHour，它們在 __init__() 方法中設定。我們使用 getter 方法擷取 name（名稱）和 title（職稱）。這些員工按小時計酬，因此 self.payPerYear() 會根據小時費率來計算確定的年薪。這個類別的所有內容您應該很熟悉，這裡沒有什麼新鮮事。您可以自己實例化一個 Employee 物件，它會正常運作。

子類別：Manager

對於 Manager 類別，我們會思考 Manager 和 Employee 之間的區別：經理底下有許多直屬的受薪員工。如果這位經理管理得好，他們會獲得 10% 的年終獎金。Manager 類別可以擴充 Employee 類別，因為經理也是一種員工，但具有額外的能力和職責。

Listing 10-2 展示了 Manager 類別的程式碼，這裡只需要寫入與 Employee 類別不同的程式碼，因此您會看到它沒有 getName() 或 getTitle() 方法。使用 Manager 物件對這些方法的任何呼叫都會由 Employee 類別中的方法來處理。

⮥ 檔案：EmployeeManagerInheritance/EmployeeManagerInheritance.py
Listing 10-2：Manager 類別，實作成 Employee 的子類別

```python
# 定義 Manager 子類別繼承自 Employee

class Manager(Employee):  ❶
    def __init__(self, name, title, salary, reportsList=None):
      ❷ self.salary = float(salary)
        if reportsList is None:
            reportsList = []
        self.reportsList = reportsList
      ❸ super().__init__(name, title)

  ❹ def getReports(self):
        return self.reportsList

  ❺ def payPerYear(self, giveBonus=False):
        pay = self.salary
        if giveBonus:
            pay = pay + (.10 * self.salary)  # 加 10% 的獎金
          ❻ print(self.name, 'gets a bonus for good work')
        return pay
```

在 class 陳述句中❶，您可以看到該類別繼承自 Employee 類別，因為 Employee
在 Manager 名稱後面的括號內。

Employee 類別的 __init__() 方法需要一個 name 名稱、一個 title 職稱和一個可
選擇性的ratePerHour時薪率。經理也是受薪員工，會領導管理著許多員工，因
此 Manager 類別的 __init__() 方法需要 name、title、salary 和 reportsList。遵循
「從不同處編寫程式碼（coding by difference）」原則，__init__() 方法會先初
始化 Employee 類別中 __init__() 方法沒有做的事情，因此會把 salary 和
reportsList 儲存在名稱相似的實例變數內❷。

接下來則是要呼叫 Employee 基礎類別的 __init__() 方法❸。在這裡是呼叫了
內建的 super() 函式，它會要求 Python 找出哪個類別是基礎類別（通常稱為超
類別）並呼叫該類別的 __init__() 方法。它還會調整引數把 self 當作這次呼叫
中的第一個引數。因此，您可以把此行視為：

```python
Employee.__init__(self, name, title)
```

事實上，以這種方式對該行編寫程式碼會非常有效。使用 super() 的呼叫只是
一種更簡潔的編寫方式，這種寫法無需指定基礎類別的名稱。

效果是新的 Manager 類別的 __init__() 方法會初始化與 Employee 類別不同的兩個實例變數（self.salary 和 self.reportsList），而 Employee 類別的__init__() 方法則初始化了 self.name 和 self.title 實例變數，對於建立的任何 Employee 或 Manager 物件都是通用的。由於 Manager 有設定 salary，所以 self.ratePerHour 設為 None。

NOTE

較舊版本的 Python 會要求您以第三種方式來編寫這行程式碼，因此您可能會在較舊的程式和說明文件中看到這種寫法：

```
super(Employee, self).__init__(name, salary)
```

這行程式也是做同樣的事情。但是，以簡單呼叫 super() 的新語法更容易讓人記住。如果您有可能在未來要更改基礎類別的名稱，使用 super() 這種寫法還能減少出錯的可能性。

Manager 類別新增了一個 getter 方法是 getReports() ❹，它允許客戶端程式碼擷取受 Manager 管理的 reportsList 員工串列。而 payPerYear() 方法❺則計算並返回 Manager 的薪資。

請留意，Employee 和 Manager 類別都有一個名為 payPerYear() 的方法。如果您使用 Employee 的實例物件來呼叫 payPerYear() 方法，則 Employee 類別的方法會執行並根據時薪率來計算工資。如果您使用 Manager 的實例物件來呼叫 payPerYear() 方法，則 Manager類別的方法會執行並執行不同的計算。Manager 類別中的 payPerYear() 方法覆寫了基礎類別中的同名方法。在子類別中覆寫方法會讓子類別專用化，並與與基礎類別有所區分。覆寫方法必須與其覆寫的方法具有完全相同的名稱（雖然方法中可能有不同的參數清單）。在覆寫方法中，您可以：

■ 完全取代基礎類別中的覆寫方法。我們在 Manager 類別的 payPerYear() 方法中看到了這一點。

■ 自己做一些工作，呼叫基礎類別中繼承或覆寫的同名方法。我們在 Manager 類別的 __init__() 方法中看到了這一點。

覆寫方法的實際內容會視情況而定，如果客戶端呼叫子類別中不存在的方法，則方法的呼叫會被發送到基礎類別。舉例來說，請留意 Manager 類別中並沒有名為 getName() 的方法，但它確實存在 Employee 基礎類別之中。如果客戶端在 Manager 的實例上呼叫 getName()，則這個呼叫會由基礎類別 Employee 來進行處理。

Manager 類別的 payPerYear() 方法包含了以下程式碼：

```
    if giveBonus:
        pay = pay + (.10 * self.salary) # 加 10% 獎金
    ❻ print(self.name, 'gets a bonus for good work')
```

實例變數 self.name 是在 Employee 類別中定義的，但 Manager 類別之前沒有提到它，這表示在基礎類別中定義的實例變數可用於子類別的方法。在上面的程式中是要計算經理的薪資，此段程式能正常運作，因為 payPerYear() 可以存取在自己類別中定義的實例變數（self.salary），**也可**存取在基礎類別中定義的實例變數（使用 self.name 來印出名稱❻）。

測試程式碼

讓我們測試一下 Employee 和 Manager 物件並呼叫它們的方法。

⤷ 檔案：EmployeeManagerInheritance/EmployeeManagerInheritance.py

```
# 建立物件
oEmployee1 = Employee('Joe Schmoe', 'Pizza Maker', 16)
oEmployee2 = Employee('Chris Smith', 'Cashier', 14)
oManager = Manager('Sue Jones', 'Pizza Restaurant Manager',
                   55000, [oEmployee1, oEmployee2])

# 呼叫 Employee 物件的方法
print('Employee name:', oEmployee1.getName())
print('Employee salary:', '{:,.2f}'.format(oEmployee1.payPerYear()))
print('Employee name:', oEmployee2.getName())
print('Employee salary:', '{:,.2f}'.format(oEmployee2.payPerYear()))
print()

# 呼叫 Manager 物件的方法
managerName = oManager.getName()
print('Manager name:', managerName)

# 給經理加上獎金
print('Manager salary:', '{:,.2f}'.format(oManager.payPerYear(True)))
print(managerName, '(' + oManager.getTitle() + ')', 'direct reports:')
```

```
reportsList = oManager.getReports()
for oEmployee in reportsList:
    print('    ', oEmployee.getName(),
          '(' + oEmployee.getTitle() + ')')
```

當我們執行此程式碼時，會看到以下輸出結果正如我們所期望的：

```
Employee name: Joe Schmoe
Employee salary: 33,280.00
Employee name: Chris Smith
Employee salary: 29,120.00

Manager name: Sue Jones
Sue Jones gets a bonus for good work
Manager salary: 60,500.00
Sue Jones (Pizza Restaurant Manager) direct reports:
    Joe Schmoe (Pizza Maker)
    Chris Smith (Cashier)
```

從客戶端看子類別的視角

到目前為止的討論一直集中在實作的細節上。但是根據您是類別的開發人員或是在編寫使用類別的程式碼，這個類別的看起來可能會有所不同。讓我們轉移焦點，從客戶端的角度來看一下繼承。就客戶端程式碼來看，子類別具有基礎類別的所有功能，以及子類別本身定義的所有內容。以比喻來說，由此所產生的方法集合可以看成是牆上的油漆塗層會有更幫助。當客戶端查看 Employee 類別時，客戶端看到的是該類別中定義的所有方法（圖 10-3）

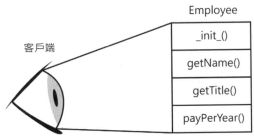

圖 10-3：從客戶端查看 Employee 類別的介面時會看到什麼呢

當我們引入從 Employee 類別繼承的 Manager 類別時，以油漆塗層來想像的話，我們可以在想要新增或更改方法的地方塗上油漆層，對於不想改變的方法，只留下舊的油漆層就好了（圖 10-4）。

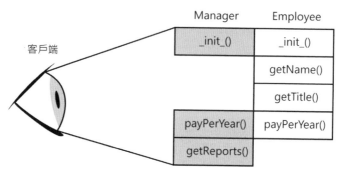

圖 10-4：從客戶端查看 Manager 類別的介面時時會看到什麼呢

若以開發人員的角度來看，我們知道 Manager 類別繼承自 Employee 類別並覆寫了一些方法，若以客戶端的角度來看，我們是看到五種方法。客戶端不需要知道哪些方法是在 Manager 類別中實作的，而哪些方法又是從 Employee 類別繼承的。

繼承的真實範例

讓我們看一下繼承的兩個真實範例。第一個範例是如何建構一個只允許您輸入數字的輸入欄位。第二個範例則是建構一個格式化貨幣值的輸出欄位。

InputNumber

在第一個範例中，我們會建構一個輸入欄位，只允許使用者輸入數值資料。以一般的使用介面設計原則來看，最好在使用者輸入資料時限制其輸入，只允許格式正確的資料才能輸入，而不是允許任何輸入後才去檢查其正確性。不允許在此輸入欄位中輸入字母、其他符號、多重小數點或多重減號等。

pygwidgets 套件含有一個 InputText 類別，允許使用者輸入任何字元。我們會編寫一個 InputNumber 類別但只允許輸入有效數字。新的 InputNumber 類別會從 InputText 繼承其大部分程式碼。我們只需要覆寫 InputText 的三個方法：__init__()、handleEvent() 和 getValue()。Listing 10-3 展示了 InputNumber 類別中覆寫這些方法的程式碼內容。

⤷ 檔案：MoneyExamples/InputNumber.py

Listing 10-3：InputNumber 只允許使用者輸入數值資料

```python
# InputNumber 類別 - 只允許使用者輸入數字
#
#   繼承的示範程式

import pygame
from pygame.locals import *
import pygwidgets

BLACK = (0, 0, 0)
WHITE = (255, 255, 255)
# 可用編輯按鍵的元組
LEGAL_KEYS_TUPLE = (pygame.K_RIGHT, pygame.K_LEFT, pygame.K_HOME,
                    pygame.K_END, pygame.K_DELETE, pygame.K_BACKSPACE,
                    pygame.K_RETURN, pygame.K_KP_ENTER)
# 合法有效的輸入按鍵
LEGAL_UNICODE_CHARS = ('0123456789.-')


#
#   InputNumber 繼承自 InputText
#
class InputNumber(pygwidgets.InputText):

    def __init__(self, window, loc, value='', fontName=None,    ❶
                 fontSize=24, width=200, textColor=BLACK,
                 backgroundColor=WHITE, focusColor=BLACK,
                 initialFocus=False, nickName=None, callback=None,
                 mask=None, keepFocusOnSubmit=False,
                 allowFloatingNumber=True, allowNegativeNumber=True):
        self.allowFloatingNumber = allowFloatingNumber
        self.allowNegativeNumber = allowNegativeNumber

        # 呼叫基礎類別的 __init__ 方法
        super().__init__(window, loc, value, fontName, fontSize,    ❷
                         width, textColor, backgroundColor,
                         focusColor, initialFocus, nickName, callback,
                         mask, keepFocusOnSubmit)


    # 覆寫 handleEvent，讓我們能過濾適用的按鍵
    def handleEvent(self, event):    ❸
        if (event.type == pygame.KEYDOWN):
            # 如果不是編輯或數字按鍵就忽略它
            # Unicode 值只在按下按鍵才顯示
            allowableKey = ((event.key in LEGAL_KEYS_TUPLE) or
                            (event.unicode in LEGAL_UNICODE_CHARS))
            if not allowableKey:
                return False

            if event.unicode == '-':  # 使用者輸入負號
                if not self.allowNegativeNumber:
                    # If no negatives, don't pass it through
                    return False
                if self.cursorPosition > 0:
```

```
                        return False # 負號不能超出第一個字元
                if '-' in self.text:
                    return False  # 不能輸入第二個負號

            if event.unicode == '.':
                if not self.allowFloatingNumber:
                    # 如果不是浮點數，則不會進行處理
                    return False
                if '.' in self.text:
                    return False  # 不能輸入第二個小數點

        # 允許按鍵經過基礎類別
        result = super().handleEvent(event)
        return result

    def getValue(self):  ❹
        userString = super().getValue()
        try:
            if self.allowFloatingNumber:
                returnValue = float(userString)
            else:
                returnValue = int(userString)
        except ValueError:
            raise ValueError('Entry is not a number, needs to have at least
                             one digit.')

        return returnValue
```

__init__() 方法允許使用與 InputText 基礎類別相同的參數，但也可以加入更多參數❶。這裡加入了兩個布林值：allowFloatingNumber 可確定是否應允許使用者輸入浮點數，allowNegativeNumber 則是確定使用者是否可以輸入以負號開頭的數字。兩者都預設都為 True，因此預設情況下是允許使用者輸入浮點數、正數和負數。您可以用這兩個參數來限制使用者，例如把兩者都設為 False，這樣就只允許使用者輸入正整數值。__init__() 方法會把這兩個附加參數的值儲存在實例變數內，隨後使用 super() ❷來呼叫基礎類別的 __init__() 方法。

重要的程式碼在 handleEvent() 方法中❸，它會限制允許可用的按鍵是個小的子集合：數字 0 到 9、減號、句點（小數點）、ENTER 和一些編輯按鍵。當使用者按下某個按鍵時，會呼叫該方法並傳入一個 KEYDOWN 或 KEYUP 事件。程式碼會先確保按下的按鍵有在上述限制的集合內，如果使用者輸入了不在該集合中的按鍵（例如，任何字母）就返回 False，指示在此 widget 中沒有發生任何事情，且會忽略該按鍵。

隨後 handleEvent() 方法再做一些檢查以確保輸入的數字是合法有效的（例如，沒有兩個句點，只有一個負號 … 等）。每當檢測到是有效按鍵時，程式

碼都會呼叫 InputText 基礎類別的 handleEvent() 方法來執行它需要對該按鍵執行的所有操作（如顯示或編輯欄位）。

當使用者按下 RETURN 或 ENTER 時，客戶端程式碼呼叫 getValue() 方法❹來取得使用者的項目內容。這個類別中的 getValue() 方法會呼叫 InputText 類別中的 getValue() 以從欄位中取得字串，然後嘗試把該字串轉換為數字。如果這個轉換失敗，就會引發例外。

透過覆寫方法，我們建構了一個非常強大的新可重用的類別，它擴充了 InputText 類別的功能，而無需更改基礎類別中的任何一行程式碼。InputText 會繼續以它自身的類別來執行，不會影響和更動其功能。

DisplayMoney

第二個真實的範例，我們會建構一個欄位來顯示金額。為了能讓這個類別更通用，我們會使用所選的貨幣符號來配合顯示金額，把該貨幣符號放置在文字的左側或右側（視情況而定），並透過在每三位數字之間加上逗號來格式化數字，之後是小數點（.），再接兩位小數。舉例來說，我們希望能夠把「1234.56 US」顯示為「$1,234.56」。

pygwidgets 套件已經有一個 DisplayText 類別可用，我們可以使用以下介面從該類別實例化一個物件：

```
def __init__(self, window, loc=(0, 0), value='',
             fontName=None, fontSize=18, width=None, height=None,
             textColor=PYGWIDGETS_BLACK, backgroundColor=None,
             justified='left', nickname=None):
```

假設我們有一些程式碼使用了適當的參數來建構一個名為 oSomeDisplayText 的 DisplayText 物件。在任何時候想要更新 DisplayText 物件中的文字，我們都必須呼叫它的 setValue() 方法來處理，像下列這樣：

```
oSomeDisplayText.setValue('1234.56')
```

使用 DisplayText 物件顯示數字（當作字串）的功能已經存在了。現在我們想要建構一個名為 DisplayMoney 的新類別，它與 DisplayText 很相似但增加了某些功能，因此這個新類別會從 DisplayText 繼承。

DisplayMoney 類別會有一個增強版的 setValue() 方法，它會覆寫基礎類別的 setValue() 方法。DisplayMoney 版本會加入所需的格式，像加上貨幣符號、加入三位一逗號、可選擇性截取兩位小數等等。最後，這個方法會呼叫繼承的 DisplayText 基礎類別的 setValue() 方法，並傳入格式化文字的字串版本，然後以在視窗中顯示。

我們還會在 __init__() 方法中加入一些額外的設定參數，以允許客戶端程式碼進行下列的處理：

■ 選擇貨幣符號（預設為 $）

■ 把貨幣符號放在左側或右側（預設為左側）

■ 顯示或隱藏兩位小數（預設為顯示）

Listing 10-4 展示了 DisplayMoney 類別的程式碼。

↳ 檔案：MoneyExamples/DisplayMoney.py
Listing 10-4：DisplayMoney 顯示經過格式化為貨幣值的數字

```
# DisplayMoney 類別 - 把數字顯示為貨幣金額
#
# 繼承的示範程式

import pygwidgets

BLACK = (0, 0, 0)

#
# DisplayMoney 類別繼承自 DisplayText 類別
#
class DisplayMoney(pygwidgets.DisplayText): ❶

❷ def __init__(self, window, loc, value=None,
                fontName=None, fontSize=24, width=150, height=None,
                textColor=BLACK, backgroundColor=None,
                justified='left', nickname=None, currencySymbol='$',
                currencySymbolOnLeft=True, showCents=True):

    ❸ self.currencySymbol = currencySymbol
       self.currencySymbolOnLeft = currencySymbolOnLeft
       self.showCents = showCents
       if value is None:
           value = 0.00

       # 呼叫基礎類別的 __init__ 方法
    ❹ super().__init__(window, loc, value, fontName, fontSize,
                    width, height, textColor, backgroundColor, justified)
```

```
❺ def setValue(self, money):
       if money == '':
           money = 0.00

       money = float(money)

       if self.showCents:
           money = '{:,.2f}'.format(money)
       else:
           money = '{:,.0f}'.format(money)

       if self.currencySymbolOnLeft:
           theText = self.currencySymbol + money
       else:
           theText = money + self.currencySymbol

       # 呼叫基礎類別的 setValue 方法
❻      super().setValue(theText)
```

在類別定義中是以顯式方式指示繼承自 pygwidgets.DisplayText ❶。Display
Money 類別只含有兩個方法：__init__() 和 setValue()，這兩個方法覆寫了基礎
類別中同名的方法。

客戶端實例化了一個 DisplayMoney 物件，如下所示：

```
oDisplayMoney = DisplayMoney(widow, (100, 100), 1234.56)
```

透過這一行程式，DisplayMoney ❷中的 __init__() 方法會執行並覆寫基礎類別
中的 __init__() 方法。此方法進行一些初始化處理，包括儲存所有客戶端對貨
幣符號的偏好、顯示符號在哪一側以及我們是否應該顯示小數點，所有這些都
在實例變數中指定❸。該方法以呼叫基礎類別 DisplayText❹的 __init__() 方法
（它透過呼叫 super() 來尋找）結束，並傳入該方法所需的資料。

稍後，客戶端會進行這樣的呼叫來顯示一個值：

```
oDisplayMoney.setValue(12233.44)
```

DisplayMoney 類別中的 setValue() 方法❺執行來建立格式化為貨幣值的金額版
本。該方法透過呼叫 DisplayText 類別❻中繼承的 setValue() 方法來設定要顯示
的新文字，然後結束。

當使用 DisplayMoney 實例呼叫任何其他方法時，會執行 DisplayText 中的版本。最重要的是，每次迴圈時客戶端程式都應該呼叫 oDisplayMoney.draw()，這樣就會在視窗中繪製欄位。由於 DisplayMoney 沒有 draw() 方法，因此這個呼叫會轉到 DisplayText 基礎類別的 draw() 方法來處理。

範例的運用

圖 10-5 顯示了利用 InputNumber 和 DisplayMoney 類別的範例程式在執行後的輸出畫面。使用者在 InputNumber 欄位中輸入一個數字。當使用者按下 OK 鈕或 ENTER 鍵時，該值會顯示在兩個 DisplayMoney 欄位中。第一個欄位顯示帶有小數的數字，第二個欄位則使用不同於初始設定，以無條件捨去法取整數的貨幣金額。

Listing 10-5 包含了主程式的完整程式碼。請留意，這支程式建構了一個 Input Number 物件和兩個 DisplayMoney 物件。

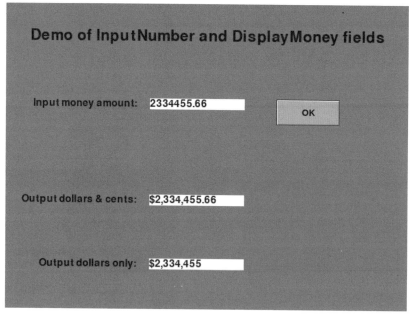

圖 10-5：客戶端程式，使用者在 InputNumber 欄位中輸入數字，
而金額會顯示在兩個 DisplayMoney 欄位中

➍ 檔案：MoneyExamples/Main_MoneyExample.py

Listing 10-5：主程式示範 InputNumber 和 DisplayMoney 類別的運用

```python
#  Money 範例程式
#
#  示範覆寫繼承 DisplayText 和 InputText 方法

# 1 - 匯入套件
import pygame
from pygame.locals import *
import sys
import pygwidgets
from DisplayMoney import *
from InputNumber import *

# 2 - 定義常數
BLACK = (0, 0, 0)
BLACKISH = (10, 10, 10)
GRAY = (128, 128, 128)
WHITE = (255, 255, 255)
BACKGROUND_COLOR = (0, 180, 180)
WINDOW_WIDTH = 640
WINDOW_HEIGHT = 480
FRAMES_PER_SECOND = 30

# 3 - 初始化視窗環境
pygame.init()
window = pygame.display.set_mode([WINDOW_WIDTH, WINDOW_HEIGHT])
clock = pygame.time.Clock()

# 4 - 載入各種資源：影像、聲音等

# 5 - 初始化變數
title = pygwidgets.DisplayText(window, (0, 40),
                'Demo of InputNumber and DisplayMoney fields',
                fontSize=36, width=WINDOW_WIDTH, justified='center')

inputCaption = pygwidgets.DisplayText(window, (20, 150),
                'Input money amount:', fontSize=24,
                width=190, justified='right')
inputField = InputNumber(window, (230, 150), '', width=150, initialFocus=True)
okButton = pygwidgets.TextButton(window, (430, 150), 'OK')

outputCaption1 = pygwidgets.DisplayText(window, (20, 300),
                'Output dollars & cents:', fontSize=24,
                width=190, justified='right')
moneyField1 = DisplayMoney(window, (230, 300), '', textColor=BLACK,
                backgroundColor=WHITE, width=150)

outputCaption2 = pygwidgets.DisplayText(window, (20, 400),
                'Output dollars only:', fontSize=24,
                width=190, justified='right')
moneyField2 = DisplayMoney(window, (230, 400), '', textColor=BLACK,
                backgroundColor=WHITE, width=150,
                showCents=False)
```

```
# 6 - 持續執行的迴圈
while True:

    # 7 - 檢查和處理事件
    for event in pygame.event.get():
        # 是否有點按關閉按鈕? 退出 pygame 和結束程式
        if event.type == pygame.QUIT:
            pygame.quit()
            sys.exit()

        # 按下 Return/Enter 鍵或滑鼠點按 OK 鈕來觸發動作
        if inputField.handleEvent(event) or okButton.handleEvent(event):  ❶
            try:
                theValue = inputField.getValue()
            except ValueError:  # 其他錯誤
                inputField.setValue('(not a number)')
            else:  # 輸入沒有問題
                theText = str(theValue)
                moneyField1.setValue(theText)
                moneyField2.setValue(theText)

    # 8 - 「每幀」影格要進行的動作

    # 9 - 清除視窗
    window.fill(BACKGROUND_COLOR)

    # 10 - 繪製視窗的元素
    title.draw()
    inputCaption.draw()
    inputField.draw()
    okButton.draw()
    outputCaption1.draw()
    moneyField1.draw()
    outputCaption2.draw()
    moneyField2.draw()

    # 11 - 更新視窗
    pygame.display.update()

    # 12 - 放慢速度
    clock.tick(FRAMES_PER_SECOND)  # 讓 pygame 等待一會兒
```

使用者把數字輸入到 InputNumber 欄位中，當使用者鍵入時，handleEvent() 方
法會過濾掉並忽略所有不合適的字元。當使用者以滑鼠點按 OK 鈕時❶，程式
碼會讀取輸入並把它傳給兩個 DisplayMoney 欄位。第一個顯示美元金額和小
數點美分金額（帶有兩位小數），而第二個顯示取整數美元金額的值。兩者都
有加入 $ 作為貨幣符號並加上三位一逗號的格式。

多個類別繼承自同一個基礎類別

多個不同的類別可以從同一個基礎類別繼承。您可以建構一個非常通用的基礎類別，然後建構任意個從這個基礎類別繼承的子類別。圖 10-6 是這種關係的表示圖解。

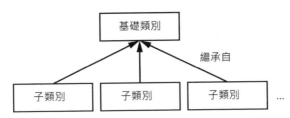

圖 10-6：有多個不同的子類別繼承自同一個基礎類別

每個不同的子類別都可以是泛化通用基礎類別的變體（更具體的版本）。各個子類別都可以覆寫它想要或需要之基礎類別中的任何方法，而且各個子類別是彼此獨立的。

讓我們以第 9 章中的 Shapes 程式來看，這支程式是建立和繪製圓形、方形和三角形的範例。該程式碼還允許使用者點按視窗中的任何形狀圖案來查看該形狀的面積資訊。

該程式使用了三個不同的形狀類別來進行實作：Circle、Square 和 Triangle。如果我們回顧這三個類別，就會發現每個類別都有完全相同的方法：

```
def getType(self):
    return self.shapeType
```

進一步來查看三個類別的 __init__() 方法，我們會發現有一些通用的程式碼是用來記住視窗的狀態、挑選隨機色彩、挑選隨機位置：

```
self.window = window
self.color = random.choice((RED, GREEN, BLUE))
self.x = random.randrange(1, maxWidth - 100)
self.y = random.randrange(1, maxHeight - 100)
```

最後，各個類別把實例變數 self.shapeType 設定為適當的字串。

每當我們發現有一組類別實作了完全相同的方法和／或在一個通用命名的方法中共享一些程式碼時，就應該體認到這是一個很好的繼承候選者。

讓我們從三個類別中提取通用程式碼並建構一個名為 Shape 的通用基礎類別，如 Listing 10-6 所示。

↳ 檔案：InheritedShapes/ShapeBasic.py
Listing 10-6：Shape 類別，當作基礎類別來運用

```
# Shape 類別 - 基礎類別

import random

# 設定色彩
RED = (255, 0, 0)
GREEN = (0, 255, 0)
BLUE = (0, 0, 255)

class Shape():

❶ def __init__(self, window, shapeType, maxWidth, maxHeight):
       self.window = window
       self.shapeType = shapeType
       self.color = random.choice((RED, GREEN, BLUE))
       self.x = random.randrange(1, maxWidth - 100)
       self.y = random.randrange(25, maxHeight - 100)

❷ def getType(self):
       return self.shapeType
```

該類別僅含有兩個方法：__init__() 和 getType()。 __init__() 方法❶會記住實例變數中傳入的資料，然後隨機挑選色彩和起始位置（self.x 和 self.y）。getType() 方法❷只返回初始化時給出的形狀類型。

我們現在可以編寫出任意個繼承自 Shape 的子類別。接下來的範例會建立三個子類別，它們會呼叫 Shape 類別的 __init__() 方法，傳入一個標識其類型和視窗大小的字串。getType() 方法只會出現在 Shape 類別中，因此任何客戶端呼叫 getType() 都會由繼承的 Shape 類別中的這個方法來處理。我們會從 Square 類別的程式碼開始，如 Listing 10-7 所示。

↳ 檔案：InheritedShapes/Square.py

Listing 10-7：Square 類別繼承自 Shape 類別

```
# Square 類別

import pygame
from Shape import *

class Square(Shape):  ❶

    def __init__(self, window, maxWidth, maxHeight):
        super().__init__(window, 'Square', maxWidth, maxHeight)  ❷
        self.widthAndHeight = random.randrange(10, 100)
        self.rect = pygame.Rect(self.x, self.y,
                                self.widthAndHeight, self.widthAndHeight)

    def clickedInside(self, mousePoint):  ❸
        clicked = self.rect.collidepoint(mousePoint)
        return clicked

    def getArea(self):  ❹
        theArea = self.widthAndHeight * self.widthAndHeight
        return theArea

    def draw(self):  ❺
        pygame.draw.rect(self.window, self.color, (self.x, self.y,
                            self.widthAndHeight, self.widthAndHeight))
```

Square 類別一開始就定義為繼承自 Shape 類別❶。 __init__() 方法呼叫其基礎
類別（或超類別）❷的 __init__() 方法，把此形狀標識為「Square」方形，並
隨機挑選其大小。

接下來有三個方法，它們的實作是專門給方形用的。clickedInside() 方法只需
要呼叫 rect.collidepoint() 來確定是否在其矩形內發生了滑鼠點按事件❸。get
Area() 方法則是把 widthAndHeight 乘以 widthAndHeight ❹。最後，draw() 方
法使用 widthAndHeight 的值繪製一個矩形❺。

Listing 10-8 展示了 Circle 類別的程式碼，它也被修改為繼承自 Shape 類別。

↳ 檔案：InheritedShapes/Circle.py

Listing 10-8：Circle 類別繼承自 Shape 類別

```
# Circle 類別

import pygame
from Shape import *
import math
```

```
class Circle(Shape):

    def __init__(self, window, maxWidth, maxHeight):
        super().__init__(window, 'Circle', maxWidth, maxHeight)
        self.radius = random.randrange(10, 50)
        self.centerX = self.x + self.radius
        self.centerY = self.y + self.radius
        self.rect = pygame.Rect(self.x, self.y, self.radius * 2,
                                self.radius * 2)

    def clickedInside(self, mousePoint):
        theDistance = math.sqrt(((mousePoint[0] - self.centerX) ** 2)
                        + ((mousePoint[1] - self.centerY) ** 2))
        if theDistance <= self.radius:
            return True
        else:
            return False

    def getArea(self):
        theArea = math.pi * (self.radius ** 2)
        return theArea

    def draw(self):
        pygame.draw.circle(self.window, self.color, (self.centerX,
                           self.centerY), self.radius, 0)
```

Circle 類別也含有 clickedInside()、getArea() 和 draw() 方法,它們的實作是專門給圓形用的。

第三個範例是 Listing 10-9 所展示的 Triangle 類別的程式碼。

↳ 檔案:InheritedShapes/Triangle.py
Listing 10-9:Triangle 類別繼承自 Shape 類別

```
# Triangle 類別

import pygame
from Shape import *

class Triangle(Shape):

    def __init__(self, window, maxWidth, maxHeight):
        super().__init__(window, 'Triangle', maxWidth, maxHeight)
        self.width = random.randrange(10, 100)
        self.height = random.randrange(10, 100)
        self.triangleSlope = -1 * (self.height / self.width)
        self.rect = pygame.Rect(self.x, self.y, self.width, self.height)

    def clickedInside(self, mousePoint):
        inRect = self.rect.collidepoint(mousePoint)
        if not inRect:
```

```
        return False

    # 做一些數學運算，看看該點是否在三角形內
    xOffset = mousePoint[0] - self.x
    yOffset = mousePoint[1] - self.y
    if xOffset == 0:
        return True

    pointSlopeFromYIntercept = (yOffset - self.height) / xOffset #上升超出範圍
    if pointSlopeFromYIntercept < self.triangleSlope:
        return True
    else:
        return False

def getArea(self):
    theArea = .5 * self.width * self.height
    return theArea

def draw(self):
    pygame.draw.polygon(self.window, self.color, (
                        (self.x, self.y + self.height),
                        (self.x, self.y),
                        (self.x + self.width, self.y)))
```

我們在第 9 章中用來測試的主要程式碼根本不需要改變。作為這些新類別的客戶端程式，可實例化出 Square、Circle 和 Triangle 物件來用，而不必去管這些類別的實作細節，它不需要知道這些類別都是從一個通用的 Shape 類別中繼承來的。

抽象類別和方法

不幸的是，我們的 Shape 基礎類別有一個潛在的錯誤。目前，客戶端程式可以實例化出通用的 Shape 物件，但該物件太泛化通用而無法擁有自己的 getArea() 方法。此外，所有繼承自 Shape 的子類別（如 Square、Circle 和 Triangle）都**必須**實作 clickedInside()、getArea() 和 draw() 方法。為了解決這兩個問題，我會介紹**抽象類別**（**abstract class**）和**抽象方法**（**abstract method**）的概念。

抽象類別
不打算直接實例化的類別，而只是被一個或多個子類別當作基礎類別來使用（在其他某些程式語言中，抽象類別也被稱為**虛擬類別**（**virtual class**））。

抽象方法
必須在每個子類別中覆寫的方法。

一般來說，基礎類別無法正確實作抽象方法，因為它不知道抽象方法應該操作什麼樣的詳細資料，或者可能無法實作出通用演算法。相反地，所有子類別都需要實作出屬於自己的抽象方法版本。

在之前的 Shape 範例中，我們希望 Shape 類別是一個抽象類別，因此客戶端程式碼不會實例化 Shape 物件。此外，Shape 類別應該指出它的所有子類別都需要實作 clickedInside()、getArea() 和 draw() 方法。

Python 沒有把類別或方法指定為「抽象」的關鍵字。但 Python 標準程式庫套件中有一個 abc 模組，是**抽象基礎類別（abstract base class）**的縮寫，其目的是協助開發人員建構抽象基礎類別和方法。

讓我們看看建構帶有抽象方法的抽象類別需要做些什麼。首先，我們需要從 abc 模組匯入兩個東西：

```
from abc import ABC, abstractmethod
```

接下來需要指出我們想要當作抽象基礎類別的這個類別應該要繼承自 ABC 類別，我們把 ABC 放在定義類別名稱後面的括號內：

```
class <classWeWantToDesignateAsAbstract>(ABC):
```

隨後必須使用特殊的裝飾器@abstractmethod，寫在需要被子類別覆寫的所有方法之前：

```
@abstractmethod
def <someMethodThatMustBeOverwritten>(self, ...):
```

Listing 10-10 展示了把 Shape 類別標記為抽象基礎類別，並指示其抽象方法的寫法。

☝ 檔案：InheritedShapes/Shape.py
Listing 10-10：Shape 基礎類別繼承自 ABC，並有指定抽象方法

```
# Shape 類別
#
# 當作其他類別的基礎類別

import random
from abc import ABC, abstractmethod
```

```
# 設定色彩
RED = (255, 0, 0)
GREEN = (0, 255, 0)
BLUE = (0, 0, 255)

class Shape(ABC):  # 標識這個為抽象類別 ❶

❷ def __init__(self, window, shapeType, maxWidth, maxHeight):
        self.window = window
        self.shapeType = shapeType
        self.color = random.choice((RED, GREEN, BLUE))
        self.x = random.randrange(1, maxWidth - 100)
        self.y = random.randrange(25, maxHeight - 100)

❸ def getType(self):
        return self.shapeType

❹ @abstractmethod
    def clickedInside(self, mousePoint):
        raise NotImplementedError

❺ @abstractmethod
    def getArea(self):
        raise NotImplementedError

❻ @abstractmethod
    def draw(self):
        raise NotImplementedError
```

Shape 類別繼承自 ABC 類別❶，告知 Python 阻止客戶端程式碼直接實例化 Shape 物件。任何這樣做的嘗試都會引發以下錯誤訊息：

```
TypeError: Can't instantiate abstract class Shape with abstract methods
clickedInside, draw, getArea
```

__init__() ❷和 getType() ❸方法含有的程式碼會由 Shape 的所有子類別共享。

clickedInside() ❹、getArea() ❺和 draw() ❻方法都以 @abstractmethod 裝飾器為開頭，這個裝飾器表明這些方法**必須**被 Shape 的所有子類別覆寫。由於這個抽象類別中的這些方法永遠不會執行，所以這裡的實作只放入 raise NotImplementedError，進一步強調該方法不處理任何事情。

讓我們擴充 Shape 範例程式，加入一個新的 Rectangle 類別，如 Listing 10-11 所示。Rectangle 類別繼承自 Shape 抽象類別，因此必須實作 clickedInside()、getArea() 和 draw() 方法。我會在這個子類別的程式中故意寫錯，看看會發生什麼事情。

↳ 檔案：InheritedShapes/Rectangle.py
Listing 10-11：Rectangle 類別只實作 clickedInside() 和 getArea() 方法，
　　　　　　　但沒有 draw() 方法

```python
# Rectangle 類別

import pygame
from Shape import *

class Rectangle(Shape):

    def __init__(self, window, maxWidth, maxHeight):
        super().__init__(window, 'Rectangle', maxWidth, maxHeight)
        self.width = random.randrange(10, 100)
        self.height = random.randrange(10, 100)
        self.rect = pygame.Rect(self.x, self.y, self.width, self.height)

    def clickedInside(self, mousePoint):
        clicked = self.rect.collidepoint(mousePoint)
        return clicked

    def getArea(self):
        theArea = self.width * self.height
        return theArea
```

為了作錯誤的示範，這個類別沒有寫入 draw() 方法。Listing 10-12 顯示了含有
建立 Rectangle 物件的主程式修改版本。

↳ 檔案：InheritedShapes/Main_ShapesWithRectangle.py
Listing 10-12：主程式會隨機建立 Square、Circle、Triangle 和 Rectangle 等形狀

```python
shapesList = []
shapeClassesTuple = ('Square', 'Circle', 'Triangle', 'Rectangle')
for i in range(0, N_SHAPES):
    randomlyChosenClass = random.choice(shapeClassesTuple)
    oShape = randomlyChosenClass(window, WINDOW_WIDTH, WINDOW_HEIGHT)
    shapesList.append(oShape)
```

當這支程式碼嘗試建立 Rectangle 物件時，Python 會生成以下的錯誤訊息：

```
TypeError: Can't instantiate abstract class Rectangle with abstract method draw
```

這個訊息告訴我們無法實例化 Rectangle 物件，因為我們沒有在 Rectangle 類別
中編寫 draw() 方法。請在 Rectangle 類別中加入一個 draw() 方法（使用適當的
程式碼來繪製矩形）來修復這個錯誤。

pygwidgets 怎麼使用繼承

pygwidgets 模組可以使用繼承來共享通用的程式碼。以第 7 章中所介紹的兩個按鈕類別為例：TextButton 和 CustomButton。TextButton 類別要求把字串當作按鈕上的標籤文字，而 CustomButton 類別會要求您提供自己的影像圖檔。建立這些類別中各個實例的方式是不同的，您需要指定一組不同的引數。不過一旦建立，兩個物件的所有剩餘方法都完全相同，這是因為這兩個類別都繼承自一個通用的基礎類別 PygWidgetsButton（圖 10-7）。

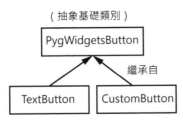

圖 10-7：pygwidgets 的 TextButton 和 CustomButton 類別都繼承自 PygWidgetsButton

PygWidgetsButton 是個抽象類別，客戶端程式碼不應該建立其實例物件，並且在嘗試這樣做時會生成錯誤訊息。

從另一個角度來看，PygWidgetsButton 是 TextButton 和 CustomButton 類別的子類別。這些類別都提供一個 __init__() 方法，它會執行初始化按鈕型別需要進行的所有操作，隨後都會把相同的引數傳給基礎類別 PygWidgetsButton 的 __init__() 方法。

TextButton 類別是用來建構文字型的按鈕，具有最少的藝術效果。這種做法對於想要快速啟動和執行程式時會很有幫助。下面的程式碼是建構 TextButton 物件的介面：

```
def __init__(self, window, loc, text, width=None, height=40,
    textColor=PYGWIDGETS_BLACK,
    upColor= PYGWIDGETS_NORMAL_GRAY,
    overColor= PYGWIDGETS_OVER_GRAY,
    downColor=PYGWIDGETS_DOWN_GRAY,
    fontName=None, fontSize=20, soundOnClick=None,
    enterToActivate=False, callBack=None, nickname=None)
```

雖然許多參數都預設了合理的值，但呼叫方還是必須為 text 提供一個值，該值會顯示在按鈕上。__init__() 方法本身會為按鈕建立「表面」（影像）來顯示標準按鈕。建立典型 TextButton 物件的程式碼如下所示：

```
oButton = pygwidgets.TextButton(window, (50, 50), 'Text Button')
```

在繪製後使用者會看到如圖 10-8 所示的按鈕。

圖 10-8：典型 TextButton 的範例

CustomButton 類別是利用客戶端提供的圖檔來建構按鈕。下面是建立自訂按鈕的介面：

```
def __init__(self, window, loc, up, down=None, over=None,
             disabled=None, soundOnClick=None,
             nickname=None, enterToActivate=False):
```

主要區別在於這個版本的 __init__() 方法會要求呼叫方為 up 參數提供一個值（請記住，一個按鈕有四個樣貌的影像圖：up、down、disabled 和 over）。另外還可以選擇性提供 down、over 和 disabled 等影像圖，如果沒提供的影像圖，CustomButton 會複製按鈕的 up 影像圖來用。

TextButton 和 CustomButton 類別中 __init__() 方法的最後一行是呼叫通用基礎類別 PygWidgetsButton 的 __init__() 方法。兩個呼叫都為按鈕傳入了四個影像圖，以及其他引數：

```
super().__init__(window, loc, surfaceUp, surfaceOver,
                 surfaceDown, surfaceDisabled, buttonRect,
                 soundOnClick, nickname, enterToActivate, callBack)
```

從客戶端的角度來看，您會看到兩個完全不同的類別，其中包含了許多方法（大部分是相同的）。但是從開發實作者的角度來看，會看到繼承是怎麼讓我們覆寫基礎類別中的單個 __init__() 方法，從而為客戶端程式設計師提供兩種相似但非常有用的建構按鈕做法。這兩個類別共享除了 __init__() 方法之外的所有內容。因此，按鈕的功能和可用方法的呼叫（handleEvent()、draw()、disable()、enable() 等）必須相同。

這種繼承的做法有很多好處。首先，它為客戶端程式碼和終端使用者提供了一致性的介面：TextButton 和 CustomButton 物件的工作方式相同。它還讓錯誤更容易修復，修復基礎類別中的錯誤代表您已修復了從它繼承的所有子類別中的錯誤。最後，如果您在基礎類別中加入新功能，則可以立即在從基礎類別繼承的所有子類別中運用這項新功能。

類別階層結構

任何類別都可以當作基礎類別來運用，甚至是已經從另一個基礎類別繼承的子類別也能當作基礎類別。這種類別之間的關係就稱之為類別**階層結構**，如圖 10-9 所示。

圖 10-9：類別階層結構

在這張圖中，C 類別繼承自 B 類別，而 B 類別繼承自 A 類別。因此，C 類別是子類別，B 類別是基礎類別，但 B 類別也是 A 類別的子類別，所以 B 類別同時扮演了兩個角色。在這種情況下，C 類別不僅繼承了 B 類別中的所有方法和實例變數，也一樣繼承了 A 類別中的所有方法和實例變數。這種階層結構在建構越來越具體專用的類別時非常有用。A 類別可以非常通用籠統，B 類別則較詳細些，C 類別則更具體專用。

圖 10-10 提供了一種不同的方式來思考類別階層結構中的關係。

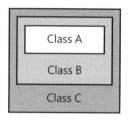

圖 10-10：以另一種不同的角度來呈現類別階層結構

從這張關係圖來看，客戶端只看到類別 C，但這個類別是由 C、B 和 A 類別中共同定義的所有方法和實例變數所組成。

pygwidgets 套件中的所有 widget 小工具都是使用類別階層結構。pygwidgets 中的第一個類別是抽象類別 PygWidget，它為套件中的所有 widget 小工具提供基本功能，它的程式碼是許多方法組成，其功能是允許顯示和隱藏、啟用和停用、擷取和設定位置以及獲取 widget 小工具的暱稱（內部名稱）等。

pygwidgets 中還有其他抽象類別，包括前面提到的 PygWidgetsButton，它是 TextButton 和 CustomButton 的基礎類別。圖 10-11 應該有助於闡明這種關係。

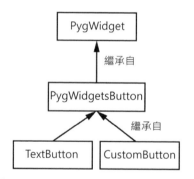

圖 10-11：pygwidgets 中的類別階層結構

如您所見，PygWidgetsButton 類別既是 PygWidget 的子類別，又是 TextButton 和 CustomButton 的基礎類別。

繼承在程式設計的難點

使用繼承進行開發時，可能很難理解要把這樣的關係結構放在哪裡。您經常會問自己這樣的問題：這個實例變數應該在基礎類別中嗎？子類別中是否有足夠的通用程式碼已在基礎類別中建立方法？子類別中方法的合適參數是什麼？在期望被覆寫或從子類別呼叫的基礎類別中要使用哪些適當的參數和預設值？

試圖理解類別階層結構中所有變數和方法之間的互動是一項很困難、又棘手且令人沮喪的工作。在閱讀由其他程式設計師所開發之類別階層結構的程式碼時尤為如此。若想要完全理解其原理，您通常要很熟悉基礎類別中的程式碼和其階層結構。

舉例來說，假設有一個階層結構，其中 D 類別是 C 的子類別，C 是 B 的子類別，而 B 又是基礎類別 A 的子類別。在 D 類別中，您可能會遇到以實例變數的值為基礎進行分支的程式碼，但該變數可能永遠不會在 D 類別的程式碼中設定。在這種情況下，您必須在 C 類別的程式碼中查詢實例變數的內容，如果在那裡找不到，則必須查詢 B 類別的程式碼，以此類推。

在設計類別階層結構時，避免這種問題的最佳方法是只呼叫方法和使用從階層結構中上一層所繼承的實例變數。在上面的範例中，D 類別中的程式碼應該只呼叫 C 類別中的方法，而 C 類別應該只呼叫 B 類別中的方法，依此類推。這是 **Demeter 定律**（最少知識原則）的簡化版本。簡單地說，就是你（指物件）應該只和你直接的朋友（附近的物件）互動交流，而不要和陌生人（較遠處的物件）交流。詳細的討論已超出了本書的範圍，但在網路上有很多參考資料可查閱。

我們在第 4 章中首次介紹過另一種方法是利用「**組合（composition）**」，其中一個物件實例化出一個或多個其他物件。關鍵的差異在於「繼承」用於建模「is a（是）」的關係，而「組合」使用「has a（具有）」的關係。舉例來說，如果我們想要一個 spinbox widget（一個帶有向上和向下箭頭的文字、數字可編輯欄位），可以建構一個 SpinBox 類別，讓該類別實例化一個 DisplayNumber 物件和兩個用於箭頭的 CustomButton 物件。這些物件各自都已經知道如何處理與使用者的互動。

多重繼承

您已經看過類別是如何從另一個類別繼承。事實上，Python（和其他某些程式設計語言一樣）允許一個類別從多個類別繼承，這稱為多重繼承（multiple inheritance）。從多個類別繼承的 Python 語法非常簡單：

```
class SomeClass(<BaseClass1>, <BaseClass2>, ...):
```

但這裡有一個重點需要注意，當您繼承的基礎類別含有相同名稱的方法和／或實例變數時，多重繼承的做法可能會引入衝突。Python 確實有解決這些潛在問題的規則（稱為方法解析順序，method resolution order，縮寫為 MRO）。我認為這是個較進階的主題，因此不會在這裡介紹，如果您想研究，可以連到 https://www.python.org/download/releases/2.3/mro 網站找到詳細討論。

總結

本章所談的繼承主題是很有雄心地想要探討「從不同處編寫程式碼（coding by difference）」的藝術。繼承的基本思維是建構一個含有另一個類別（基礎類別）的所有方法和實例變數的類別（子類別），讓您能重用現有的程式碼。您的新子類別可以選擇使用或覆寫基礎類別的方法，也可以定義自己的方法。子類別中的方法可以透過呼叫 super() 來找到。

我們建構了兩個類別，InputNumber 和 DisplayMoney，它們提供了高度可重用的功能。這兩個類別被實作為子類別，它們使用了 pygwidgets 套件中的類別作為基礎類別。

任何使用子類別的客戶端程式碼都會看到一個介面，該介面含有子類別和基礎類別中定義的方法。使用相同的基礎類別，我們可以建構出任意個子類別。抽象類別是不打算由客戶端程式碼實例化的，只打算由子類別繼承使用。基礎類別中的抽象方法必須在每個子類別中覆寫。

這裡有透過一些範例來示範 pygwidgets 套件中的繼承，包括 TextButton 和 CustomButton 類別如何從通用基礎類別 PygWidgetsButton 來繼承和運用。

本章也展示了怎麼建構類別階層結構，其中一個類別可從另一個類別繼承，而另一個類別又可以從第三個類別繼承，依此類推。繼承的關係是複雜的（閱讀和理解別人的程式碼不是簡單的工作），但正如我們所見，繼承的功用也非常強大。

11

管理物件
使用的記憶體

本章會說明解釋 Python 和 OOP 的一些重要概念,例如物件的生命週期(包括刪除物件)和類別變數,這些概念放在前面的章節介紹還不太適合。本章為了把所有這些概念聯繫在一起,會建構一個小遊戲程式來當作示範。我還會介紹插槽(slot)概念,這是一種物件的記憶體管理技術。本章應該能讓您更好地理解程式碼是怎麼影響物件使用記憶體的方式。

物件的生命週期

在第 2 章中，我把「物件」定義為「資料，以及隨著時間作用在該資料的程式碼」。前面的章節中已經談過了很多關於資料（實例變數）和作用於該資料的程式碼（方法），但沒有解釋太多關於「時間」方面的內容，這個主題會是本章的重點。

您已經知道程式可以隨時建立物件。一般來說，程式會在啟動時建立一個或多個物件，並在整個操作過程中使用這些物件。但在更多情況下，程式是在需要時才建立物件，並在完成使用物件後釋放或刪除物件，這樣就能釋放物件所佔用的資源（記憶體、檔案、網路連接等）。以下是一些例子：

■ 客戶進行線上電子採購時使用的「transaction」物件。購買完成後，物件會被銷毀。

■ 用於處理透過 Internet 進行的通訊的物件，該物件在通訊完成時會被釋放。

■ 遊戲中的暫態物件，程式可以實例化出許多壞人、外星人、宇宙飛船等的副本，隨著玩家摧毀這些副本後，程式可以消除底層物件。

從物件實例化到物件銷毀的這段時間就是物件的「**生命週期（lifetime）**」。要了解物件的生命週期，您需要先了解 Python（和其他 OOP 語言）中與物件實作有關的底層概念：參照計數（reference count，或譯參考計數）。

參照計數

Python 有許多不同的實作版本。以下關於參照計數的討論是套用在 Python 軟體基金會發布的官方版本（從 python.org 下載的版本），通常稱為 **CPython**。Python 的其他實作版本可能使用不同的方法。

Python 的哲學中有一項是程式設計師永遠不必擔心管理記憶體的細節，Python 會為您處理這些問題。但是，了解 Python 如何管理記憶體的基本概念會有助於理解物件是什麼時候釋放，以及怎麼釋放回系統的。

每當程式從類別中實例化出一個物件時，**Python** 都會分配記憶體來儲存該類別中定義的實例變數。每個物件還含有一個稱為參照計數的額外內部欄位，它用

來追蹤有多少不同的變數參照到該物件。我在 Listing 11-1 中展示了參照計數的
工作原理。

📄 檔案：ReferenceCount.py
Listing 11-1：簡單的 Square 類別，用來示範參照計數的應用

```
# 參照計數的應用範例

class Square(): ❶
    def __init__(self, width, color):
        self.width = width
        self.color = color

# 實例化一個物件
oSquare1 = Square(5, 'red') ❷
print(oSquare1)
# Square 物件的參照計數是 1

# 現在設定其他變數到同一個物件
oSquare2 = oSquare1 ❸
print(oSquare2)
# Square 物件的參照計數是 2
```

我們可以利用 Python Tutor（http://pythontutor.com/）來逐步執行這支程式碼。
從一個含有一些實例變數的簡單 Square 類別❶開始，隨後實例化一個物件並將
其指定給 oSquare1 變數❷。圖 11-1 顯示了在實例化第一個物件後所看到的圖
示：如您所見，變數 oSquare1 參照到 Square 類別的一個實例。

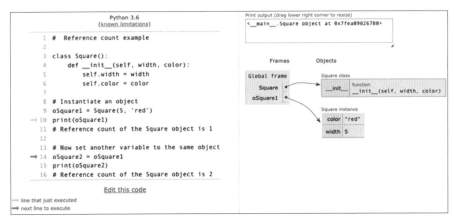

圖 11-1：單個變數（oSquare1）參照指到一個物件

接下來，我們設定第二個變數來參照同一個 Square 物件❸並印出新變數的值。
請留意，陳述句「oSquare2 = oSquare1」是不會建立 Square 物件的新副本！圖
11-2 顯示了執行這兩行程式碼後我們所看到的內容。

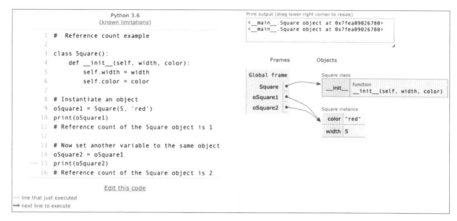

圖 11-2：兩個變數都參照指到同一個物件

變數 oSquare1 和 oSquare2 都參照指到同一個 Square 物件。您還可以在頂端的
方框中看到對 print() 的兩次呼叫所顯示的是相同的記憶體位址。因此，物件
的參照計數現在是 2。如果我們又要指定到另一個變數：

```
oSquare3 = oSquare2 # 或 oSquare1
```

參照計數會遞增成 3（因為現有三個變數都參照到同一個物件），依此類推。

物件的參照計數很重要，因為當它變成 0 時，Python 會把相關記憶體標記為程
式不再使用，這種做法稱為「**標記為垃圾（marked as garbage）**」。Python 有一
個垃圾收集器，用來回收所有被標記為垃圾的記憶體區塊，我會在本章後面討
論這個議題。

Python 標準程式庫中有個 getrefcount() 函式，該函式會返回參照物件的變數數
量。在這裡，我們使用這個函式來查看 Square 類別第一次實例化出 Square 物
件後的參照計數：

```
oSquare1 = Square(5, 'red')
print('Reference count is', sys.getrefcount(oSquare1))
```

這裡會印出一個計數值 2，您可能有點驚訝，因為您預望計數應該是 1。但是，正如該函式的說明文件所解釋的：「返回的計數通常比您預期的多 1，因為它還包括當作 getrefcount() 引數的（臨時）參照。」

遞增參照計數

下列幾種方式會遞增物件的參照計數：

1.　當某個附加的變數被指定參照到同一個物件時：

```
oSquare2 = oSquare1
```

2.　當一個物件被傳入到一個函式，因此需要設定一個區域參數的變數來參照到該物件時：

```
def myFunctionOrMethod(oLocalSquareParam):
    # oLocalSquareParam 現在參照指到引數所指的
    <body of myFunctionOrMethod>

myFunctionOrMethod(oSquare1) # 呼叫函式並傳入物件
```

3.　當一個物件被放入一個容器（如串列或字典）中時：

```
myList = [oSquare1, someValue, someOtherValue]
```

如果 oSquare1 已經參照到一個物件，則在執行這行後，串列中會包含對同一 Square 物件的附加參照。

遞減參照計數

遞減參照計數也有幾種方式。為了示範這幾種方式，我們先建構一個物件並遞增了它的參照計數：

```
oSquare1 = Square(20, BLACK)
oSquare2 = oSquare1
myList = [oSquare1]
myFunctionOrMethod(oSquare1) # 呼叫函式並傳入物件
```

當 myFunctionOrMethod() 啟動時，物件的參照會被複製到一個區域參數變數中，以便在函式內部使用。這個 Square 物件的參照計數目前是 4：兩個物件變數，一個串列內的副本，再加上函式內的區域參數變數，共 4 個。此參照計數會因下列處理而遞減：

1. 當任何參照物件的變數被重新指定值時。例如：

```
oSquare2 = 5
```

2. 每當參照物件的區域變數離開或結束其作用範圍時。在函式或方法內部建構變數時，該變數的作用範圍就只限於該函式或方法。在函式或方法的執行結束時，該變數實際上就消失了。在這個範例中，當 myFunctionOrMethod() 結束時，參照到該物件的區域變數都會被消除。

3. 當一個物件從串列、元組或字典之類的容器中刪除時，例如：

```
myList.pop()
```

呼叫串列的 remove() 方法也會減少參照計數。

4. 當您使用 del 陳述句以顯式方式刪除參照物件的變數時。這樣就會刪除變數並減少了物件的參照計數：

```
del oSquare3 # 刪除變數
```

5. 如果物件的容器（如本例中的 myList）的參照計數變成 0：

```
del myList # myList 中有一個參照到物件的元素
```

如果您有一個參照到物件的變數，而您想保留該變數但想要丟掉對該物件的參照，則可以執行如下陳述句：

```
oSquare1 = None
```

這樣會保留變數名稱，但會縮減物件的參照計數。

死亡通知

當物件的參照計數變成 0 時，Python 知道可以安全地刪除該物件了。在銷毀一個物件之前，Python 會呼叫該物件的一個名為 __del__() 的魔術方法來通知該物件即將消亡。

在任何類別中，您都可以編寫自己版本的 __del__() 方法。在您自己的版本中，可以在物件永遠消失之前放入您希望物件執行的任何程式碼。例如，您的物件可能消失之前想要關閉檔案、關閉網路連線等。

當物件被刪除時，Python 會檢查它的所有實例變數是否參照到其他物件。如果有，這些物件的參照計數也會減少。如果這樣會導致另一個物件的參照計數也變為 0，那麼該物件也會被刪除。這種鍊式或級聯式的刪除會根據需要盡可能深入很多層來處理。Listing 11-2 提供了一個範例說明。

↳ 檔案：DeleteExample_Teacher_Student.py
Listing 11-2：類別示範了自己版本的 __del__() 方法

```
# Student 類別

class Student():
    def __init__(self, name):
        self.name = name
        print('Creating Student object', self.name)

❶ def __del__(self):
        print('In the __del__ method for student:', self.name)

# Teacher 類別
class Teacher():
    def __init__(self):
        print('Creating the Teacher object')
    ❷ self.oStudent1 = Student('Joe')
        self.oStudent2 = Student('Sue')
        self.oStudent3 = Student('Chris')

❸ def __del__(self):
        print('In the __del__ method for Teacher')

# 實例化 Teacher 物件（建立了 Student 物件）
oTeacher = Teacher()  ❹

# 刪除 Teacher 物件
del oTeacher  ❺
```

這裡有兩個類別：Student 和 Teacher 類別。主程式碼實例化了一個 Teacher 物件❹，它的 __init__() 方法建立了 Student 類別的三個實例❷：Joe、Sue 和 Chris 各一個。因此在啟動後，Teacher 物件具有的三個實例變數是 Student 物件。第一部分的輸出結果是：

```
Creating the Teacher object
Creating Student object Joe
Creating Student object Sue
Creating Student object Chris
```

接下來，主程式碼使用 del 陳述句刪除了 Teacher 物件❺。由於我們在 Teacher 類別中編寫了一個 __del__() 方法❸，因此會呼叫 Teacher **物件**的這個方法，這裡是為了示範說明，讓該方法印出一條訊息。

當 Teacher 物件被刪除時，Python 會看到它含有三個其他物件（三個 Student 物件）。因此，Python 會把每個物件的參照計數從 1 降低到 0。

一旦發生這種情況，就會呼叫 Student 物件的 __del__() 方法❶，這時每個物件都會輸出一條訊息。三個 Student 物件使用的記憶體隨即被標記為垃圾。程式結束的輸出是：

```
In the __del__ method for Teacher
In the __del__ method for student: Joe
In the __del__ method for student: Sue
In the __del__ method for student: Chris
```

因為 Python 會追蹤所有物件的參照計數，所以您不太需要（如果有的話）擔心 Python 中的記憶體管理，而且很少需要自己寫 __del__() 方法。但是，您可能會考慮使用 del 陳述句來明確告知 Python 在不使用物件時刪除佔用了大量記憶體的物件。舉例來說，您可能希望在使用完畢後刪除從資料庫中載入大量記錄或載入許多影像的物件。此外，不能保證 Python 會在程式退出時呼叫 __del__() 方法，因此您應避免在此方法中放入程式結束要處理的關鍵程式碼。

垃圾收集

當一個物件被刪除，無論是透過參照計數變為 0 還是透過顯式使用 del 陳述句來處理，身為程式設計師，您應該考量到該物件不可存取。

但是垃圾收集器的具體實作細節完全取決於 Python，決定實際的垃圾收集程式碼何時執行的演算法細節對程式設計師來說並不重要。當您的程式實例化一個物件並且 Python 需要分配記憶體時，它就可能會執行，或者在隨機時間，又或者在某些預定時間執行。該演算法可能會因為 Python 版本更新而有所變更，不管是哪一種，Python 都會負責垃圾收集，所以您不必擔心細節。

類別變數

我已經廣泛討論了怎麼在類別中定義實例變數，以及從類別中實例化的每個物件要怎麼取得自己的所有實例變數集合。前置放入「self.」是用來標識每個實例變數。但是，您也可以在類別層級中建立**類別變數**（**class variable**）。

> **類別變數**（**class variable**）
> 在類別中定義並由類別擁有的變數。類別變數只存在一個，與建立該類別的實例物件數量無關。

您可以使用指定值陳述句來建立一個類別變數，按照慣例，它放在 class 陳述句和第一個 def 陳述句之間，如下所示：

```
class MyDemoClass():
    myClassVariable = 0 # 建立類別變數並指定 0 進去

    def __init__(self, <otherParameters>):
        # 更多程式碼放在這裡
```

因為這個類別變數是歸類別所有，所以在類別的方法中，您可以指到 MyDemo Class.myClassVariable 來取用。從一個類別實例化出來的每個物件都可以存取該類別中定義的所有類別變數。

類別變數有兩種典型用途：定義常數和建立計數器。

類別變數常數

您可以建立一個當作常數來使用的類別變數，如下所示：

```
class MyClass():
    DEGREES_IN_CIRCLE = 360 # 建立類別變數常數
```

要在類別的方法中存取此常數，您要寫 MyClass.DEGREES_IN_CIRCLE。

提醒一下，Python 實際上並沒有常數的概念，但 Python 程式設計師之間有約定的慣例，即名稱由大寫字母組成且單字由底線分隔的任何變數都應被視為常數。也就是說，不應該對這種變數進行新的指定值處理。

我們還可以使用類別變數常數來節省資源（記憶體和時間）。請想像一下，假設我們正在設計編寫遊戲程式，在其中建立了許多 SpaceShip 類別的實例。我們製作了一張宇宙飛船的影像圖片，並把圖檔放在名為 images 的資料夾中。在考慮類別變數之前，SpaceShip 類別的 __init__() 方法會先實例化一個 Image 物件，如下所示：

```python
class SpaceShip():
    def __init__(self, window, ...):
        self.image = pygwidgets.Image(window, (0, 0),
                                      'images/ship.png')
```

這種的做法很好。然而，以這種方式編寫的程式碼代表著不僅從 SpaceShip 類別實例化的每個物件都必須花費時間來載入影像圖，而且每個物件都佔用了表示同一影像副本所需的記憶體空間。相反地，讓類別只載入影像一次，然後讓每個 SpaceShip 物件使用儲存在類別中的那個影像圖物件，如下所示：

```python
class SpaceShip():
    SPACE_SHIP_IMAGE = pygame.image.load('images/ship.png')
    def __init__(self, window, ...):
        self.image = pygwidgets.Image(window, (0, 0),
                                      SpaceShip.SPACE_SHIP_IMAGE)
```

Image 物件（在 pygwidgets 中，此處使用）可以使用影像圖的路徑或已載入的影像圖。讓類別只載入**一次**影像圖，這樣可以加快啟動速度並降低記憶體的使用量。

當作計數的類別變數

類別變數的第二種運用是追蹤從類別中實例化了多少物件。Listing 11-3 展示了這種運用的範例程式。

↳ 檔案：ClassVariable.py
Listing 11-3：使用類別變數來計算類別實例化了多少個物件

```python
# Sample 類別

class Sample():
  ❶ nObjects = 0  # 這是 Sample 類別的的類別變數
    def __init__(self, name):
        self.name = name
      ❷ Sample.nObjects = Sample.nObjects + 1
```

```
    def howManyObjects(self):
    ❸ print('There are', Sample.nObjects, 'Sample objects')

    def __del__(self):
    ❹ Sample.nObjects = Sample.nObjects - 1

# 實例化 4 個物件
oSample1 = Sample('A')
oSample2 = Sample('B')
oSample3 = Sample('C')
oSample4 = Sample('D')

# 刪除 1 個物件
del oSample3

# 查看現在還有多少個物件
print('Number of objects:', Sample.nObjects)
```

在 Sample 類別中，nObjects 是個類別變數，因為它是在類別的作用範圍內定義的，通常放在 class 陳述句和第一個 def 陳述句之間❶。它是用於計算存在的 Sample 物件的數量，一開始會初始化為 0，所有方法都使用 Sample.nObjects 名稱來參照指到這個變數。每當實例化 Sample 物件時，計數就會遞增❷。當有物件被刪除時，計數會遞減❹。howManyObjects() 方法會回報目前的計數值❸。

主程式碼建立了 4 個物件，隨後又刪除 1 個。執行這支程式後會輸出：

```
There are 3 Sample objects
```

整合應用：氣球範例程式

在本節中，我們會整合應用已經學過的多種不同概念，把它們整合在一個相對簡單的遊戲範例程式中（至少從使用者的角度來看這支程式是很簡單的）。遊戲程式會在視窗中顯示一些向上飄移的氣球，氣球大小有三種。使用者的目標是在氣球飄到視窗頂端之前盡可能以滑鼠游標點掉這些氣球。小氣球 30 分、中氣球 20 分、大氣球 10 分。

遊戲還可以擴充成含有多個等級關卡，以氣球移動的速度來區分，但目前這個範例只有一個等級。每個氣球的大小和位置都是隨機挑選的。在每一輪之前，Start 按鈕會變為可用，允許使用者可按下再次玩。圖 11-3 是遊戲執行的畫面截圖。

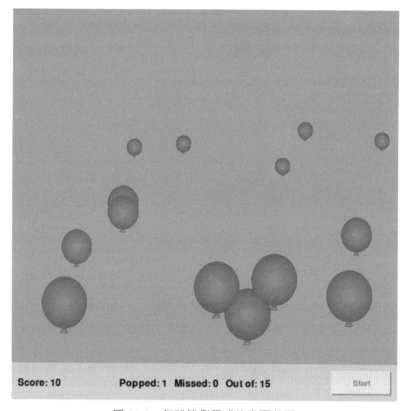

圖 11-3：氣球範例程式的畫面截圖

圖 11-4 展示了遊戲程式的專案資料夾結構。

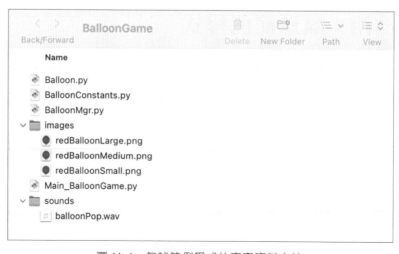

圖 11-4：氣球範例程式的專案資料夾結

這支遊戲程式使用了四個 Python 原始程式檔來實作：

Main_BalloonGame.py　主程式，用來執行主迴圈。

BalloonMgr.py　含有處理所有 Balloon 物件的 BalloonMgr 類別。

Balloon.py　含有 Balloon 類別和 BalloonSmall、BalloonMedium 和 Balloon Large 子類別。

BalloonConstants.py　含有多個檔案會使用到的常數。

圖 11-5 顯示了實作的物件關係圖。

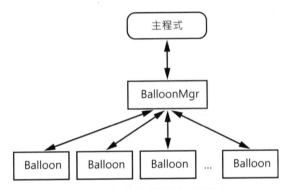

圖 11-5：氣球範例程式的物件圖

主程式（在 Main_BalloonGame.py 中）從 BalloonMgr 類別實例化一個氣球管理器（oBalloonMgr）物件。隨後氣球管理器再實例化出多個氣球物件，每個氣球是從 BalloonSmall、BalloonMedium 和 BalloonLarge 類別中隨機挑選建立，並將此物件串列儲存在實例變數內。每個 Balloon 物件會設定自己的速度、得分值和在視窗底部的隨機起始位置。

給定這種結構，主程式會負責呈現整個使用介面，它只與 oBalloonMgr 交流溝通。oBalloonMgr 與所有 Balloon 物件對話。因此，主程式甚至不知道 Balloon 物件的存在，它依靠氣球管理器來照顧這些物件。讓我們來看看這支程式的不同部分，看看各個部分的運作原理。

常數模組

這種組織結構引入的是一種可以處理多個 Python 檔案的新技術，每個檔案通常稱為一個**模組（module）**。如果您發現自己的專案是在處於多個 Python 模組需要存取相同常數的情況，最好的解決方案是建立一個常數模組並把該模組匯入到所有使用這些常數的模組中。Listing 11-4 展示了 BalloonConstants.py 中定義的一些常數。

↳ 檔案：BalloonGame/BalloonConstants.py
Listing 11-4：由其他模組匯入的常數模組

```
# 常數會被多個 Python 模組使用

N_BALLOONS = 15 # 在一輪遊戲中的氣球數量
BALLOON_MISSED = 'Missed' # 氣球飄出視窗頂端
BALLOON_MOVING = 'Balloon Moving' # 氣球在移動
```

這只是個簡單的 Python 檔案，其中含有多個常數會被其他模組共享使用。主程式需要知道有多少個氣球才能顯示這個值，而氣球管理器也需要知道氣球數量，以便實例化正確數量的氣球物件。這種做法使得修改 Balloon 物件數量變得非常簡單。如果我們在遊戲中想加入具有不同數量氣球的關卡，可以單獨在這個檔案中建構一個串列或字典，而且所有其他檔案都可以存取這項資訊。

當氣球在視窗中向上移動時，其他兩個常數在每個 Balloon 物件中會當作狀態指示器。當我開始討論遊戲玩法時，您會看到氣球管理器（oBalloonMgr）對每個 Balloon 物件詢問其狀態，而且每個物件都以這兩個常數之一進行回應。把共享常數放在模組中並將該模組匯入使用這些常數的模組內是一種簡單而有效的技術，可確保程式的不同部分都使用相同一致的值，這是只在一個地方定義值並套用「不重複自己（Don't Repeat Yourself, DRY）原則」的很好範例。

主程式碼

範例程式的主程式碼（如 Listing 11-5 所示）遵循我在本書中所使用的 12 步驟範本。它在視窗底部顯示使用者的得分、遊戲狀態和一個 Start 按鈕，並且會回應使用者點按 Start 按鈕。

↳ 檔案：BalloonGame/Main_BalloonGame.py
Listing 11-5：氣球遊戲的主程式碼

```python
# 氣球遊戲的主程式碼

# 1 - 匯入套件
from pygame.locals import *
import pygwidgets
import sys
import pygame
from BalloonMgr import *

# 2 - 定義常數
BLACK = (0, 0, 0)
GRAY = (200, 200, 200)
BACKGROUND_COLOR = (0, 180, 180)
WINDOW_WIDTH = 640
WINDOW_HEIGHT = 640
PANEL_HEIGHT = 60
USABLE_WINDOW_HEIGHT = WINDOW_HEIGHT - PANEL_HEIGHT
FRAMES_PER_SECOND = 30

# 3 - 初始化環境
pygame.init()
window = pygame.display.set_mode((WINDOW_WIDTH, WINDOW_HEIGHT))
clock = pygame.time.Clock()

# 4 - 載入資源：影像圖、聲音等
oScoreDisplay = pygwidgets.DisplayText(window, (10, USABLE_WINDOW_HEIGHT + 25),
                            'Score: 0', textColor=BLACK,
                            backgroundColor=None, width=140, fontSize=24)
oStatusDisplay = pygwidgets.DisplayText(window, (180, USABLE_WINDOW_HEIGHT + 25),
                            '', textColor=BLACK, backgroundColor=None,
                            width=300, fontSize=24)
oStartButton = pygwidgets.TextButton(window,
                            (WINDOW_WIDTH - 110, USABLE_WINDOW_HEIGHT + 10),
                            'Start')

# 5 - 初始化變數
oBalloonMgr = BalloonMgr(window, WINDOW_WIDTH, USABLE_WINDOW_HEIGHT)
playing = False  ❶ # 等待使用者按下 Start 按鈕

# 6 - 持續執行的迴圈
while True:
    # 7 - 檢查和處理事件
    nPointsEarned = 0
    for event in pygame.event.get():

        if event.type == pygame.QUIT:
            pygame.quit()
            sys.exit()

        if playing:  ❷
            oBalloonMgr.handleEvent(event)
            theScore = oBalloonMgr.getScore()
```

```
                oScoreDisplay.setValue('Score: ' + str(theScore))
            elif oStartButton.handleEvent(event):  ❸
                oBalloonMgr.start()
                oScoreDisplay.setValue('Score: 0')
                playing = True
                oStartButton.disable()

    # 8 - 「每幀」影格要進行的動作
    if playing:  ❹
        oBalloonMgr.update()
        nPopped = oBalloonMgr.getCountPopped()
        nMissed = oBalloonMgr.getCountMissed()
        oStatusDisplay.setValue('Popped: ' + str(nPopped) +
                               '   Missed: ' + str(nMissed) +
                               '   Out of: ' + str(N_BALLOONS))

        if (nPopped + nMissed) == N_BALLOONS:  ❺
            playing = False
            oStartButton.enable()

    # 9 - 清除視窗
    window.fill(BACKGROUND_COLOR)

    # 10 - 繪製所有視窗元素
    if playing:  ❻
        oBalloonMgr.draw()

    pygame.draw.rect(window, GRAY, pygame.Rect(0,
                     USABLE_WINDOW_HEIGHT, WINDOW_WIDTH, PANEL_HEIGHT))
    oScoreDisplay.draw()
    oStatusDisplay.draw()
    oStartButton.draw()

    # 11 - 更新視窗
    pygame.display.update()

    # 12 - 放慢速度
    clock.tick(FRAMES_PER_SECOND)  # 讓 pygame 等待一會兒
```

這段程式碼是以一個布林變數 playing 為基礎,預設為 False,讓使用者透過按下 Start 鈕開始遊戲❶。

當 playing 為 True 時,主程式會呼叫氣球管理器 oBalloonMgr 的 handleEvent() 方法❷來處理所有事件。我們呼叫氣球管理器的 getScore() 方法來獲取得分值,並更新得分數字欄位的文字。

當遊戲結束,程式會等待使用者按下 Start 按鈕❸。當點按 Start 按鈕時,氣球管理器被告知開始遊戲,並且使用介面會更新。

在「每幀」影格要進行的動作中，如果遊戲是在執行，則會發送 update() 訊息到氣球管理器❹，觸發它把 update() 訊息傳給所有氣球物件，隨後向氣球管理器詢問剩餘的氣球數量和彈掉的氣球數量。我們用這項資訊來更新使用介面。

當使用者彈掉所有氣球或最後一個氣球飄出視窗頂端時，我們會把 playing 變數設為 False，並讓 Start 按鈕啟用❺。

繪圖部分的程式碼非常直接簡單❻，我們告知氣球管理器去進行繪製，這會觸發所有氣球物件去自行繪製，隨後會繪製底部列及其狀態資料和 Start 按鈕。

氣球管理器

氣球管理器負責追蹤所有氣球，包括建立氣球物件，告知各個氣球自行繪製、告知各個氣球移動，並追蹤有多少氣球被點按彈掉和錯過飄出視窗頂端。Listing 11-6 展示了 BalloonMgr 類別的程式碼。

↳ 檔案：BalloonGame/BalloonMgr.py
Listing 11-6：BalloonMgr 類別

```
# BalloonMgr 類別

import pygame
import random
from pygame.locals import *
import pygwidgets
from BalloonConstants import *
from Balloon import *

# BalloonMgr 管理 Balloon 物件的串列
class BalloonMgr():
❶ def __init__(self, window, maxWidth, maxHeight):
        self.window = window
        self.maxWidth = maxWidth
        self.maxHeight = maxHeight

❷ def start(self):
        self.balloonList = []
        self.nPopped = 0
        self.nMissed = 0
        self.score = 0

❸ for balloonNum in range(0, N_BALLOONS):
            randomBalloonClass = random.choice((BalloonSmall,
                                BalloonMedium, BalloonLarge))
            oBalloon = randomBalloonClass(self.window, self.maxWidth,
                    self.maxHeight, balloonNum)
            self.balloonList.append(oBalloon)
```

```
    def handleEvent(self, event):
❹    if event.type == MOUSEBUTTONDOWN:
            # 進行 'reversed',所以串列最頂端的氣球會被彈掉
            for oBalloon in reversed(self.balloonList):
                wasHit, nPoints = oBalloon.clickedInside(event.pos)
                if wasHit:
                    if nPoints > 0: # 移除這個氣球物件
                        self.balloonList.remove(oBalloon)
                        self.nPopped = self.nPopped + 1
                        self.score = self.score + nPoints
                    return  # 不需要檢查其他
❺ def update(self):
    for oBalloon in self.balloonList:
        status = oBalloon.update()
        if status == BALLOON_MISSED:
            # 氣球飄出視窗頂端,所以移除掉
            self.balloonList.remove(oBalloon)
            self.nMissed = self.nMissed + 1

❻ def getScore(self):
    return self.score

❼ def getCountPopped(self):
    return self.nPopped

❽ def getCountMissed(self):
    return self.nMissed

❾ def draw(self):
    for oBalloon in self.balloonList:
        oBalloon.draw()
```

實例化時,氣球管理器會被告知視窗的寬度和高度❶,並將此資訊儲存在實例變數中。

start() 方法背後的概念❷很重要,它的目的是初始化一輪遊戲所需的所有實例變數,因此每當使用者開始新的一輪遊戲時都會呼叫這個方法。在這個遊戲中,start() 會重置彈掉氣球的計數值和錯過而飄出的氣球計數值。隨後會透過一個迴圈建立所有 Balloon 物件(使用三個不同的類別在三種不同大小中隨機挑選),並將它們儲存在一個串列內❸。每當該方法建立一個 Balloon 物件時,它都會傳入 window 物件以及視窗的寬度和高度(為了將來的擴充,每個 Balloon 物件都給一個唯一的編號)。

每次通過主迴圈時,主程式都會呼叫氣球管理器的 handleEvent() 方法❹。在這個方法中,我們檢查使用者是否點按了任何氣球。如果檢測到的事件是 MOUSEDOWNEVENT,則程式碼會迴圈遍訪所有 Balloon 物件,詢問每個物

件在該氣球內是否發生了點按事件。每個氣球物件會返回一個布林值，指示它是否被點按了，如果被點按了，則使用者要彈掉這個物件並獲得的分數（這種方式設定可以在將來擴充，本小節末尾的 NOTE 有說明）。氣球管理器隨後會使用 remove() 方法從串列中刪除該氣球物件，並遞增彈掉氣球的數量值，也更新得分值。

在主迴圈的每次迭代中，主程式碼還會呼叫氣球管理器的 update() 方法❺，該方法把這個呼叫傳給所有氣球，告知它們自行更新。每個氣球根據自己的速度設定在螢幕中向上飄移並返回其狀態：氣球物件不是仍在飄移（BALLOON_MOVING），就是已經飄移到視窗頂端之外（BALLOON_MISSED）。如果錯過沒有彈掉一個氣球，氣球管理器會從串列表中刪除該氣球並遞增其錯過的氣球計數值。

氣球管理器提供了三個 getter 方法，允許主程式獲取分數❻、彈掉氣球的數量❼和錯過的氣球數量❽。

每次通過主迴圈，主程式都會呼叫氣球管理器的 draw() 方法❾。氣球管理器本身沒有任何東西要繪製，而是迴圈通過所有氣球物件並呼叫每個物件的 draw() 方法（請留意這裡的多型，氣球管理器有一個 draw() 方法，而每個氣球物件也都有一個 draw() 方法）。

NOTE

有個擴充的挑戰讓您嘗試，請擴充此遊戲，讓程式含有一種新型（子類別）的氣球，也就是 MegaBalloon 氣球。不同之處在於 MegaBalloon 需要滑鼠點按三下才能彈掉。其影像圖檔也有放在該遊戲程式專案資料夾的 images 目錄中，可連到 https://github.com/IrvKalb/Object-Oriented-Python-Code 下載本書範例程式的所有檔案。

Balloon 類別和物件

我們終於有製作好的 Balloon 類別了。為了加強第 10 章的「繼承」概念，Balloon.py 模組中含有一個名為 Balloon 的抽象基礎類別和三個子類別：BalloonSmall、BalloonMedium 和 BalloonLarge。氣球管理器從這些子類別實例化出 Balloon 氣球物件。每個子類別只含有一個 __init__() 方法，該方法覆寫

並呼叫 Balloon 類別中的抽象方法 __init__()。每個氣球影像圖會從某個隨機位置（視窗底部）開始，並在每一幀影格中向上移動幾個像素。Listing 11-7 展示了 Balloon 類別及其子類別的程式碼。

↳ 檔案：BalloonGame/Balloon.py
Listing 11-7：Balloon 類別

```python
# Balloon 基礎類別和 3 個子類別

import pygame
import random
from pygame.locals import *
import pygwidgets
from BalloonConstants import *
from abc import ABC, abstractmethod

class Balloon(ABC):  ❶

    popSoundLoaded = False
    popSound = None  # 在第一個 balloon 建立時載入

    @abstractmethod
❷   def __init__(self, window, maxWidth, maxHeight, ID,
                 oImage, size, nPoints, speedY):
        self.window = window
        self.ID = ID
        self.balloonImage = oImage
        self.size = size
        self.nPoints = nPoints
        self.speedY = speedY
        if not Balloon.popSoundLoaded:  # 只有在第一次時載入
            Balloon.popSoundLoaded = True
            Balloon.popSound = pygame.mixer.Sound('sounds/balloonPop.wav')

        balloonRect = self.balloonImage.getRect()
        self.width = balloonRect.width
        self.height = balloonRect.height
        # 定位讓氣球放在視窗的寬度之內，
        # 但在視窗底部的下方
        self.x = random.randrange(maxWidth - self.width)
        self.y = maxHeight + random.randrange(75)
        self.balloonImage.setLoc((self.x, self.y))

❸   def clickedInside(self, mousePoint):
        myRect = pygame.Rect(self.x, self.y, self.width, self.height)
        if myRect.collidepoint(mousePoint):
            Balloon.popSound.play()
            return True, self.nPoints # True 在這裡表示被點按了
        else:
            return False, 0  # 沒有被點按，也沒有得分
```

```
❹ def update(self):
      self.y = self.y - self.speedY    # 以 speed 更新 y 軸座標
      self.balloonImage.setLoc((self.x, self.y))
      if self.y < -self.height:        # 超出視窗頂端
          return BALLOON_MISSED
      else:
          return BALLOON_MOVING

❺ def draw(self):
      self.balloonImage.draw()

❻ def __del__(self):
      print(self.size, 'Balloon', self.ID, 'is going away')

class BalloonSmall(Balloon):  ❼
    balloonImage = pygame.image.load('images/redBalloonSmall.png')
    def __init__(self, window, maxWidth, maxHeight, ID):
        oImage = pygwidgets.Image(window, (0, 0),
                                  BalloonSmall.balloonImage)
        super().__init__(window, maxWidth, maxHeight, ID,
                         oImage, 'Small', 30, 3.1)

class BalloonMedium(Balloon):  ❽
    balloonImage = pygame.image.load('images/redBalloonMedium.png')
    def __init__(self, window, maxWidth, maxHeight, ID):
        oImage = pygwidgets.Image(window, (0, 0),
                                  BalloonMedium.balloonImage)
        super().__init__(window, maxWidth, maxHeight, ID,
                         oImage, 'Medium', 20, 2.2)

class BalloonLarge(Balloon):  ❾
    balloonImage = pygame.image.load('images/redBalloonLarge.png')
    def __init__(self, window, maxWidth, maxHeight, ID):
        oImage = pygwidgets.Image(window, (0, 0),
                                  BalloonLarge.balloonImage)
        super().__init__(window, maxWidth, maxHeight, ID,
                         oImage, 'Large', 10, 1.5)
```

Balloon 類別是一個抽象類別❶，因此 BalloonMgr 實例化的物件是（隨機）來自 BalloonSmall ❼、BalloonMedium ❽和 BalloonLarge ❾類別。這些類別中的每一個都會建構一個 pygwidgets 的 Image 物件，然後呼叫 Balloon 基礎類別中的 __init__() 方法。我們使用代表影像、大小、得分和速度的引數來區分不同的氣球。

Balloon 類別❷中的 __init__() 方法將有關每個氣球的資訊儲存在實例變數中。我們得到氣球影像圖的矩形並記住它的寬度和高度。我們設定了一個隨機的水平位置，以確保氣球影像圖會完全顯示在視窗中。

每次發生 MOUSEDOWNEVENT 時，氣球管理器都會遍訪 Balloon 物件並呼叫每個物件的 clickedInside() 方法❸，此處的程式碼會檢測 MOUSEDOWN EVENT 是否發生在目前的氣球內。如果是，Balloon 會播放彈出的聲音並返回一個布林值，表示這顆氣球已被點按彈掉，並取得該氣球的分數。如果未有被點按，則返回 False 和 0。

在每一幀影格中，氣球管理器呼叫每個 Balloon 的 update() 方法❹，該方法透過減去自己的 speed 值來更新氣球的 y 位置，以便在視窗中飄移得更高。更改位置後，update() 方法返回 BALLOON_MISSED（如果它已完全移出視窗頂端）或 BALLOON_MOVING（表示它仍在飄移中）。

draw() 方法只是在適當的 (x, y) 座標位置❺繪製氣球的影像圖。雖然 y 位置保留為浮點值，但 pygame 會自動將其轉換為整數，以便當作座標像素值在視窗中放置。

最後一個方法 __del__()❻有加入用來除錯和未來開發的程式。每當氣球管理器刪除氣球時，都會呼叫該 Balloon 物件的 __del__() 方法。這裡是為了示範，只印出一條訊息，顯示氣球的大小和 ID 號碼。

當程式執行並且使用者開始點按彈掉氣球時，我們會在 shell 或主控台視窗中看到如下輸出：

```
Small Balloon 2 is going away
Small Balloon 8 is going away
Small Balloon 3 is going away
Small Balloon 7 is going away
Small Balloon 9 is going away
Small Balloon 12 is going away
Small Balloon 11 is going away
Small Balloon 6 is going away
Medium Balloon 14 is going away
Large Balloon 1 is going away
Medium Balloon 10 is going away
Medium Balloon 13 is going away
Medium Balloon 0 is going away
Medium Balloon 4 is going away
Large Balloon 5 is going away
```

遊戲結束後，程式會等待使用者點按 Start 按鈕。當這個按鈕被點按時，氣球管理器會重新建立 Balloon 物件串列並重置其實例變數，然後遊戲再次開始。

管理記憶體：slots

正如我們所討論的，當您實例化一個物件時，Python 必須為類別中定義的實例變數分配記憶體空間。預設情況下，Python 使用特殊名稱 __dict__ 的字典來執行此項操作。若要查看實際情況，可以將下列這行加到任何類別的 __init__() 方法的尾端：

```
print(self.__dict__)
```

字典是用來代表所有實例變數的絕佳方式，因為它是動態的。每當 Python 遇到它在類別中從未見過的實例變數時，字典就會增長。雖然我建議您在 __init__() 方法中初始化所有實例變數，但實際上您可以在任何方法中定義實例變數，而這些實例變數會在第一次執行該方法時加入。雖然我個人認為以下的做法不太好，但它示範了把實例變數動態加到物件的能力：

```
myObject = MyClass()
myObject.someInstanceVariable = 5
```

為了讓這種動態能力能用，字典通常從足夠的空白記憶體空間開始實作，以表示一些實例變數（確切的數字是 Python 的內部細節）。

每當遇到一個新的實例變數時，它就會被加到字典內。如果字典空間不足，Python 會增加更多空間。這種機制通常運作良好，而且程式設計師不會遇到實作的任何問題。

但是，假設您有一個如下所示的類別，在 __init__() 方法中建立的兩個實例變數，而且您知道將來不需要增加更多實例變數：

```
class Point():
    def __init__(self, x, y):
        self.x = x
        self.y = y
    # 更多方法
```

現在，假設您需要從這個類別中實例化大量的（數十萬甚至數百萬）物件。像這種情況可能會浪費大量的記憶體空間（RAM）。

為了對抗這種潛在的浪費，Python 提供了一種不同的做法稱為 **slots（插槽）**，以此來表示實例變數。這樣的做法讓您可以預先告知 Python 所有實例變數的名稱，Python 會使用一個資料結構，為這些實例變數指定分配足夠的記憶體空間。若想要使用 slots 的做法，您需要放入特殊的類別變數 __slots__ 來定義變數串列：

```
__slots__ = [<instanceVar1>, <instanceVar2>, ... <instanceVarN>]
```

這是我們範例類別修改後的版本：

```
class PointWithSlots():
    # 定義 slots 給兩個實例變數使用
    __slots__ = ['x', 'y']

    def __init__(self, x, y):
        self.x = x
        self.y = y
        print(x, y)
```

這兩個類別的工作方式相同，但從 PointWithSlots 實例化的物件會佔用更少的記憶體空間。為了示範其中的差異，我們會在這兩個類別的 __init__() 方法的末尾加這一行：

```
    # 試著建立另一個實例變數
    self.color = 'black'
```

現在，當我們嘗試從兩個類別實例化一個物件時，Point 類別新增另一個實例變數是沒有問題，但 PointWithSlots 類別會失效並出現以下錯誤：

```
AttributeError: 'PointWithSlots' object has no attribute 'color'
```

使用 slots 的記憶體效率很高，但代價是不能使用動態實例變數了。如果您正在處理的是類別會生成大量物件，那麼這種取捨權衡就非常值得。

總結

本章的焦點是介紹一些在前幾章不太適合而沒有談到的概念。一開始是討論了刪除物件時的情況，我們研究了參照計數以及它們怎麼追蹤有多少變數參照到同一個物件，這就會討論到物件生命週期和垃圾收集的議題。當參照計數變為 0 時，該物件可會被垃圾回收。如果某個類別中有定義 __del__() 方法，那麼從該類別建立的任何物件都可以使用 __del__() 方法進行他們可能想要做的任何清理工作。

接下來討論了類別變數與實例變數的不同之處。從類別中實例化的每個物件都會有自己類別中所有實例變數的集合。但類別變量則只會有一個，並且可以被從該類別建構的所有物件存取。類別變數通常用來當作常數或計數器，或用於載入很大檔案，給所有從類別實例化物件時使用。

為了把很多技術和概念整合在一起運用，我們建構了一個氣球遊戲程式，以有效的方式來組織設計。我們有一個檔案只用來放置其他檔案會使用的常數。主程式是由主迴圈和狀態顯示的相關程式碼所組成，其中的氣球管理器會負責管理物件，這種分工能讓遊戲程式分解成更小的、更合乎邏輯的部分。每個部分的角色定義明確，讓整支程式更易於管理和運用。

最後則是介紹了 slots 的技術，並解說如何讓實例變數的記憶體空間更有效率。

PART 4

在遊戲程式開發中使用 OOP

在這一篇中，我們會使用 pygwidgets 建構一些範例遊戲程式。我還會介紹 pyghelpers 模組的運用，模組中含有許多可用來建構遊戲程式的類別和函式。

第 12 章的內容會重新回顧第 1 章的「Higher or Lower」遊戲程式。我們會建構具有圖型使用介面的遊戲版本，我會介紹可以在所有紙牌遊戲程式中重複使用的 Deck 和 Card 類別。

第 13 章的焦點在介紹計時器（timer）的應用。我們會建構許多不同的計時器類別，讓您的程式在檢測特定時間限制的同時還能同步持續執行。

第 14 章探討另一種不同的動畫類別，可用來顯示影像序列鏡頭。這種類別能讓您輕鬆建構更具設計感和藝術性的遊戲和程式。

第 15 章介紹了一種建構程式的做法，這支程式可以放入許多場景（scene），例如開始場景、遊戲場景和遊戲結束場景。我會展示一個 SceneMgr 類別，該類別的目的是用來管理由程式設計師所建構的多個場景，我們會利用它來建構 Rock、Paper、Scissors 等遊戲程式。

第 16 章展示了怎麼顯示和回應不同類型的對話方塊。隨後會使用所學的知識來建構功能齊全的動畫遊戲程式。

第 17 章介紹了設計模式的概念，以模型、視圖、控制器（MVC）模式為例。隨後的小節會為本書提供了簡短的學習總結。

12

紙牌遊戲程式

在本書接下來的各個章節中，我們都會使用 pygame 和 pygwidgets 來建構一些示範的程式。每支程式都會展示一個或多個可重複使用的類別，並展示如何在範例專案中使用它們。

在第 1 章中已介紹過一個文字型的「Higher or Lower」的比大小紙牌遊戲。在本章中則會建構這支遊戲的 GUI 版本，如圖 12-1 所示。快速回顧一下遊戲的規則：我們會從七張牌面朝下和一張牌面朝上的紙牌為起始。玩家透過按「Lower」或「Higher」來猜測下一張要翻出的牌是大於還是小於最後一張牌面朝上的牌。遊戲結束後，使用者可以點按「New Game」按鈕開始新一輪遊戲。玩家一開始有 100 分，猜對得 15 分，猜錯扣 10 分。

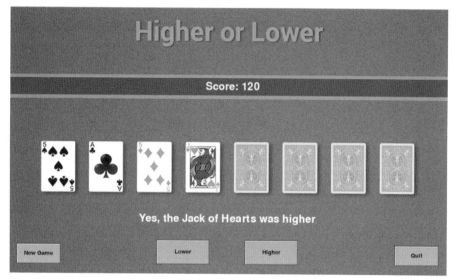

圖 12-1：「Higher or Lower」比大小紙牌遊戲的圖型使用介面

Card 類別

在遊戲的原始文字型版本中，處理紙牌的程式碼很難在其他專案中重用。為了解決這個問題，我們會建立一個可高度重用的 Deck 類別，用於管理來自 Card 類別的紙牌。

為了能在 pygame 中表示一張紙牌，我們需要在每個 Card 物件的實例變數中儲存以下資料：

- Rank 排位（ace、2、3、... 10、jack、queen、king）

- Suit 花色（clubs 梅花、hearts 紅心、diamonds 方塊、spades 黑桃）

- Value 值（1、2、3、... 12、13）

- Name 名稱（使用排位和花色建構：例如，clubs 7 梅花 7）

- 紙牌背面的影像圖（所有 Card 物件共享的單個影像圖）

- 紙牌正面的影像圖（每個 Card 物件有唯一的影像圖）

每張紙牌必須能夠執行以下行為，我們會為此建立方法：

- 將自身標記為隱藏（面朝下）

- 將自身標記為顯露（面朝上）

- 返回它的名稱

- 返回它的值

- 設定並獲取其在視窗中的位置

- 繪製紙牌（面朝上的影像圖或面朝上的影像圖）

雖然在「Higher of Lower」比大小的遊戲中未使用以下的紙牌行為，但我們也會加入這些行為，以防在其他遊戲程式中需要用到：

- 返回其排位

- 返回花色

Listing 12-1 展示了 Card 類別的程式碼。

↳ 檔案：HigherOrLower/Card.py
Listing 12-1：Card 類別

```
# Card 類別

import pygame
import pygwidgets

class Card():

❶   BACK_OF_CARD_IMAGE = pygame.image.load('images/BackOfCard.png')

❷   def __init__(self, window, rank, suit, value):
        self.window = window
        self.rank = rank
        self.suit = suit
        self.cardName = rank + ' of ' + suit
        self.value = value
❸       fileName = 'images/' + self.cardName + '.png'
        # 設定一些起始位置，使用下面的 setLoc 進行更改
❹       self.images = pygwidgets.ImageCollection(window, (0, 0),
                        {'front': fileName,
                         'back': Card.BACK_OF_CARD_IMAGE}, 'back')

❺   def conceal(self):
        self.images.replace('back')
```

```
❻ def reveal(self):
        self.images.replace('front')

❼ def getName(self):
        return self.cardName

   def getValue(self):
        return self.value

   def getSuit(self):
        return self.suit

   def getRank(self):
        return self.rank

❽ def setLoc(self, loc): # 呼叫 ImageCollection 的 setLoc 方法
        self.images.setLoc(loc)

❾ def getLoc(self):  # 從 ImageCollection 取得位置
        loc = self.images.getLoc()
        return loc

❿ def draw(self):
        self.images.draw()
```

Card 類別假設了所有 52 張紙牌的影像圖檔案以及所有紙牌背面的影像圖檔都可以在專案資料夾中名為 images 的目錄內找到。如果您下載本書隨附的相關範例程式檔，您就會看到 images 資料夾中包含完整的 .png 檔案集合。這些檔案可以連到作者的 GitHub 倉庫取得（https://github.com/IrvKalb/Object-Oriented-Python-Code/）。

該類別載入一次紙牌背面的影像圖檔並將其儲存在類別變數❶內，這個影像圖可用於所有的 Card 物件。

當為每張紙牌被呼叫時，__init__() 方法❷會從儲存 window 開始，隨後建立和儲存紙牌的名稱；並將其排位、值和花色等儲存在實例變數中。接著，建構影像圖檔案的路徑，把特定紙牌❸影像圖的 **images** 資料夾路徑建好。例如，如果排位是 ace 且花色是 spades 黑桃的紙牌影像圖路徑建構為「images/Ace of Spades.png」。我們使用 ImageCollection 物件來記住牌面前後影像圖的路徑❹，使用 'back' 表示我們想要讓紙牌以「背面」顯示為起始影像。

conceal() 方法❺告知 ImageCollection 把紙牌的背面設為目前影像。reveal() 方法❻告知 ImageCollection 把紙牌的正面設為目前影像。

getName()、getValue()、getSuit() 和 getRank() 方法❼是 getter 方法，允許呼叫方擷取給定紙牌的名稱、值、花色和排位。

setLoc() 方法為紙牌❽設定新的位置，getLoc() 擷取目前的位置❾，該位置儲存在 ImageCollection 中。

最後，draw() 方法❿在視窗中繪製紙牌的影像。更具體地說，它會告知 Image Collection 在該位置上繪製目前指示的影像。

Deck 類別

Deck 物件是物件管理器物件的典型範例，它的功用是建立和管理 52 個 Card 物件。Listing 12-2 展示了 Deck 類別的程式碼。

↳ 檔案：HigherOrLower/Deck.py
Listing 12-2：Deck 類別

```python
# Deck 類別

import random
from Card import *

class Deck():
  ❶ SUIT_TUPLE = ('Diamonds', 'Clubs', 'Hearts', 'Spades')
     # 這個字典把每張牌的排位對應到標準牌組的值
     STANDARD_DICT = {'Ace':1, '2':2, '3':3, '4':4, '5':5,
                      '6':6, '7':7, '8': 8, '9':9, '10':10,
                      'Jack':11, 'Queen':12, 'King':13}

  ❷ def __init__(self, window, rankValueDict=STANDARD_DICT):
        # rankValueDict 預設為 STANDARD_DICT，但您可以呼叫不同的字典
        # 例如像某個 Blackjack 字典
        self.startingDeckList = []
        self.playingDeckList = []
        for suit in Deck.SUIT_TUPLE:
          ❸ for rank, value in rankValueDict.items():
                oCard = Card(window, rank, suit, value)
                self.startingDeckList.append(oCard)

        self.shuffle()

  ❹ def shuffle(self):
        # 複製起始牌組並將其儲存在要玩的牌組串列中
        self.playingDeckList = self.startingDeckList.copy()
        for oCard in self.playingDeckList:
```

```
            oCard.conceal()
        random.shuffle(self.playingDeckList)

❺ def getCard(self):
        if len(self.playingDeckList) == 0:
            raise IndexError('No more cards')
        # 從牌組中彈出並返回
        oCard = self.playingDeckList.pop()
        return oCard

❻ def returnCardToDeck(self, oCard):
        # 把牌放回牌組中
        self.playingDeckList.insert(0, oCard)
```

Deck 類別一開始是建立一些類別變數❶，我們會使用這些變數來建立 52 張具有適當花色和值的紙牌，類別中只有四個方法。

對於 __init__() 方法❷，我們傳入一個 window 的參照和一個可選擇性的字典，把紙牌排位對應到它們的值。如果沒有傳入字典，則會使用以標準的值組來處理。我們透過遍訪所有花色（suit），然後遍訪所有紙牌排位（rank）和值（value）來建構一副 52 張的紙牌，並儲存在 self.startingDeckList 中。在內部的 for 迴圈中❸，我們呼叫字典的 items() 方法，該方法允許以一個簡單的陳述句語法就輕鬆取得「鍵」和「值」（這裡是指的是 rank 和 value）。每次通過內部迴圈時都會實例化一個 Card 物件，把排位、花色和值傳入到新的 Card 中。我們把每個 Card 物件附加到 self.startingDeckList 串列來建構一副完整的牌組。

最後一步是呼叫 shuffle() 方法❹來對牌組進行洗牌（隨機化），這個方法的功用很明顯，就是用來洗牌，但它有個額外的小技巧。由於 __init__() 方法建構了 self.startingDeckList，且這項工作應該只做一次。因此，每當我們想要洗牌而不是重建所有 Card 物件，我們可以複製初始牌組的串列，將其儲存在 self.playingDeckList 中然後進行洗牌。這個副本則在遊戲執行時使用和操作。利用這種做法，我們可以從 self.playingDeckList 中移除某些牌，而不必擔心稍後要把它們再加回牌組或要重新載入紙牌。這兩個串列 self.startingDeckList 和 self.playingDeckList 共享相同 52 個 Card 物件的參照。

請留意，當我們為後續的遊戲執行來呼叫 shuffle() 時，某些 Card 物件可能處於「顯示」的翻開狀態。因此，在繼續之前要遍訪整個牌組並讓每張牌呼叫 hide() 方法，以便將所有牌回到最初正面朝下的蓋牌狀態。shuffle() 方法是透過使用 random.shuffle() 隨機化 playingDeckList 中的牌來完成的。

getCard() 方法❺從牌組中取一張牌，它會先檢查牌組是否為「空」，如果是，則引發例外，如果不是，由於牌組已經洗過牌，它直接從牌組中彈出一張牌並將該牌返回給呼叫方。

Deck 和 Card 一起提供了可在大多數紙牌遊戲程式會很常用到且可重用的類別。「Higher or Lower」比大小遊戲中每輪只用到 8 張牌，並在每輪比賽開始時會對整個牌組進行洗牌。因此，在這個遊戲中，Deck 物件不可能用完所有的牌。對於需要知道牌組是否用完所有牌的紙牌遊戲，您可以建構一個 try 區塊來呼叫 getCard()，並使用 except 子陳述句來捕獲例外，在區塊中要做什麼樣的處理取決於您的選擇。

雖然在此遊戲中未使用到，但 returnCardToDeck() 方法❻的功用是讓我們可以把牌放回牌組中。

Higher or Lower 比大小紙牌遊戲程式

遊戲實際的程式碼相當簡單：主程式用來實作主迴圈，Game 物件則含有遊戲本身的處理邏輯。

主程式

Listing 12-3 是設定遊戲環境且含有主迴圈的主程式，這裡還會建立執行遊戲的 Game 物件。

⤷ 檔案：HigherOrLower/Main_HigherOrLower.py
Listing 12-3：「Higher or Lower」比大小紙牌遊戲的主程式

```
# Higher or Lower - pygame 版本
# 主程式


--- 省略 ---
# 4 - 載入資源：影像、聲音等
background = pygwidgets.Image(window, (0, 0), ❶
                             'images/background.png')
newGameButton = pygwidgets.TextButton(window, (20, 530),
                                      'New Game', width=100, height=45)
higherButton = pygwidgets.TextButton(window, (540, 520),
                                     'Higher', width=120, height=55)
```

```
lowerButton = pygwidgets.TextButton(window, (340, 520),
                                    'Lower', width=120, height=55)
quitButton = pygwidgets.TextButton(window, (880, 530),
                                    'Quit', width=100, height=45)

# 5 - 初始化變數
oGame = Game(window)  ❷

# 6 - 持續執行的迴圈
while True:

    # 7 - 檢查和處理事件
    for event in pygame.event.get():
        if ((event.type == QUIT) or
            ((event.type == KEYDOWN) and (event.key == K_ESCAPE)) or
            (quitButton.handleEvent(event))):
            pygame.quit()
            sys.exit()

    ❸ if newGameButton.handleEvent(event):
            oGame.reset()
            lowerButton.enable()
            higherButton.enable()

        if higherButton.handleEvent(event):
            gameOver = oGame.hitHigherOrLower(HIGHER)
            if gameOver:
                higherButton.disable()
                lowerButton.disable()

        if lowerButton.handleEvent(event):
            gameOver = oGame.hitHigherOrLower(LOWER)
            if gameOver:
                higherButton.disable()
                lowerButton.disable()

    # 8 - 「每幀」影格要進行的動作

    # 9 - 再次繪製之前先清除視窗
❹ background.draw()

    # 10 - 繪製視窗元素
    # 告知遊戲進行繪製
❺ oGame.draw()
    # 繪製剩下的使用介面元件
    newGameButton.draw()
    higherButton.draw()
    lowerButton.draw()
    quitButton.draw()

    # 11 - 更新視窗
    pygame.display.update()

    # 12 - 放慢速度
    clock.tick(FRAMES_PER_SECOND)
```

主程式載入背景影像圖並建構 4 個按鈕❶，然後實例化 Game 物件❷。

在主迴圈中，我們監聽任何被按下的按鈕❸，當某個按鈕被按下時，會呼叫 Game 物件中對應的適當方法來進行處理。

在迴圈的底部，我們從背景開始繪製視窗的元素❹。最重要的是呼叫了 Game 物件的 draw() 方法❺。正如您所看到的，Game 物件會把此訊息傳給每個 Card 物件。最後是繪製所有的 4 個按鈕。

Game 物件

Game 物件負責實際的遊戲處理邏輯。Listing 12-4 展示了 Game 類別的程式碼。

↳ 檔案：HigherOrLower/Game.py
Listing 12-4：Game 物件負責執行遊戲

```python
#  Game 類別

import pygwidgets
from Constants import *
from Deck import *
from Card import *

class Game():
    CARD_OFFSET = 110
    CARDS_TOP = 300
    CARDS_LEFT = 75
    NCARDS = 8
    POINTS_CORRECT = 15
    POINTS_INCORRECT = 10

    def __init__(self, window):  ❶
        self.window = window
        self.oDeck = Deck(self.window)
        self.score = 100
        self.scoreText = pygwidgets.DisplayText(window, (450, 164),
                                'Score: ' + str(self.score),
                                    fontSize=36, textColor=WHITE,
                                    justified='right')

        self.messageText = pygwidgets.DisplayText(window, (50, 460),
                                    '', width=900, justified='center',
                                    fontSize=36, textColor=WHITE)

        self.loserSound = pygame.mixer.Sound("sounds/loser.wav")
        self.winnerSound = pygame.mixer.Sound("sounds/ding.wav")
```

```python
        self.cardShuffleSound = pygame.mixer.Sound("sounds/cardShuffle.wav")

        self.cardXPositionsList = []
        thisLeft = Game.CARDS_LEFT
        # 計算一次所有紙牌的 x 座標位置
        for cardNum in range(Game.NCARDS):
            self.cardXPositionsList.append(thisLeft)
            thisLeft = thisLeft + Game.CARD_OFFSET

        self.reset()  # 開始一輪遊戲

    def reset(self):  ❷ # 當新的一輪遊戲開始時就呼叫這個方法
        self.cardShuffleSound.play()
        self.cardList = []
        self.oDeck.shuffle()
        for cardIndex in range(0, Game.NCARDS):  # 發牌
            oCard = self.oDeck.getCard()
            self.cardList.append(oCard)
            thisXPosition = self.cardXPositionsList[cardIndex]
            oCard.setLoc((thisXPosition, Game.CARDS_TOP))

        self.showCard(0)
        self.cardNumber = 0
        self.currentCardName, self.currentCardValue = \
                            self.getCardNameAndValue(self.cardNumber)

        self.messageText.setValue('Starting card is ' + self.currentCardName +
                                '. Will the next card be higher or lower?')

    def getCardNameAndValue(self, index):
        oCard = self.cardList[index]
        theName = oCard.getName()
        theValue = oCard.getValue()
        return theName, theValue

    def showCard(self, index):
        oCard = self.cardList[index]
        oCard.reveal()

    def hitHigherOrLower(self, higherOrLower):  ❸
        self.cardNumber = self.cardNumber + 1
        self.showCard(self.cardNumber)
        nextCardName, nextCardValue = self.getCardNameAndValue(self.cardNumber)

        if higherOrLower == HIGHER:
            if nextCardValue > self.currentCardValue:
                self.score = self.score + Game.POINTS_CORRECT
                self.messageText.setValue('Yes, the ' + nextCardName +
                                        ' was higher')
                self.winnerSound.play()
            else:
                self.score = self.score - Game.POINTS_INCORRECT
                self.messageText.setValue('No, the ' + nextCardName +
                                        ' was not higher')
                self.loserSound.play()
```

```
        else:  # 使用者點按「Lower」鈕
            if nextCardValue < self.currentCardValue:
                self.score = self.score + Game.POINTS_CORRECT
                self.messageText.setValue('Yes, the ' + nextCardName +
                                          ' was lower')
                self.winnerSound.play()
            else:
                self.score = self.score - Game.POINTS_INCORRECT
                self.messageText.setValue('No, the ' + nextCardName +
                                          ' was not lower')
                self.loserSound.play()

        self.scoreText.setValue('Score: ' + str(self.score))

        self.currentCardValue = nextCardValue  # 為下一張牌進行設定

        done = (self.cardNumber == (Game.NCARDS - 1))  # 到最後一張牌了嗎？
        return done

    def draw(self):  ❹
        # 告知每張牌進行繪製
        for oCard in self.cardList:
            oCard.draw()

        self.scoreText.draw()
        self.messageText.draw()
```

在 __init__() 方法❶中初始化了一些只需要設定一次的實例變數。我們建立
Deck 物件，設定起始分數，並建立一個 DisplayText 物件來顯示分數和每次移
動的結果。我們還載入了一些聲音檔以供遊戲期間使用。最後，我們呼叫
reset() 方法❷，這裡有玩遊戲所需的所有處理程式碼：也就是說，洗牌、播放
洗牌聲音、發 8 張牌、將它們顯示在先前計算的位置，並翻開顯露第一張牌的
牌面。

當使用者按下 Higher 或 Lower 按鈕時，主程式碼會呼叫 hitHigherOrLower() 方
法❸，把下一張牌翻開，與前一張翻開的牌比較其「值」，然後看結果是贏了
或輸了，贏了加分而輸了減分。

draw() 方法❹遍訪目前遊戲中的所有紙牌，告知每張牌進行繪製（透過呼叫各
個 Card 物件的 draw() 方法來繪製）。隨後它會繪製得分的文字和目前移動的回
應訊息文字。

使用 __name__ 進行測試

編寫類別時，最好寫入一些測試程式碼來確認從該類別建立的物件是能夠正常工作的。在這裡提醒一下，任何含有 Python 程式碼的檔案都可稱為「**模組（module）**」。標準做法是在一個模組中編寫一個或多個類別，然後使用 import 陳述句把該模組匯入到其他模組中使用。當您編寫含有一個（或多個）類別的模組時，可以加入一些測試程式碼，這些程式碼**只有**在模組當作主程式時才執行，並且在被另一個 Python 檔案匯入的典型情況下是不執行的。

在具有多個 Python 模組的專案中，通常有一個主要的模組和幾個其他模組。當您的程式執行時，Python 會在每個模組中建立特殊變數 __name__。無論哪個模組先獲得控制權，Python 都會把 __name__ 的值設定為字串 '__main__'。因此，您可以編寫程式碼來檢查 __name__ 的值，並只在模組當作為主程式執行時才去執行一些測試程式碼。

我會利用 Deck 類別來當作範例。在 Deck.py 的末尾，在類別的程式碼之後，我加入了這段測試程式來建立 Deck 類別的實例物件，並印出它建立的紙牌：

```python
--- 省略 Deck 類別的內容 ---
if __name__ == '__main__':
    # 測試 Deck 類別的主程式

    import pygame

    # 常數
    WINDOW_WIDTH = 100
    WINDOW_HEIGHT = 100

    pygame.init()
    window = pygame.display.set_mode((WINDOW_WIDTH, WINDOW_HEIGHT))

    oDeck = Deck(window)
    for i in range(1, 53):
        oCard = oDeck.getCard()
        print('Name: ', oCard.getName(), ' Value:', oCard.getValue())
```

這裡會檢查 Deck.py 檔是否當作主程式來執行。在 Deck 類別由其他模組匯入的典型情況下，__name__ 的值將是「Deck」，所以這段程式碼什麼也不做。但如果我們以 Deck.py 作為主程式來執行（僅出於測試目的），Python 會把 __name__ 的值設為 '__main__'，並會執行這段測試程式碼。

在測試程式碼中，我們建構了一個最小的 pygame 程式，它建立了一個 Deck 類別的實例，然後印出所有 52 張牌的名稱和值。Deck.py 當作主程式來執行後，在 shell 或主控台視窗的輸出結果如下所示：

```
Name: 4 of Spades Value: 4
Name: 4 of Diamonds Value: 4
Name: Jack of Hearts Value: 11
Name: 8 of Spades Value: 8
Name: 10 of Diamonds Value: 10
Name: 3 of Clubs Value: 3
Name: Jack of Diamonds Value: 11
Name: 9 of Spades Value: 9
Name: Ace of Diamonds Value: 1
Name: 2 of Clubs Value: 2
Name: 7 of Clubs Value: 7
Name: 4 of Clubs Value: 4
Name: 8 of Hearts Value: 8
Name: 3 of Diamonds Value: 3
Name: 7 of Spades Value: 7
Name: 7 of Diamonds Value: 7
Name: King of Diamonds Value: 13
Name: 10 of Spades Value: 10
Name: Ace of Hearts Value: 1
Name: 8 of Diamonds Value: 8
Name: Queen of Diamonds Value: 12
...
```

像這樣的程式碼對於測試該類別是否能正常運作是很有用，無需使用更大的主程式來實例化和進行處理。這裡的程式碼提供了快速的方式來確保類別沒有被破壞。根據需要還可以進一步加入一些範例程式碼來說明對類別方法的典型呼叫和運用。

其他紙牌遊戲程式

有許多紙牌遊戲都是使用標準的 52 張牌來進行，我們可以按原樣使用 Deck 和 Card 類別來建構像橋牌（Bridge）、撿紅點（Hearts）、金拉米（Gin Rummy）和大多數接龍遊戲的程式。但是，有些紙牌遊戲使用不同的牌值或不同數量的牌。在下列幾個例子中，看看我們的類別要怎麼調整適應這些情況。

Blackjack 牌組

Blackjack 也稱為 21 點，使用與標準牌組相同的牌，但牌的「**值（value）**」不同：10、jack、queen 和 king 的牌值都是 10。Deck 類別中 __init__() 方法的開頭是這樣的：

```
def __init__(self, window, rankValueDict=STANDARD_DICT):
```

若想要建構 Blackjack 的牌組，您只需為 rankValueDict 提供不同的字典，如下所示：

```
blackJackDict = {'Ace':1, '2':2, '3':3, '4':4, '5':5,
                 '6':6, '7':7, '8': 8, '9':9, '10':10,
                 'Jack':10, 'Queen':10, 'King':10}
oBlackjackDeck = Deck(window, rankValueDict=blackJackDict)
```

一旦您以這種方式建立了 oBlackjackDeck，您就可以直接呼叫現有的 shuffle() 和 getCard() 方法。在 Blackjack 的實作中，您還必須處理 ace 的值可以是 1 或 11 的情況。但是，正如我們所說，這要留給讀者的自己去練習！

有不尋常牌組的紙牌遊戲

有許多紙牌遊戲不會用標準的 52 張紙牌來進行。像凱納斯特紙牌（canasta）遊戲需要至少兩副帶有鬼牌（jocker）的牌組，總共有 108 張牌。吃墩的（pinochle）牌組則是由 9、10、jack、queen、king 和 ace 的兩副牌所組成，每套花色共有 48 張牌。

對於這類的遊戲，您仍然可以使用 Deck 類別，但您需要建立以 Deck 作為基礎類別的子類別。新的 CanastaDeck 或 PinochleDeck 類別需要有自己的 __init__() 方法，該方法會把牌組建構成由適當的 Card 物件組成的串列，但 shuffle() 和 getCard() 方法則可以從 Deck 類別繼承來運用。因此，CanastaDeck 或 Pinochle Deck 類別會繼承 Deck 類別，並且只含有一個 __init__() 方法。

總結

在本章中,我們使用高度可重用的 Deck 和 Card 類別來建構第 1 章中比大小紙牌遊戲的 GUI 版本。主程式碼實例化了一個 Game 物件,它又會建立一個 Deck 物件來實例化了 52 個 Card 物件,生成了的牌組中的 52 張牌。每個 Card 物件負責在視窗中繪製其適當的影像圖,並可以回應有關其名稱、排位、花色和值的查詢。Game 類別含有遊戲的邏輯,但與執行主迴圈的主程式分開。

我示範了 Python 如何建立一個名為 __name__ 的特殊變數,並根據檔案是否作為主程式來執行而給它不同的值。您可以利用此功能加入一些測試程式碼,這些程戈碼只有在您把檔案當作主程式來執行時才會執行(這些程式碼是用來測試模組中的程式),若檔案是由另一個模組匯入的典型情況下,這裡的程式碼是不會執行的。

最後,我展示了如果紙牌遊戲的牌組與本書預設提供的 Deck 類別不同時,應該要怎麼建構這個不同的牌組。

13

計時器

本章的內容主要是介紹**計時器**（timer）的運用。計時器允許您的程式暫停先去計算或等待一段時間後再去執行一些其他的操作。在文字型的 Python 程式中，這很容易透過 time.sleep() 指定休眠秒數來達成。舉例來說，若想要要暫停兩秒半，您可以寫出下列程式來達成：

```
import time
time.sleep(2.5)
```

然而，在 pygame 和一般事件驅動的程式設計中，使用者應該一直都能夠與程式進行互動交流，因此以這種方式的暫停是不合適的。呼叫 time.sleep() 會讓程式在休眠期間毫無反應。

相反地，主迴圈需要持續以您選擇的任何影格率（frame rate）來執行。您需要有一種方法能讓程式持續迴圈，但還能計算從給定起到未來某個時間的時間值。這可以透過三種不同的方式來達成：

- 透過計算影格數來衡量時間。

- 使用 pygame 建立一個在未來發布的事件。

- 記住開始時間並不斷檢查經過的時間。

我會快速討論前兩種方式,但會專注於第三種做法,因為這種做法是最簡潔和最準確的。

計時器示範程式

為了說明上述不同的做法,我會使用執行畫面如圖 13-1 中所示的測試程式來進行不同實作。

圖 13-1:計時器示範程式

當使用者點按 Start 鈕時,會啟動一個 2.5 秒的計時器,視窗會變成如圖 13-2 所示的樣貌。

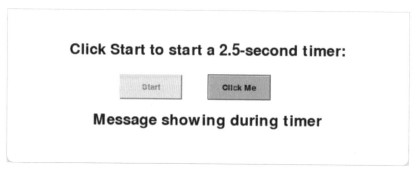

圖 13-2:當計時器執行時所顯示的訊息

在兩秒半的時間裡，Start 按鈕會變成停用狀態，並在按鈕下方顯示一條訊息。計時的時間到後，訊息會消失，Start 按鈕會重新變成啟用狀態。獨立於計時器的執行，使用者想要在程式中做的任何其他事情仍然需要回應。在此範例中無論計時器是否正在執行，點按 Click Me 時都會向 shell 視窗印出一條訊息。

實作計時器的三種做法

在本節中，我會探討實作計時器的三種不同做法：計算影格數、生成 pygame 事件和檢查經過的時間。為了讓這些概念更清楚，下面的程式碼範例會直接建構在主迴圈中。

計算影格數

建立計時器中有一種直接做法是計算經過的影格數。每幀影格與一次迴圈的迭代數是相同。如果您知道程式的影格率，就可以利用等待時間乘以影格率來計算出等待的時間。以下程式碼顯示了實作的關鍵部分：

🔖 檔案：InLineTimerExamples/CountingFrames.py

```
FRAMES_PER_SECOND = 30 # 每影格的耗時 1/30 秒
TIMER_LENGTH = 2.5
--- 省略 ---
timerRunning = False
```

下列程式展示出當使用者按下 Start 鈕後所進行的處理：

```
if startButton.handleEvent(event):
    timerRunning = True
    nFramesElapsed = 0 # 初始化計數器
    nFramesToWait = int(FRAMES_PER_SECOND * TIMER_LENGTH)
    startButton.disable()
    timerMessage.show()
```

程式計算它應該等待 75 個影格（2.5 秒 × 30 影格/秒），我們把 timerRunning 設定為 True 來表示計時器已啟動。在主迴圈中，我們使用以下程式碼來檢查計時器何時結束：

```
if timerRunning:
    nFramesElapsed = nFramesElapsed + 1 # 遞增計數器
```

```
if nFramesElapsed >= nFramesToWait:
    startButton.enable()
    timerMessage.hide()
    print('Timer ended by counting frames')
    timerRunning = False
```

當計時器結束時,我們重新啟用 Start 按鈕,隱藏訊息,並重置 timerRunning 變數(您還可以把計數設定為等待的影格數然後倒計時到 0)。這種做法效果很好,但它與程式的影格速率相關。

計時器事件

第二種做法是利用 pygame 的內建計時器來處理。Pygame 允許您把新事件加到事件佇列中,這稱為**發布事件**(**posting event**)。具體來說,是要求 pygame 建立並發布一個計時器事件,只需要指定希望事件發生在多久的將來。在給定時間之後,pygame 會在主迴圈中發出一個計時器事件,就像它發出其他標準事件(如 KEYUP、KEYDOWN、MOUSEBUTTONUP、MOUSE BUTTONDOWN 等)一樣。您的程式碼會需要檢測並回應此類事件。

以下說明文件是來自 https://www.pygame.org/docs/ref/time.html 網站,其中列出了 pygame.time.set_timer() 的相關說明:

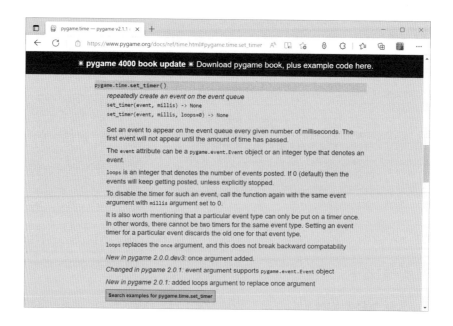

將事件型別設定為每隔多少毫秒（milliseconds）出現在事件佇列中。在經過一定時間後第一個事件才會出現。

每個事件型別都可以附加一個單獨的計時器。最好使用 pygame.USEREVENT 和 pygame.NUMEVENTS 之間的值。

若想要停用事件的計時器，請把 milliseconds 引數設定為 0。

如果 once 引數為 True，則只發送一次計時器。

pygame 中的每個事件型別都由唯一的標識符號來表示。從 pygame 2.0 版開始就可以呼叫 pygame.event.custom_type() 來獲取自訂事件的標識符號。

🔖 檔案：InLineTimerExamples /TimerEvent.py

```
TIMER_EVENT_ID = pygame.event.custom_type() # pygame 2.0 版的新方法
TIMER_LENGTH = 2.5 # 秒數
```

當使用者點按 Start 鈕，程式碼會建立並發布計時器事件：

```
if startButton.handleEvent(event):
    pygame.time.set_timer(TIMER_EVENT_ID,
                          int(TIMER_LENGTH * 1000), True)
    --- 省略停用按鈕和顯示訊息 ---
```

計算的值為 2,500 毫秒，True 意味著計時器應該只執行一次（只生成一個事件）。我們現在需要在事件迴圈中檢測事件發生的程式碼：

```
if event.type == TIMER_EVENT_ID:
    --- 省略啟用按鈕和隱藏訊息 ---
```

由於我們在呼叫中指定了 True 來設定計時器，因此該事件只發出一次。如果想每隔 2,500 毫秒重複一次事件，則可以把原始呼叫中的最後一個引數設定為 False（或者就以預設的 False 來進行）。若想要結束重複的計時器事件，我們要呼叫 set_timer() 並傳入 0（零）作為第二個引數值。

計算經過時間來建構計時器

實作計時器的第三種做法是使用目前時間作為起點，然後不斷地查詢目前時間並進行簡單的減法運算來計算經過的時間是多少。此範例所顯示的程式碼會在

主迴圈中執行。隨後我們會提取與計時器相關的程式碼並建構一個可重用的 Timer 類別。

Python 標準程式庫的 time 模組有下列這個函式：

```
time.time()
```

呼叫此函式以浮點數的形式返回目前時間（以秒為單位）值。返回的值是自「紀元時間」以來經過的秒數，「紀元時間」定義為 1970 年 1 月 1 日 00:00:00 UTC。

Listing 13-1 中的程式碼透過記住使用者點按 Start 鈕的時間來建立一個計時器。當計時器執行時，我們檢測每一影格來查看是否已經過了所需的時間量。前面已經展示過使用介面的做法，因此為了簡潔起見，我會省略這部分的細節和一些設定用的程式碼。

↳ 檔案：InLineTimerExamples/ElapsedTime.py
Listing 13-1：在主迴圈中建立計時器

```python
# 在主迴圈中的計時器

--- 省略 ---

TIMER_LENGTH = 2.5  # 秒數
--- 省略 ---
timerRunning = False

# 6 - 持續執行的迴圈
while True:

    # 7 - 檢查和處理事件
    for event in pygame.event.get():
        if event.type == pygame.QUIT:
            pygame.quit()
            sys.exit()

    ❶ if startButton.handleEvent(event):
            timeStarted = time.time()  # 記住開始時間
            startButton.disable()
            timerMessage.show()
            print('Starting timer')
            timerRunning = True

        if clickMeButton.handleEvent(event):
            print('Other button was clicked')

    # 8 - 「每幀」影格要進行的動作
```

```
❷ if timerRunning:  # 如果計時器有執行
      elapsed = time.time() - timeStarted
   ❸ if elapsed >= TIMER_LENGTH:  # True 表示計時器結束
          startButton.enable()
          timerMessage.hide()
          print('Timer ended by elapsed time')
          timerRunning = False

   # 9 - 清除視窗
   window.fill(WHITE)

   # 10 - 繪製所有視窗元素
   headerMessage.draw()
   startButton.draw()
   clickMeButton.draw()
   timerMessage.draw()

   # 11 - 更新視窗
   pygame.display.update()

   # 12 - 放慢速度
   clock.tick(FRAMES_PER_SECOND)  # 讓 pygame 等待一會兒
```

在這支程式中需要注意的重要變數是：

TIMER_LENGTH　一個常數，表示我們希望計時器執行多長時間。

timerRunning　一個布林值，告知計時器是否正在執行。

timeStarted　使用者點按 Start 按鈕的時間。

當使用者點按 Start 鈕時，timerRunning 設定為 True ❶。我們把 startTime 變數始化為目前時間，隨後停用「Start」按鈕並在按鈕下方顯示訊息。

每次通過迴圈，如果計時器正在執行❷，就從目前時間中減去開始時間，查看自計時器啟動以來已經過去了多少時間。當經過的時間量大於或等於 TIMER_LENGTH 時，我們希望在時間到時所進行的任何操作即可執行。在這個範例程式中，這些操作處理包括啟用了 Start 按鈕、刪除底部訊息、印出簡短的文字輸出，並將 timerRunning 變數重置為 False ❸。

Listing 13-1 中的程式碼執行得很好…就單個計時器來看。然而，這是一本關於物件導向程式設計的書，所以我們希望這支程式是可以擴充的。為了泛化功能，我們把這裡的計時程式碼轉換為一個類別。我們擷取重要的變數，把它們轉換為實例變數，並將程式碼拆分為方法。如此一來，我們就可以在程式中定

義和使用多個計時器。Timer 類別以及其他用在 pygame 程式中顯示時間的類別，都在 pyghelpers 模組可讓人取用。

安裝 pyghelpers

若想要安裝 pyghelpers，請開啟命令提示模式並輸入如下命令：

```
python3 -m pip install -U pip -user

python3 -m pip install -U pyghelpers --user
```

這些命令執行後會從 PyPI 下載 pyghelpers 並將其安裝到所有 Python 程式都可取用的資料夾內。安裝之後，您可以透過在程式開頭的 import 陳述句來取用 pyghelpers：

```
import pyghelpers
```

隨後可以從模組中的類別來實例化物件並呼叫這些物件的方法。pyghelpers 的最新說明文件放在官網 https://pyghelpers.readthedocs.io/en/latest/，原始程式碼可連到作者的 GitHub 倉庫 https://github.com/IrvKalb/pyghelpers/ 取得。

Timer 類別

Listing 13-2 含有一個非常簡單的 Timer 類別的程式碼。這段程式碼的 Timer 類別是內建在 pyghelpers 套件中（由於篇幅有限，這裡省略了一些說明文件）。

↳ 檔案：（pyghelpers 模組的一部分）
Listing 13-2：一個簡單的 Timer 類別

```
# Timer 類別

class Timer():
--- 省略 ---
❶ def __init__(self, timeInSeconds, nickname=None, callBack=None):
        self.timeInSeconds = timeInSeconds
        self.nickname = nickname
        self.callBack = callBack
        self.savedSecondsElapsed = 0.0
        self.running = False
```

```
❷ def start(self, newTimeInSeconds=None):
      --- 省略 ---
      if newTimeInSeconds != None:
          self.timeInSeconds = newTimeInSeconds
      self.running = True
      self.startTime = time.time()

❸ def update(self):
      --- 省略 ---
      if not self.running:
          return False
      self.savedSecondsElapsed = time.time() - self.startTime
      if self.savedSecondsElapsed < self.timeInSeconds:
          return False # 執行但時間還沒到

      else: # timer 結束
          self.running = False
          if self.callBack is not None:
              self.callBack(self.nickname)

          return True # True 表示 timer 結果

❹ def getTime(self):
      --- 省略 ---
      if self.running:
          self.savedSecondsElapsed = time.time() - self.startTime

      return self.savedSecondsElapsed

❺ def stop(self):
      """停下 timer"""
      self.getTime() # 記下最後的 self.savedSecondsElapsed
      self.running = False
```

建立 Timer 物件時，唯一需要的引數是您希望計時器執行的秒數❶，您可以選擇性為計時器提供暱稱（nickname）以及在時間到的時候要回呼（callback）的函式或方法。如果指定了回呼，則回呼發生時會傳入暱稱。

您呼叫 start() 方法❷來啟動計時器的執行。Timer 物件的實例變數 self.startTime 會記住開始的時間。

每次通過主迴圈都必須呼叫 update() 方法❸。如果計時器正在執行並且已經過指定的秒數時間，則此方法會返回 True。在大多數的其他呼叫中，此方法都是返回 False。

如果 Timer 正在執行，則呼叫 getTime() 方法❹會返回該 Timer 已經過去了多少時間。您可以呼叫 stop() 方法❺立即停止 Timer 的執行。

我們現在可以重寫圖 13-1 所示的計時器示範程式，換成使用 pyghelpers 套件中的 Timer 類別來處理。Listing 13-3 展示了在程式碼中使用 Timer 物件的做法。

↳ 檔案：TimerObjectExamples/SimpleTimerExample.py
Listing 13-3：主程式使用了 Timer 類別的實例

```
# 簡單的計時器範例程式

--- 省略 ---

oTimer = pyghelpers.Timer(TIMER_LENGTH)  # 建立 Timer 物件 ❶


# 6 - 持續執行的迴圈
while True:

    # 7 - 檢查和處理事件
    for event in pygame.event.get():
        if event.type == pygame.QUIT:
            pygame.quit()
            sys.exit()

        if startButton.handleEvent(event):
         ❷ oTimer.start()  # 啟動計時器
            startButton.disable()
            timerMessage.show()
            print('Starting timer')

        if clickMeButton.handleEvent(event):
            print('Other button was clicked')

    # 8 - 「每幀」影格要進行的動作
 ❸ if oTimer.update():  # True 表示計時器已結束
        startButton.enable()
        timerMessage.hide()
        print('Timer ended')

    # 9 - 清除視窗
    window.fill(WHITE)

    # 10 - 繪製所有視窗元素
    headerMessage.draw()
    startButton.draw()
    clickMeButton.draw()
    timerMessage.draw()

    # 11 - 更新視窗
    pygame.display.update()

    # 12 - 放慢速度
    clock.tick(FRAMES_PER_SECOND)  # 讓 pygame 等待一會兒
```

同樣因為篇幅有限，我省略了設定的程式碼。上述程式在主迴圈開始之前會先建立一個 Timer 物件❶。當使用者點按 Start 鈕時，我們呼叫 oTimer.start() 方法❷來啟動計時器的執行。

每次通過迴圈，我們呼叫 Timer 物件的 update() 方法❸，有兩種方式可以知道定時器何時結束，其中最簡單的方式是檢查此呼叫是否返回 True。Listing 13-3 中的範例程式碼使用了這種方式。或者，如果我們在 __init__() 呼叫中為 call Back 指定了一個值，那麼當計時器完成時，會回呼任何指定為 callBack 值的值。在大多數情況下，我建議使用第一種方式。

使用 Timer 類別有兩個優點。第一個優點是隱藏了計時程式碼的細節，您只在需要時建立一個 Timer 物件，然後呼叫該物件的方法即可。第二個優點是可以根據需要建立任意數量的 Timer 物件，並且每個物件都會獨立執行。

顯示時間

許多程式需要計算時間並向使用者顯示時間。舉例來說，在遊戲中要不斷顯示和更新經過的時間，或者使用者可能要在一定的時間內完成任務，這需要倒數計時。我會展示如何使用圖 13-3 中所示的 Slider Puzzle 滑塊類遊戲來示範這兩項工作。

圖 13-3：Slider Puzzle 遊戲程式的使用介面

當您開始這個遊戲時，滑塊是隨機重新排列的，而且有一個空白的黑色空間。遊戲的目標是一次移動一個滑塊，讓這些滑塊最後能按 1 到 15 的編號順序排列。您只能點按與空白方塊水平或垂直相鄰的滑塊來移動，點按這種滑塊就會與空白位置交換。我不會詳細介紹遊戲的完整實作（因為版面有限且原始程式碼可連到網路上下載取得），這裡只會把焦點集中在怎麼整合應用計時器。

pyghelpers 套件中含有兩個允許程式設計師追蹤時間的類別。第一個是 CountUpTimer，它會從 0 開始向上遞增計數（無上限），或者直到您告知要停止。第二個是 CountDownTimer，它會從給定的時間開始倒數計時到 0。這裡我為遊戲分別建構了一個版本。第一個版本讓使用者看到他們移動滑塊解決難題需要多長時間。在第二個版本則是讓使用者在指定的時間解開這些滑塊的排列，如果計時器歸 0 還沒有完成就表示輸了。

CountUpTimer

使用 CountUpTimer 類別，您可以建立一個計時器物件並告知要何時開始。隨後在每幀影格中，您可以呼叫三種不同方法中的任一種，以不同格式取得經過的時間。

Listing 13-4 中的程式是來自 pyghelpers 的 CountUpTimer 類別的實作。這段程式碼是一個類別的不同方法要怎麼共享實例變數的很好範例。

↳ 檔案：（pyghelpers 模組中的一部分）
Listing 13-4：CountUpTimer 類別

```
# CountUpTimer 類別

class CountUpTimer():
    --- 省略 ---

    def __init__(self): ❶
        self.running = False
        self.savedSecondsElapsed = 0.0
        self.secondsStart = 0 # safeguard

    def start(self): ❷
    --- 省略 ---
        self.secondsStart = time.time() # 取得目前秒數並儲存其值
        self.running = True
        self.savedSecondsElapsed = 0.0

    def getTime(self): ❸
```

```
        """返回經過的時間值是浮點數"""
        if not self.running:
            return self.savedSecondsElapsed # 什麼都沒做

        self.savedSecondsElapsed = time.time() - self.secondsStart
        return self.savedSecondsElapsed # returns a float

    def getTimeInSeconds(self): ❹
        """返回經過的時間值是整數的秒數"""
        nSeconds = int(self.getTime())
        return nSeconds

    # 使用 fStrings 的更新版本
    def getTimeInHHMMSS(self, nMillisecondsDigits=0): ❺
    --- 省略 ---
        nSeconds = self.getTime()
        mins, secs = divmod(nSeconds, 60)
        hours, mins = divmod(int(mins), 60)

        if nMillisecondsDigits > 0:
            secondsWidth = nMillisecondsDigits + 3
        else:
            secondsWidth = 2

        if hours > 0:
            output = f'{hours:d}:{mins:02d}:{secs:0{secondsWidth}.
                    {nMillisecondsDigits}f}'
        elif mins > 0:
            output = f'{mins:d}:{secs:0{secondsWidth}.
                    {nMillisecondsDigits}f}'
        else:
            output = f'{secs:.{nMillisecondsDigits}f}'

        return output

    def stop(self): ❻
        """停止計時器"""
        self.getTime() # 記下最後的 self.savedSecondsElapsed
        self.running = False
```

實作的相關處理要依賴三個關鍵實例變數❶：

■ **self.running** 是個布林值，指示計時器是否正在執行。

■ **self.savedSecondsElapsed** 是個浮點數，表示計時器的經過時間。

■ **self.secondsStart** 是計時器開始執行的時間。

客戶端會呼叫 start() 方法❷來啟動計時器。在回應中，該方法會呼叫 time.time()，把開始時間儲存在 self.secondsStart 內，並將 self.running 設定為 True 以指示計時器是正在執行。

客戶端可以呼叫這三種方法中的任何一種來取得與計時器關聯的經過時間，這三種方式提供的格式不同：

- **getTime()** ❸　返回經過的時間是浮點數的形式。

- **getTimeInSeconds()** ❹　返回經過的時間是整數秒的形式。

- **getTimeInHHMMSS()** ❺　返回經過的時間是格式化字串的形式。

getTime() 方法呼叫 time.time() 取得目前時間，並減去開始時間以取得經過的時間。其他兩個方法分別呼叫這個類別的 getTime() 方法來計算經過的時間，隨後對輸出做不同的處理：getTimeInSeconds() 把時間轉換成整數的秒數，getTimeInHHMMSS() 則把時間格式化為「小時:分鐘:秒」格式的字串。這些方法中的每個輸出其目的都是要發送到在視窗中顯示的 DisplayText 物件中（在 pygwidgets 套件中有定義）。

可以呼叫 stop() 方法❻來停止計時器（例如，當使用者完成滑塊遊戲的拼圖時就停止）。

這個版本的 Slider Puzzle 遊戲的主檔案與本書的其餘相關資源有一起提供，放在 SliderPuzzles/Main_SliderPuzzleCountUp.py。它在主迴圈開始之前實例化了一個 CountUpTimer 物件，並將其儲存在變數 oCountUpTimer 中。隨後它立即呼叫 start() 方法，它還建立了一個 DisplayText 欄位來顯示時間。每次通過主迴圈時，主程式都會呼叫 getTimeInHHMMSS() 方法取得格式化的時間值，並在欄位中顯示結果：

```
timeToShow = oCountUpTimer.getTimeInHHMMSS() # 向 Timer 物件取得經過的時間值
oTimerDisplay.setValue('Time: ' + timeToShow) # 放入文字欄位中
```

變數 oTimerDisplay 是 pygwidgets.DisplayText 類別的一個實例。DisplayText 類別的 setValue() 方法已進行了最佳化處理，用於檢查要顯示的新文字是否與之前的文字相同。因此，即使我們告知該欄位每秒顯示 30 次時間量，在時間有改變之前是不會做太多的處理，因為每秒進行一次。

遊戲程式碼檢查是否有已解決的滑塊拼圖，當拼圖被解開了，就呼叫 stop() 方法來停下時間。如果使用者點按 Restart 按鈕開始新遊戲，則呼叫 start() 來重新啟動計時器物件。

CountDownTimer

CountDownTimer 類別有細微的差異。不是從 0 開始計數,而是透過提供起始秒數來初始化 CountDownTimer,然後會從該值開始倒數計時。建立 CountDownTimer 的介面程式碼如下所示:

```
CountDownTimer(nStartingSeconds, stopAtZero=True, nickname=None,
               callBack=None):
```

還有第二個可選擇性的參數 stopAtZero,預設為 True——它假設您希望計時器在倒數到 0 時就停止。您還可以選擇性設定 callback 回呼的處理,把函式或方法指定為計時器達到 0 時的回呼。最後,您可以提供一個暱稱,以便進行回呼時可以使用。

客戶端呼叫 start() 方法開始倒數計時。

從客戶端的角度來看,getTime()、getTimeInSeconds()、getTimeInHHMMSS() 和 stop() 方法看起來與 CountUpTimer 類別中的對應方法是相同的。

CountDownTimer 有一個名為 end() 的附加方法。應用程式每次通過其主迴圈都需要呼叫 ended() 方法來處理。它在計時器處於作用狀態時會返回 False,但在計時器結束(即達到 0)時返回 True。

Slider Puzzle 遊戲程式主檔案的倒數計時版本可連到本書作者的倉庫 https://github.com/IrvKalb/Object-Oriented-Python-Code 取得,程式放為 SliderPuzzles/Main_SliderPuzzleCountDown.py。

該程式碼與之前的版本非常相似,但這個版本建立了一個 CountDownTimer 實例,並提供設定給玩家解決難題的時間秒數。它在每幀影格呼叫 getTimeInHHMMSS(2),並用兩位小數更新和呈現時間值。最後,它在每幀影格中都放入對 ended() 方法的呼叫,以查看玩家的時間是否已用完。如果計時器在使用者解開拼圖難題之前就結束,它會播放聲音檔並顯示一條訊息,告知使用者解題的時間用完了。

總結

本章為您提供了多種處理程式計時的方法。這裡探討了三種不同的做法：第一種是透過計算影格數，第二種是透過建立自訂事件，最後是透過記住開始時間並與目前時間中相減來取得經過的時間。

以第三種做法來說，我們建構了一個泛化可重用的 Timer 類別（您可以在 pyghelpers 套件中找到）。我還展示了這個套件中的另外兩個附加的類別：CountUpTimer 和 CountDownTimer，它們可用來處理要對使用者顯示計時器之程式中的計時相關操作。

14

動畫

本章的主題是探討關於動畫（animation）的處理，特別是傳統的影像動畫。從一個非常簡單的角度來看，您可以把動畫想像成一本翻動的書頁：一系列影像鏡頭，每個鏡頭都與前一個略有不同，連續顯示就呈現出動畫的樣貌。快速翻動書頁時使用者會在短時間內看到每個影像鏡頭連動的錯覺。動畫提供了建構類別的好機會，因為這種連動顯示影像的機制很好理解也很容易編寫成程式碼。

為了示範一般性原則和其做法，我們會從實作兩個動畫類別開始：一個以一系列單獨影像圖檔為基礎的 SimpleAnimation 類別，以及另一個使用含有許多影像圖序列鏡頭的單個檔案所建構的 SimpleSpriteSheetAnimation 類別。隨後會向讀者展示 pygwidgets 套件中的兩個更強大的動畫類別 Animation 和 SpriteSheet Animation，並解釋它們是怎麼利用通用的基礎類別來建構的。

建構動畫類別

動畫類別背後的基本思維相對簡單。客戶端會提供一組有序的影像圖和一段時間，客戶端程式碼會告知動畫何時開始播放，並定期告知動畫要進行更新。動畫中的影像會按照順序且會在給定時間顯示。

SimpleAnimation 類別

一般的技術是先載入完整的影像集合，把它們儲存在串列中，然後顯示第一張影像。當客戶端告知動畫開始播放時就會開始追蹤時間。每次物件被告知要自我更新時，程式碼都會檢查是否已經過了指定的時間量，如果是，則會顯示序列的下一張影像。動畫完成後，我們再次顯示第一張影像。

建立類別

Listing 14-1 含有 SimpleAnimation 類別的程式碼，它處理由多個單獨的影像檔組成的動畫。為了讓事情更有條理，我強烈建議您把與動畫相關的所有影像圖檔都放在程式專案資料夾中的 images 子資料夾內。這裡列出的範例就是使用這種檔案結構，相關的圖檔作品和主要程式碼都能從本書作者網站的倉庫資源中下載找到。

↳ 檔案：SimpleAnimation/SimpleAnimation.py
Listing 14-1：SimpleAnimation 類別

```
# SimpleAnimation 類別

import pygame
import time

class SimpleAnimation():
    def __init__(self, window, loc, picPaths, durationPerImage): ❶
        self.window = window
        self.loc = loc
        self.imagesList = []
        for picPath in picPaths:
            image = pygame.image.load(picPath)  # 載入一個影像
            image = pygame.Surface.convert_alpha(image) ❷ # 最佳化位元塊傳送
            self.imagesList.append(image)

        self.playing = False
        self.durationPerImage = durationPerImage
```

```
        self.nImages = len(self.imagesList)
        self.index = 0

    def play(self): ❸
        if self.playing:
            return
        self.playing = True
        self.imageStartTime = time.time()
        self.index = 0

    def update(self): ❹
        if not self.playing:
            return

        # 開始顯示影像後所經過的時間
        self.elapsed = time.time() - self.imageStartTime

        # 如果經過的時間已足夠久，則移到下張影像
        if self.elapsed > self.durationPerImage:
            self.index = self.index + 1

            if self.index < self.nImages: # 移到下張影像
                self.imageStartTime = time.time()
            else: # 動畫結束
                self.playing = False
                self.index = 0  # 重設回開始狀態

    def draw(self): ❺
        # 假設 self.index 之前已在 update() 方法中設定過。
        # 它會當作 imagesList 的索引來尋找目前影像。
        theImage = self.imagesList[self.index] # 挑選要顯示的影像

        self.window.blit(theImage, self.loc)   # 顯示
```

當客戶端實例化一個 SimpleAnimation 物件時，它必須傳入以下內容：

window　要繪製的視窗物件。

loc　在視窗中繪製影像的位置座標。

picPaths　影像圖路徑的串列或元組，影像會按此處列出的順序來顯示。

durationPerImage　顯示每個影像的時間長度（以秒為單位）。

在 __init__() 方法❶中，我們把這些參數變數儲存到名稱相似的實例變數內。該方法以迴圈遍訪路徑串列，載入每個影像，並將生成的影像儲存到串列中，串列是表示一組有序影像的完美方式。該類別會使用 self.index 變數來追蹤串列中的目前影像。

檔案中的影像格式與螢幕畫面上顯示的影像格式是不同的。呼叫 convert_alpha() ❷會把檔案格式轉換為螢幕格式，以最佳化的效能在視窗中顯示影像。實際繪圖稍後會在 draw() 方法中完成。

play() 方法❸起始動畫的執行，它會先檢查動畫是否已經在執行，如果是，該方法就直接返回（什麼都不做），如果不是，它會把 self.playing 設定為 True 以指示動畫現在正在執行。

建立 SimpleAnimation 時，呼叫方指定每個影像要顯示的時間量，並將其儲存在 self.durationPerImage 中。因此，我們必須在 SimpleAnimation 執行時追蹤時間，以了解什麼時候要切換到下一張影像。我們呼叫 time.time() 來取得目前時間（以毫秒為單位）並將其儲存在實例變數內。讓這個類別以時間為基礎所代表的意義是從此類別建構的所有 SimpleAnimation 物件都會正常運作，而與用於主迴圈的影格速率無關。最後，我們把變數 self.index 設為 0，指示應該要顯示第一張影像。

update() 方法❹需要在主迴圈的每幀影格中進行呼叫。如果動畫沒有播放，則 update() 什麼也不做，只是返回。如果有播放則 update() 透過使用系統的 time.time() 函式取得目前時間，並從目前影像開始顯示的時間中減去目前時間來算出目前影像已顯示了多久。

如果經過的時間大於每張影像應該顯示的時間量，則要切換到下一張影像。在這種情況下，我們遞增 self.index 的索引值，讓即將呼叫的 draw() 方法去繪製適當的影像。隨後檢測動畫是否完成，如果還沒完成，則儲存新影像的開始時間。如果動畫完成，就把 self.playing 設定回 False（表示不再播放動畫），並將 self.index 重置為 0，以便讓 draw() 方法將再次顯示第一張影像。

最後，我們在每幀影格❺中呼叫 draw() 來繪製動畫的目前影像。draw() 方法假設 self.index 已由先前的方法正確設定，並使用這個值當索引來取得串列中的影像，隨後會在視窗的指定位置繪製該影圖。

範例的主程式

Listing 14-2 展示了建立和使用 SimpleAnimation 物件的主程式。這個範例動畫是騎自行車的恐龍。

↳ 檔案：SimpleAnimation/Main_SimpleAnimation.py
Listing 14-2：實例化和播放 SimpleAnimation 的範例主程式

```python
# 動畫範例
# 顯示 SimpleAnimation 物件的範例

# 1 - 匯入套件
import pygame
from pygame.locals import *
import sys
import pygwidgets
from SimpleAnimation import *

# 2 - 定義常數
SCREEN_WIDTH = 640
SCREEN_HEIGHT = 480
FRAMES_PER_SECOND = 30
BGCOLOR = (0, 128, 128)

# 3 - 初始化視窗的環境
pygame.init()
window = pygame.display.set_mode([SCREEN_WIDTH, SCREEN_HEIGHT])
clock = pygame.time.Clock()

# 4 - 載入相關內容：影像、聲音…等
dinosaurAnimTuple = ('images/Dinobike/f1.gif',     ❶
                     'images/Dinobike/f2.gif',
                     'images/Dinobike/f3.gif',
                     'images/Dinobike/f4.gif',
                     'images/Dinobike/f5.gif',
                     'images/Dinobike/f6.gif',
                     'images/Dinobike/f7.gif',
                     'images/Dinobike/f8.gif',
                     'images/Dinobike/f9.gif',
                     'images/Dinobike/f10.gif')

# 5 - 初始化變數
oDinosaurAnimation = SimpleAnimation(window, (22, 140),
                                     dinosaurAnimTuple, .1)
oPlayButton = pygwidgets.TextButton(window, (20, 240), "Play")

# 6 - 持續執行的迴圈
while True:

    # 7 - 檢查和處理事件
    for event in pygame.event.get():
        if event.type == QUIT:
            pygame.quit()
            sys.exit()

    ❷ if oPlayButton.handleEvent(event):
            oDinosaurAnimation.play()

    # 8 - 「每幀」影格要進行的動作
 ❸ oDinosaurAnimation.update()
```

```
# 9 - 清除視窗
window.fill(BGCOLOR)

# 10 - 繪製所有視窗元素
❹ oDinosaurAnimation.draw()
oPlayButton.draw()

# 11 - 更新視窗
pygame.display.update()

# 12 - 放慢速度
clock.tick(FRAMES_PER_SECOND)  # 讓 pygame 等待一會兒
```

動畫恐龍的所有影像圖都放在資料夾 **images/DinoBike/** 中。我們先建構影像圖的元組❶，隨後會用到該元組來建立一個 SimpleAnimation 物件並指定每張影像應顯示十分之一秒。我們還實例化了一個 Play 按鈕。

在主迴圈中，我們呼叫 oDinosaurAnimation 物件的 update() 和 draw() 方法。程式會在迴圈中持續繪製動畫的目前影像和 Play 按鈕，當動畫沒有執行時，使用者只會看到第一張影像。

當使用者點按 Play 按鈕❷時，程式呼叫 oDinosaurAnimation 的 play() 方法開始動畫的執行。

在主迴圈中，我們呼叫 oDinosaurAnimation 的 update() 方法❸，該方法用來檢查確定影像是否已顯示了足夠的時間，接著讓動畫移動到下一張影像。

最後是呼叫 draw() 方法❹，物件就會繪製出合適的影像。

SimpleSpriteSheetAnimation 類別

第二種動畫是在 SimpleSpriteSheetAnimation 類別中實作。**拼合圖**（**Sprite Sheet**，或譯**精靈圖**），是由許多相同大小的較小影像所組成的單個影像圖，其作用是顯示和建立動畫。從開發人員的角度來看，拼合圖有三個優點。第一個優點是，所有影像都放在一個檔案內，因此無需擔心為每個單獨的檔案命名。第二個優點是可以在單個檔案中就能查看動畫的整個過程，而不必翻閱一系列影像圖。第三個優點是載入單個檔案比載入構成動畫的一系列檔案會更快。

圖 14-1 展示了一個拼合圖的範例。

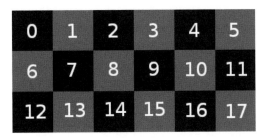

圖 14-1：由 18 個較小的影像圖所組成的一個拼合圖影像

此範例圖的目的是顯示從 0 到 17 的數字。原始檔案中含有一個 384×192 像素的影像，快速劃分顯示每個單獨的數字影像是 64×64 像素。這裡的關鍵思維是我們利用 pygame 來切割較大影像圖來建立的子影像，這樣就有一組 18 個新的 64×64 像素的子影像。隨後可以使用在 SimpleAnimation 類別中相同技術來顯示這些分割出來的較小影像圖。

建立類別

Listing 14-3 是利用 SimpleSpriteSheetAnimation 類別來處理拼合圖的動畫。在初始化過程中，單個拼合圖影像的內容會被切割拆分為含有多個較小影像的串列，隨後由其他方法來顯示。

↳ 檔案：SimpleSpriteSheetAnimation/SimpleSpriteSheetAnimation.py
Listing 14-3：SimpleSpriteSheetAnimation 類別

```
# SimpleSpriteSheetAnimation 類別

import pygame
import time

class SimpleSpriteSheetAnimation():
    def __init__(self, window, loc, imagePath, nImages, width, height,
                                                   durationPerImage): ❶
        self.window = window
        self.loc = loc
        self.nImages = nImages
        self.imagesList = []

        # 載入拼合圖
        spriteSheetImage = pygame.image.load(imagePath)
        # 最佳化位元區塊傳送
        spriteSheetImage = pygame.Surface.convert_alpha(spriteSheetImage)

        # 計算起始影像的欄數
        nCols = spriteSheetImage.get_width() // 寬
```

```python
    # 分割起始影像成小的子影像
    row = 0
    col = 0
    for imageNumber in range(nImages):
        x = col * height
        y = row * width

        # 從較大的拼合圖建立子表面（subsurface）
        subsurfaceRect = pygame.Rect(x, y, width, height)
        image = spriteSheetImage.subsurface(subsurfaceRect)
        self.imagesList.append(image)

        col = col + 1
        if col == nCols:
            col = 0
            row = row + 1

    self.durationPerImage = durationPerImage
    self.playing = False
    self.index = 0

def play(self):
    if self.playing:
        return
    self.playing = True
    self.imageStartTime = time.time()
    self.index = 0

def update(self):
    if not self.playing:
        return

    # 顯示此影像已經過多久時間
    self.elapsed = time.time() - self.imageStartTime

    # 如果顯示已夠久了，就移到下一張影像
    if self.elapsed > self.durationPerImage:
        self.index = self.index + 1

        if self.index < self.nImages: # 移到下一張影像
            self.imageStartTime = time.time()

        else:  # 動畫已完成
            self.playing = False
            self.index = 0  # 重設回起始狀態

def draw(self):
    # 假設 self.index 之前已在 update() 方法中設定過
    # 使用這個值當作索引來找出 imagesList 中的目前影像
    theImage = self.imagesList[self.index]  # 選出要顯示的影像

    self.window.blit(theImage, self.loc)   # 顯示
```

這個類別與 SimpleAnimation 非常相似，但是因為這個動畫是以一個拼合圖
（sprite sheet）為基礎來進行處理，所以 __init__() 方法❶必須傳遞不同的資
訊，此方法需要標準的 window 和 loc 參數，以及：

imagePath　拼合圖影像的路徑（單個檔案）。

nImages　拼合圖中影像的數量。

width　每個子影像的寬度。

height　每個子影像的高度。

durationPerImage　顯示每個影像的時間（以秒為單位）。

給定這些值，__init__() 方法載入拼合圖檔案，並使用迴圈透過呼叫 pygame 的
subsurface() 方法把較大的影像圖拆分成為多個較小的子影像圖，隨後把較小
的影像圖附加到 self.imagesList 串列內供其他方法使用。　__init__() 方法使用
計數器來統計子影像的數量，直到呼叫方所指定的數量；因此，最後一列的影
像圖不一定是整列。舉例來說，我們可以只取用有數字 0 到 14 的拼合圖影像，
所以不需取用到該列的 17。nImages 參數是實作這項工作的關鍵。

這個類別的其餘部分是 play()、update() 和 draw() 等方法與前面的 Simple
Animation 類別中的方法是完全相同。

範例主程式

Listing 14-4 展示了一個範例主程式，這裡建立並顯示了一個 SimpleSpriteSheet
Animation 物件，該物件顯示了一個水滴掉落和擴散的動畫。如果您有下載本
書隨附的相關資源檔案，可到本章範例資料夾中 SpriteSheetAnimation 資料夾
中找到所有內容，這裡有程式碼和對應的影像圖檔。

↳ 檔案：SimpleSpriteSheetAnimation/Main_SimpleSpriteSheetAnimation.py
Listing 14-4：建立和使用 SimpleSpriteSheetAnimation 物件的範例主程式

```
# 顯示 SimpleSpriteSheetAnimation 物件的範例

# 1 - 匯入套件
import pygame
from pygame.locals import *
import sys
```

```
import pygwidgets
from SimpleSpriteSheetAnimation import *

# 2 - 定義常數
SCREEN_WIDTH = 640
SCREEN_HEIGHT = 480
FRAMES_PER_SECOND = 30
BGCOLOR = (0, 128, 128)

# 3 - 初始化視窗的環境
pygame.init()
window = pygame.display.set_mode([SCREEN_WIDTH, SCREEN_HEIGHT])
clock = pygame.time.Clock()

# 4 - 載入相關內容：影像、聲音…等

# 5 - 初始化變數
oWaterAnimation = SimpleSpriteSheetAnimation(window, (22, 140),
                              'images/water_003.png', 50, 192, 192, .05)  ❶
oPlayButton = pygwidgets.TextButton(window, (60, 320), "Play")

# 6 - 持續執行的迴圈
while True:

    # 7 - 檢查和處理事件
    for event in pygame.event.get():
        if event.type == QUIT:
            pygame.quit()
            sys.exit()

        if oPlayButton.handleEvent(event):
            oWaterAnimation.play()

    # 8 - 「每幀」影格要進行的動作
    oWaterAnimation.update()

    # 9 - 清除視窗
    window.fill(BGCOLOR)

    # 10 - 繪製所有視窗元素
    oWaterAnimation.draw()
    oPlayButton.draw()

    # 11 - 更新視窗
    pygame.display.update()

    # 12 - 放慢速度
    clock.tick(FRAMES_PER_SECOND)   # 讓 pygame 等待一會兒
```

此範例的最明顯的唯一區別是它實例化了 SimpleSpriteSheetAnimation 物件❶而不是 SimpleAnimation 物件。

合併兩個類別

SimpleAnimation 和 SimpleSpriteSheetAnimation 中的 __init__() 方法有不同的參數，但其他三個方法（start()、update() 和 draw()）則是相同的。不管您實例化了上述類別中的任何一個，您存取結果物件的方式是完全相同。「不要重複自己（Don't Repeat Yourself, DRY）」原則所說的，擁有重複的方法並不是個好主意，因為所有錯誤修復和／或增強都必須處理兩個重複的地方。

從另一個角度來看，這是個合併類別的好機會。我們可以為這些類別建立一個通用的抽象基礎類別來繼承。基礎類別會有自己的 __init__() 方法，其中包括來自兩個原始類別的 __init__() 方法的所有通用程式碼，而且這裡還含有 play()、update() 和 draw() 方法。

每個原始類別都會從新的基礎類別繼承，並使用適當的參數來實作自己的 __init__() 方法。各個類別都會依自己的需要和處理來建構 self.imagesList，隨後在新的基礎類別的其他三個方法中使用它。

我不會列出合併這兩個「簡單」類別的結果，而是以 pygwidgets 套件中「專業級」的 Animation 和 SpriteSheetAnimation 類別中展示這種合併的成果。

pygwidgets 中的動畫類別

pygwidgets 模組中含有以下三個動畫類別：

PygAnimation Animation 和 SpriteSheetAnimation 類別的抽象基礎類別。

Animation 以影像動畫為基礎的類別（分開的獨立影像圖檔）。

SpriteSheetAnimation 以拼合圖動畫為基礎的類別（一個單張大圖的圖檔）。

我們會依序探討每個類別。Animation 和 SpriteSheetAnimation 類別都使用了之前已討論過的相同基本概念，但有更多可用的選項可透過初始化參數來設定。

Animation 類別

使用 pygwidget 的 Animation 類別可以從多個不同的影像圖檔來建構動畫。以下是這個類別的介面：

```
Animation(window, loc, animTuplesList, autoStart=False,
          loop=False, nickname=None, callBack=None, nIterations=1):
```

所需的參數是：

window

要繪製的視窗物件。

loc

要繪製影像的左上角位置。

animTuplesList

描述動畫序列之元組的串列（或元組）。每個內部元組都含有：

pathToImage　影像圖檔的相對路徑。

Duration　此影像要顯示的時間（以秒為單位，浮點數）。

offset（可選性參數）　如果有使用此參數，則指定 (x, y) 元組，這裡的 x 和 y 分別用來當作主要 loc 位置座標偏移量以顯示此影像。

還有以下這些參數都是可選擇性使用的：

autoStart

如果您希望動畫自動立即開始，則設為 True，預設為 False。

loop

如果您希望動畫會循環播放，則設為 True，預設為 False。

showFirstImageAtEnd

當動畫結束時，再次顯示第一張影像，預設為 True。

nickname

指定給此動畫的內部名稱，在指定回呼時當作引數使用。

callBack

動畫完成時要回呼的函式或物件方法。

nIterations

循環播放動畫的次數，預設為 1。

與對所有影像都使用同一個顯示時間的 SimpleAnimation 不同，Animation 類別
允許您分別對每張影像指定顯示時間，這樣讓影像顯示的時間安排上有更大的
彈性。您還可以在繪製各個影像時指定 x、y 座標的位移量，但通常不會這樣
做。以下是一些建構動畫物件的範例程式碼，這個物件的顯示範例是恐龍騎單
車的動畫：

```
TRexAnimationList = [('images/TRex/f1.gif', .1),
                     ('images/TRex/f2.gif', .1),
                     ('images/TRex/f3.gif', .1),
                     ('images/TRex/f4.gif', .1),
                     ('images/TRex/f5.gif', .1),
                     ('images/TRex/f6.gif', .1),
                     ('images/TRex/f7.gif', .1),
                     ('images/TRex/f8.gif', .1),
                     ('images/TRex/f9.gif', .1),
                     ('images/TRex/f10.gif', .4)]

# 5 - 初始化變數
oDinosaurAnimation = pygwidgets.Animation(window, (22, 145),
        TRexAnimationList, callBack=myFunction, nickname='Dinosaur')
```

這會建構一個動畫物件，該物件會顯示 10 個不同的影像。前九張影像每張顯
示的時間為十分之一秒，但最後一張影像顯示時間為十分之四秒。動畫只會播
放 1 次且不會自動開始播放。動畫完成後，會使用引數「Dinosaur」來呼叫 my
Function() 方法。

SpriteSheetAnimation 類別

對於 SpriteSheetAnimation，您傳入的是單個拼合圖的檔案路徑。為了讓
SpriteSheetAnimation 把大動畫影像分解成多個小的子影像，您必須指定所有子

影像的寬度和高度。對於顯示時間，您有兩種選擇：您可以指定一個值讓所有影像都以顯示相同的時間，或者您可以指定一個顯示時間的串列或元組，其中放入對每個影像指定的顯示時間值。以下是這個類別介面：

```
SpriteSheetAnimation(window, loc, imagePath, nImages,
                     width, height, durationOrDurationsList,
                     autoStart=False, loop=False, nickname=None,
                     callBack=None, nIterations=1):
```

所需的參數是：

window　要繪製的視窗物件。

loc　繪製影像的左上角座標位置。

imagePath　拼合圖檔案的相對路徑。

nImages　拼合圖中子圖像的總數量。

width　每個生成的子影像的寬度。

height　每個生成的子影像的高度。

durationOrDurationsList　在動畫期間每個子影像要顯示的時間量，或是每個子影像各自顯示時間的串列（長度必須為 nImages）。

還有以下這些參數都是可選擇性使用的：

autoStart

如果您希望動畫自動立即開始，則設為 True，預設為 False。

loop

如果您希望動畫會循環播放，則設為 True，預設為 False。

showFirstImageAtEnd

當動畫結束時，再次顯示第一張影像，預設為 True。

nickname

指定給此動畫的內部名稱，在指定回呼時當作引數使用。

callBack

動畫完成時要回呼的函式或物件方法。

nIterations

循環播放動畫的次數，預設為 1。

以下是建立 SpriteSheetAnimation 物件的典型陳述句語法：

```
oEffectAnimation = pygwidgets.SpriteSheetAnimation(window, (400,
                   150),'images/effect.png', 35, 192, 192, .1,
                   autoStart=True, loop=True)
```

上述陳述句會使用在給定的路徑中找到的影像檔來建立一個 SpriteSheetAnimation 物件。原始影像圖內含 35 個子影像。每個較小的子影像是 192×192 像素，每個子影像的顯示時間都設為十分之一秒。動畫會自動開始播放並且是循環播放。

通用基礎類別：PygAnimation

Animation 和 SpriteSheetAnimation 類別都只有一個 __init__() 方法，並繼承自一個通用的抽象基礎類別 PygAnimation。這兩個類別的 __init__() 方法會呼叫從 PygAnimation 基礎類別繼承的 __init__() 方法。因此，Animation 和 SpriteSheetAnimation 類別的 __init__() 方法只初始化了它們類別中的唯一資料。

建立 Animation 或 SpriteSheetAnimation 物件後，客戶端程式碼需要在每幀影格中放入對 update() 和 draw() 的呼叫。以下列出的清單是兩個類別可以透過基礎類別取用的方法：

handleEvent(event)

如果要檢查使用者是否點按了動畫，則必須在每幀影格中呼叫此方法。如果是這樣的情況，則傳入 pygame 提供的事件。此方法大多數時候是返回 False，但如果使用者點按了影像時就會返回 True，在這種情況時通常會呼叫 play() 方法。

play()

開始播放動畫。

stop()

馬上停止動畫,並重置為只顯示第一張影像。

pause()

讓動畫暫停在目前影像上,可透過呼叫 play() 繼續播放。

update()

要在每幀影格中呼叫。當動畫執行時,此方法負責計算前進到下一張影像的適當時間。它通常是返回 False,但在動畫結束時返回 True(且沒有設定為循環播放)。

draw()

要在每幀影格中呼叫。此方法會繪製動畫的目前影像。

setLoop(trueOrFalse)

傳入 True 或 False 來指示動畫是否要循環播放。

getLoop()

如果動畫是設定為循環播放,則返回 True,否則返回 False。

> NOTE
>
> 視窗中動畫的座標位置由傳入 __init__() 的 loc 原始值來決定。Animation 和 SpriteSheetAnimation 都繼承自通用的 PygAnimation 類別,而該類別又繼承自 PygWidget。由於 PygWidget 中可用的所有方法都可以在兩個動畫類別中取用,因此您可以輕鬆地建構一個在播放時也改變其位置的動畫。您可以透過呼叫 setLoc() 來移動任何動畫,由於是從 PygWidget 繼承,所以可以為每個影像圖提供想要放置的任何 x 和 y 座標位置。

範例動畫程式

圖 14-2 展示了一個範例動畫程式執行之後的畫面截圖,該範例程式示範了從 Animation 和 SpriteSheetAnimation 類別所建構的多個動畫。

最左邊的小恐龍是一個 Animation 物件,它設定為 autoStart,因此動畫在程式開始時就會播放,但只播放一次。點按小恐龍影像圖下方的按鈕會呼叫 Animation 物件進行適當的處理。如果點按 Play 鈕,動畫會再次播放。在播放動畫時,若點按 Pause 鈕則會暫停動畫,直到您再次點按 Play 鈕。如果播放動畫然後點按 Stop 鈕,動畫就會停止並顯示回第一張影像。這些按鈕下方有兩個核取方塊,預設情況下,此動畫是不會循環播放的。如果勾選了 Loop,然後點按 Play 鈕,動畫會循環播放,直到取消勾選 Loop。而另一個核取方塊 Show 是指示動畫是否要顯示出來。

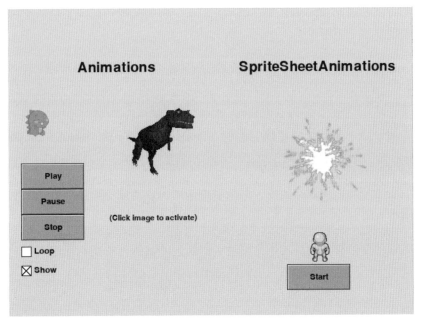

圖 14-2:使用 Animation 和 SpriteSheetAnimation 類別的範例動畫程式

第二個(T-rex 霸王龍)Animation 物件沒有設定為 autoStart,因此您只會看到動畫的第一個影像。如果點按此影像圖,動畫會重複播放所有影像三次(循環播放三次)後停止。

右上角是個煙火 SpriteSheetAnimation 物件，它來自一個大的拼合圖影像，其中含有 35 個子影像圖。此動畫設定為循環播放，因此您會看到煙火連續執行。

右下角是個行走的 SpriteSheetAnimation 物件，它來自一個大的拼合圖影像，其中具有 36 個子影像圖。點按 Start 鈕時，動畫會播放所有子影像一次。

AnimationExample/Main_AnimationExample.py 檔案中提供了這支程式的完整原始程式碼以及相關資源。

這支程式實例化了兩個 Animation 物件（小恐龍和霸王龍）和兩個 SpriteSheet Animation 物件（煙火和行走的人）。當點按小恐龍下方的按鈕時，我們會呼叫恐龍動畫物件的對應方法來進行處理。點按小恐龍或霸王龍會呼叫該動畫的 start() 方法。

此程式顯示的多個動畫可以同時執行，這是因為主迴圈在迴圈的每幀影格中呼叫各個動畫的 update() 和 draw() 方法，每個動畫自己決定是保留目前影像還是顯示下一張影像。

總結

在本章中，我們透過建構自己的 SimpleAnimation 和 SimpleSpriteSheetAnima tion 類別來探討動畫類別需要用到的相關處理機制。

前者由多個影像圖檔組成，而後者則使用內含多個子影像的單個大型拼合影像圖檔。

這兩個類別有不同的初始化處理，但類別的其餘方法則都是相同的。這裡透過建構通用的抽象基礎類別來解釋怎麼合併這兩個類別的處理。

隨後的內容還介紹說明了 pygwidgets 中的 Animation 類別和 SpriteSheetAnima tion 類別，解說這兩個類別各自實作了自己版本的 __init__() 方法，但從通用基礎類別 PygAnimation 繼承了其他方法。最後則是展示了一個動畫範例程式，該程式提供了動畫和拼合圖動畫的示範。

15

場景

遊戲和程式通常需要向使用者呈現不同的場景。為了在本章中探討其原由，我把「**場景（scenes）**」定義為任何的視窗配置和關於使用者的互動交流，但這些又與其他有顯著的不同。舉例來說，像 **Space Invaders** 這樣的遊戲可能會有一個**開始**或**啟動**場景、一個主要遊戲場景、一個高分場景，也許還有一個結束或離開的場景。

在本章中，我會討論編寫具有多個場景的程式，並提出兩種不同做法。 第一種是狀態機技術，這種做法適用於相對較小的程式。隨後第二種是一個完全物件導向的做法，其中每個場景都被實作為一個物件，並放在場景管理器的控制下，這種做法讓大型程式更具可擴充性。

狀態機方法

在本書的開頭，我們開發了一個電燈開關的軟體模擬程式。在第 1 章中先使用程序式程式碼實作了一個電燈開關程式，隨後使用一個類別對其進行了重寫。在這兩種情況下，開關的位置（或狀態）都由一個布林變數來表示；True 表示開啟，False 表示關閉。

在很多情況中，程式或物件可能會處於多種不同狀態中的一種，並且需要根據目前狀態來執行不同的程式碼。舉例來說，以使用 ATM 所涉及的一系列步驟來思考。有一個開始（問候）狀態，然後使用者需要放入提款卡；在此之後，系統會提示輸入 PIN，接著選擇要執行的操作 … 等等。不管操作到什麼步驟，您都可能需要回退一步，甚至重新開始的功能。一般的實作方式是使用**狀態機**（**state machine**）來達成這樣的需求。

> **狀態機**（**state machine**）
> 透過一系列狀態表示和控制執行流程的模型。

狀態機的實作包括：

- 預先定義狀態的集合，通常表示為常數，其值是由描述狀態中發生情況的單字或短語所組成的字串。

- 追蹤目前狀態的單個變數。

- 一個起始狀態（來自一組預先定義的狀態）。

- 一組明確定義狀態之間的轉換。

狀態機在任何給定時間只能處於一種狀態，但可以切換到新狀態，通常以使用者的特定輸入為基礎來判定。在第 7 章中，我們探討了 pygwidgets 套件中的 GUI 按鈕類別。移到按鈕上並點按按鈕時，使用者會看到三個不同的影像（放開 up、游標滑過 over、按下 down），它們分別對應按鈕的不同狀態。影像切換是在 handleEvent() 方法中完成的（每當事件發生時都會呼叫該方法）。讓我們仔細看看這是怎麼實作的。

handleEvent() 方法被建構成狀態機。狀態儲存在實例變數 self.state 中，每個按鈕都以放開 up 狀態為起始，顯示「up」影像。當使用者把游標移到按鈕上時，會顯示「over」影像而且程式碼會轉換成 over 狀態。當使用者按下按鈕時，會顯示「down」影像且程式碼進入 down 狀態（內部稱為武裝 armed 狀態）。當使用者放開滑鼠按鈕（up）時，則再次顯示「over」影像，程式碼轉回 over 狀態（handleEvent() 返回 True 表示發生了點按）。如果使用者隨後把游標從按鈕上移開，則再次顯示「up」影像並轉換回 up 狀態。

接下來，我會向您展示怎麼使用狀態機來表示使用者在大型的程式中可能遇到的不同場景。以一個通用範例來說，會有以下場景：Splash（開始）、Play（遊戲）和 End（結束）。我們會建立一組表示不同狀態的常數，建立一個名為 state 的變數，並指定起始狀態的值：

```
STATE_SPLASH = 'splash'
STATE_PLAY = 'play'
STATE_END = 'end'
state = STATE_SPLASH  # 初始化起始狀態
```

為了在不同的狀態下執行不同的動作，在程式的主迴圈中，我們使用了一個 if/elif/elif/.../else 的結構，會根據狀態變數的目前值進行分支：

```
while True:
    if state == STATE_SPLASH:
        # 在起始狀態中要處理的工作
    elif state == STATE_PLAY:
        # 在遊戲狀態中要處理的工作
    elif state == STATE_END:
        # 在結束狀態中要處理的工作
    else:
        raise ValueError('Unknown value for state: ' + state)
```

由於 state 最初設為 STATE_SPLASH，因此只會執行 if 陳述句的第一個分支。

狀態機的思維是，在某些情況下，通常會由某些事件觸發，程式透過為 state 變數指定不同的值來改變其狀態。例如，初始 Splash 場景可以只顯示帶有 Start 按鈕的遊戲介紹，當使用者點按 Start 按鈕時，遊戲會執行一個指定值陳述句，改變 state 變數的值，轉換到 Play 狀態：

```
state = STATE_PLAY
```

一旦該行執行，只有第一個 elif 中的程式碼會執行，並且會執行完全不同的程式碼——用於顯示和回應 Play 狀態的程式碼。

同樣地，每當程式達到遊戲的結束條件時，它會執行以下這行行來轉換到 End 狀態：

```
state = STATE_END
```

從執行這一行起，程式每經過一次 while 迴圈，就會執行第二個 elif 分支的程式碼。

總而言之，狀態機有一組狀態，一個用於追蹤程式處於哪個狀態的變數，以及一組讓程式由某個狀態轉換到另一個狀態的事件。由於只有一個變數來追蹤狀態，因此程式在任何時候都只能處於其中一種狀態。使用者採取的不同操作（點按按鈕、按住按鍵、拖動項目等）或其他事件（例如計時器跑完了）都可能會導致程式從一種狀態轉換到另一種狀態。根據所處的狀態，程式可能會監聽不同的事件並且通常會執行不同的程式碼。

帶有狀態機的 pygame 範例程式

接下來，我們會建構一個使用狀態機的「Rock, Paper, Scissors」猜拳遊戲。使用者選擇石頭、布或剪刀，然後電腦再隨機選一種。如果玩家和電腦都是選到相同的項目，那就是平局。否則，根據以下規則，玩家或電腦會獲得一分：

■ 石頭壓碎剪刀。

■ 剪刀剪布。

■ 布包住石頭。

使用者將把遊戲看作三個場景：一個 Splash 開場場景（圖 15-1）、一個 Play 遊戲場景（圖 15-2）和一個 Result 結果場景（圖 15-3）。

圖 15-1：「Rock, Paper, Scissors」猜拳遊戲的 Splash 開場場景

Splash 開場場景等待使用者按下 Start 按鈕。

圖 15-2：「Rock, Paper, Scissors」猜拳遊戲的 Play 遊戲場景

Play 場景是使用者做出選擇的地方。在使用者點按一個圖示來表明其選擇後，電腦也會做出一個隨機的選擇。

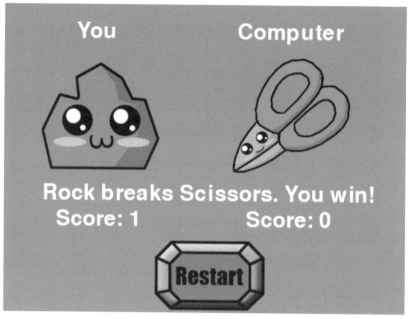

圖 15-3：「Rock, Paper, Scissors」猜拳遊戲的 Result 結果場景

Result 結果場景顯示了這回合猜拳的結果和得分。會等待使用者點按 Restart 按鈕以進行另一輪的比賽。

在這個遊戲中，每個狀態值對應一個不同的場景。圖 15-4 是一個**狀態圖**，顯示了狀態和轉換（讓程式從某種狀態轉移到另一種狀態的動作或事件）。

圖 15-4：「Rock, Paper, Scissors」猜拳遊戲的狀態圖

當處於空閒狀態（等待使用者動作）時，目前場景通常會保持不變。也就是說，在主事件迴圈的內部，程式通常不會改變 state 變數的值（有些可能會在計時器結束時可能改變其狀態，但這種情況很少見）。這個遊戲以 Splash 開場場景為起始，當使用者按下 Start 按鈕時，會進入 Play 遊戲場景。遊戲的進行會在 Play 遊戲和 Results 結果場景之間交替進行。雖然這只是個簡單的範例，但狀態圖對於理解更複雜程式的流程是非常有用的。

Listing 15-1 提供了「Rock, Paper, Scissors」猜拳遊戲的程式碼，由於版面有限而沒有全都列出，省略了一些樣板程式碼。

↳ 檔案：RockPaperScissorsStateMachine/RockPaperScissors.py
Listing 15-1：「Rock, Paper, Scissors」猜拳遊戲的程式碼

```python
# 使用 pygame 的 Rock, Paper, Scissors 猜拳遊戲
# 狀態機的示範程式

--- 省略 ---

# 為常數設定三種狀態
STATE_SPLASH = 'Splash' ❶
STATE_PLAYER_CHOICE = 'PlayerChoice'
STATE_SHOW_RESULTS = 'ShowResults'

# 3 - 初始化遊戲環境
--- 省略 ---

# 4 - 載入資源：影像、聲音等
--- 省略 ---

# 5 - 初始化變數
playerScore = 0
computerScore = 0
state = STATE_SPLASH ❷ # 開場狀態

# 6 - 持續執行的迴圈
while True:

    # 7 - 檢查和處理事件
    for event in pygame.event.get():
        if event.type == pygame.QUIT:
            pygame.quit()
            sys.exit()

        if state == STATE_SPLASH: ❸
            if startButton.handleEvent(event):
                state = STATE_PLAYER_CHOICE

        elif state == STATE_PLAYER_CHOICE: ❹ # 讓使用者選擇
            playerChoice = '' # 指示還未選擇
```

```
    if rockButton.handleEvent(event):
        playerChoice = ROCK
        rpsCollectionPlayer.replace(ROCK)

    elif paperButton.handleEvent(event):
        playerChoice = PAPER
        rpsCollectionPlayer.replace(PAPER)

    elif scissorButton.handleEvent(event):
        playerChoice = SCISSORS
        rpsCollectionPlayer.replace(SCISSORS)

    if playerChoice != '':  # 玩家做了選擇，接著是電腦做選擇
        # 電腦從移動元組中選擇
        rps = (ROCK, PAPER, SCISSORS)
        computerChoice = random.choice(rps) # 電腦做選擇
        rpsCollectionComputer.replace(computerChoice)

        # 判定遊戲結果
        if playerChoice == computerChoice:  # 平手
            resultsField.setValue('It is a tie!')
            tieSound.play()

        elif playerChoice == ROCK and computerChoice == SCISSORS:
            resultsField.setValue('Rock breaks Scissors. You win!')
            playerScore = playerScore + 1
            winnerSound.play()

        elif playerChoice == ROCK and computerChoice == PAPER:
            resultsField.setValue('Rock is covered by Paper. You lose.')
            computerScore = computerScore + 1
            loserSound.play()

        elif playerChoice == SCISSORS and computerChoice == PAPER:
            resultsField.setValue('Scissors cuts Paper. You win!')
            playerScore = playerScore + 1
            winnerSound.play()

        elif playerChoice == SCISSORS and computerChoice == ROCK:
            resultsField.setValue('Scissors crushed by Rock. You lose.')
            computerScore = computerScore + 1
            loserSound.play()

        elif playerChoice == PAPER and computerChoice == ROCK:
            resultsField.setValue('Paper covers Rock. You win!')
            playerScore = playerScore + 1
            winnerSound.play()

        elif playerChoice == PAPER and computerChoice == SCISSORS:
            resultsField.setValue('Paper is cut by Scissors. You lose.')
            computerScore = computerScore + 1
            loserSound.play()

        # 顯示玩家的分數
        playerScoreCounter.setValue('Your Score: '+ str(playerScore))
```

```
                # 顯示電腦的分數
                computerScoreCounter.setValue('Computer Score: '+
                                    str(computerScore))

                state = STATE_SHOW_RESULTS  # 變更狀態

        elif state == STATE_SHOW_RESULTS:  ❺
            if restartButton.handleEvent(event):
                state = STATE_PLAYER_CHOICE  # 變更狀態

        else:
            raise ValueError('Unknown value for state:', state)

    # 8 - 「每幀」影格要進行的動作
    if state == STATE_PLAYER_CHOICE:
        messageField.setValue('        Rock        Paper        Scissors')
    elif state == STATE_SHOW_RESULTS:
        messageField.setValue('You                    Computer')

    # 9 - 清除視窗
    window.fill(GRAY)

    # 10 - 繪製所有視窗元素
    messageField.draw()

    if state == STATE_SPLASH:  ❻
        rockImage.draw()
        paperImage.draw()
        scissorsImage.draw()
        startButton.draw()

    # 繪製玩家的選擇
    elif state == STATE_PLAYER_CHOICE:  ❼
        rockButton.draw()
        paperButton.draw()
        scissorButton.draw()
        chooseText.draw()

    # 繪製結果
    elif state == STATE_SHOW_RESULTS:  ❽
        resultsField.draw()
        rpsCollectionPlayer.draw()
        rpsCollectionComputer.draw()
        playerScoreCounter.draw()
        computerScoreCounter.draw()
        restartButton.draw()

    else:
        raise ValueError('Unknown value for state:', state)

    # 11 - 更新視窗
    pygame.display.update()

    # 12 - 放慢速度
    clock.tick(FRAMES_PER_SECOND)  # 讓 pygame 等待一會兒
```

在上面的 Listing 中，我截取了為 Splash、Play 和 Results 場景建立影像、按鈕和文字欄位的程式碼。完整的原始程式碼和所有相關的影像圖檔等資源可連到 https://github.com/IrvKalb/Object-Oriented-Python-Code 下載。

在程式進入主迴圈之前，定義了所有三個狀態❶，實例化並載入所有螢幕畫面元素，並設定起始狀態❷。

我們根據程式所處的狀態進行不同的事件檢查。在 Splash 狀態下只檢查是否點按了 Start 按鈕❸。在 Play 狀態下檢查是否點按了 Rock、Paper 或 Scissors 圖示按鈕❹。在 Results 狀態下只檢查 Restart 按鈕❺的點按。

在一個場景中按下按鈕或進行選擇會變更 state 變數的值，從而讓遊戲移到不同的場景中。在主迴圈的底部❻❼❽，我們根據程式目前所處的狀態繪製不同的螢幕畫面元素。

這種技術適用於只有少數狀態／場景的情況。如果在具有更複雜規則的程式或有許多場景和／或狀態的程式中，追蹤應該在哪裡執行某些操作會變得非常困難。好在我們可以利用本書前面介紹的許多物件導向程式設計技術，並以獨立場景為基礎建構不同的體系結構，所有這些都由物件管理器物件來控制。

用來管理多個場景的場景管理器

第二種建構具有多個場景程式的做法是使用**場景管理器**（**scene manager**）：一個集中處理不同場景的物件。我們會建立一個 SceneMgr 類別並從中實例化一個 oSceneMgr 物件。在下面的討論中，我把 oSceneMgr 物件稱為場景管理器，而且只實例化了一個。正如您會看到的，場景管理器和相關場景利用了封裝、繼承和多型等技術。

使用場景管理器可能需要花點功夫，但由此產生的程式架構會是個高度模組化、易於修改的程式。使用場景管理器的程式會由以下檔案所組成：

主程式　小型主程式（您編寫的）必須先建立程式中標識每個場景的實例，隨後建立場景管理器的實例，傳入場景的串列和影格速率。若想要啟動程式，請呼叫場景管理器的 run() 方法。對於您建構的每個新專案都必須編寫一個新的主程式。

場景管理器 可以使用 pyghelpers.py 檔案中的 SceneMgr 類別當作場景管理器，它是專門為您編寫的。這個類別可追蹤所有不同的場景、記住哪個是目前顯示的、呼叫目前場景中的方法、切換場景，和處理場景之間的通訊等。

場景 您的程式可以有任意個場景，依您的需要而定。每個場景通常被開發為一個單獨的 Python 檔案。每個場景類別都必須繼承自預先寫好的 Scene 基礎類別，並具有一組名稱已預先定義的方法。場景管理器使用多型在目前場景中呼叫這些方法。我提供了一個範本 ExampleScene.py 檔來向您展示怎麼建構場景。

SceneMgr 類別的程式碼和 Scene 基礎類別的程式碼都在 pyghelpers 套件中。場景管理器是管理任意數量的場景物件的物件管理器物件。

使用場景管理器的範例程式

作為示範用的例子，我們會建構一個含有三個簡單場景的場景範例程式：場景 A、場景 B 和場景 C。這支程式的想法是，在任何場景中，使用者都可以點按按鈕進入任何其他場景。圖 15-5 到 15-7 顯示了三個場景的螢幕畫面截圖。

圖 15-5：使用者所看到的場景 A 畫面

從場景 A 畫面中可切換到場景 B 或場景 C。

圖 15-6：使用者所看到的場景 B 畫面

從場景 B 畫面中可切換到場景 A 或場景 C。

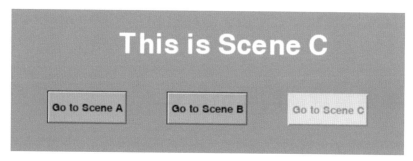

圖 15-7：使用者所看到的場景 C 畫面

從場景 C 畫面中可切換到場景 A 或場景 B。

專案資料夾的結構如圖 15-8 所示。請留意，我們假設您已經在正確的 site-packages 資料夾中安裝了 pygwidgets 和 pyghelpers 模組。

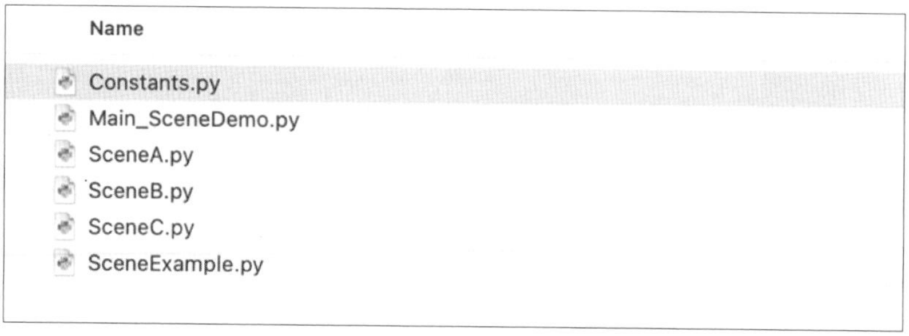

Name
Constants.py
Main_SceneDemo.py
SceneA.py
SceneB.py
SceneC.py
SceneExample.py

圖 15-8：專案資料夾顯示了主程式和不同的場景檔案

Main_SceneDemo.py 是主程式檔。Constants.py 內含一些由主程式和所有場景共享的常數。SceneA.py、SceneB.py 和 SceneC.py 是實際場景，每個場景都含有

一個相關的場景類別。SceneExample.py 是個範例程式檔，顯示了典型場景程式檔案的樣貌，這支程式沒有使用到，但您可以參考它來學習編寫典型場景的基礎知識。

圖 15-9 顯示了程式中物件的相互關係。

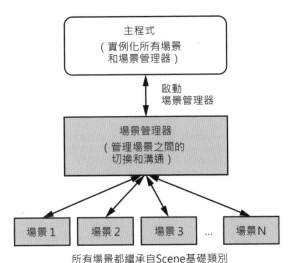

圖 15-9：在專案中物件的階層關係

讓我們看看使用場景管理器的程式有什麼不同以及它是怎麼協同運作的，從主程式開始。

主程式

每個專案的主程式都是唯一的，其功用是初始化 pygame 環境、實例化所有場景、建立 SceneMgr 實例，隨後把控制權交給場景管理器 oSceneMgr。Listing 15-2 展示了範例主程式的內容。

↳ 檔案：SceneDemo/Main_SceneDemo.py
Listing 15-2：使用場景管理器的範例主程式

```
# 場景範例主程式和三個場景

---省略---
# 1 - 匯入套件
import pygame
import pyghelpers ❶
```

```
from SceneA import *
from SceneB import *
from SceneC import *

# 2 - 定義常數
WINDOW_WIDTH = 640 ❷
WINDOW_HEIGHT = 180
FRAMES_PER_SECOND = 30

# 3 - 初始化視窗的環境
pygame.init()
window = pygame.display.set_mode((WINDOW_WIDTH, WINDOW_HEIGHT))

# 4 - 載入相關內容：影像、聲音…等

# 5 - 初始化變數
# 實例化所有場景並將它們存放入串列中
scenesList = [SceneA(window), ❸
              SceneB(window),
              SceneC(window)]

# 建立場景管理器，傳入場景串列和 FPS
oSceneMgr = pyghelpers.SceneMgr(scenesList, FRAMES_PER_SECOND) ❹

# 告知場景管理器開始執行
oSceneMgr.run() ❺
```

主程式的程式碼比較短，首先是匯入 pyghelpers，隨後是所有場景（在本例中為 SceneA、SceneB 和 SceneC）❶。然後定義更多的常數，初始化 pygame，並建立視窗❷。接下來為每個場景建構實例，並將所有場景儲存在一個串列❸中。這行程式碼執行之後，就會為每個場景建構一個初始化物件。

接著從 SceneMgr 類別中實例化場景管理器物件（oSceneMgr）❹。當我們建構這個物件時需要傳入兩個值：

■ 場景串列，這樣場景管理員就能處理所有場景。場景串列中的第一個場景是當程式的開始場景。

■ 程式要維持的每秒影格數（影格速率）。

最後透過呼叫它的 run() 方法告知場景管理器開始執行❺。場景管理器始終維持著把某個場景當作為目前場景，使用者會看到並與之互動的場景。

請留意，使用這種做法，主程式實作了典型 pygame 程式的初始化，但不建構主迴圈來處理。相反地，主迴圈是放置於場景管理器本身。

建構場景

為了理解場景管理器和任何單個場景之間的互動，我會以一個典型的場景來解釋說明其建構和互動的原理。

每次通過其迴圈，場景管理器都會呼叫目前場景中的一組預先定義方法，這些方法的功用就是處理事件、執行任何每幀影格的動作以及繪製需要在該場景中顯示的任何內容。因此，必須把每個場景的程式碼拆分到這些方法中，該方法運用了多型的技術：每個場景都需要實作一組通用的方法。

在每個場景中實作的方法

每個場景都實作為一個類別，該類別繼承自 pyghelpers.py 檔中定義的 Scene 基礎類別。因此，每個場景都必須匯入 pyghelpers。場景至少要有 __init__() 方法，而且必須覆寫（override）基礎類別中的 getSceneKey()、handleInputs() 和 draw() 方法。

每個場景都必須有一個唯一的「**場景鍵（scene key）**」——場景管理器用來識別每個場景的字串。我建議您建構一個名稱類似於 Constants.py 的檔案，其中放入所有場景的「鍵」，並將此檔案匯入每個場景檔案中。舉例來說，範例程式的 Constants.py 檔中含有：

```
# 場景鍵（任何唯一的值）：
SCENE_A = 'scene A'
SCENE_B = 'scene B'
SCENE_C = 'scene C'
```

在其初始化的期間，場景管理器會呼叫每個場景的 getSceneKey() 方法，該方法只返回其唯一的場景鍵。隨後場景管理器會建構場景鍵和場景物件的內部字典。當程式中的任何場景想要切換到不同的場景時，它會呼叫 self.goToScene()（在下一節會說明）並傳入目標場景的場景鍵。場景管理器使用字典中的這個「鍵」來尋找關聯的場景物件，隨後它把找到的新場景物件設定為目前場景並呼叫其方法。

每個場景都必須有自己的 handleInputs() 版本來處理通常在主迴圈中要處理的任何事件，以及自己的 draw() 版本來繪製場景想要在視窗中顯示的任何內容。如果您的場景不覆寫（override）這兩個方法，它會無法回應任何事件且不會在視窗中繪製任何內容。

讓我們仔細看看需要為每個場景實作的四種方法：

def __init__(self, window):

> 每個場景都應該從它自己的 __init__() 方法開始。window 參數是程式要
> 繪製的視窗。您應該使用以下陳述句來起動方法，以儲存 window 參數來
> 供 draw() 方法使用：

```
self.window = window
```

> 之後，您可以放入想要或需要的任何其他初始化程式碼，例如用來實例化
> 按鈕和文字欄位、載入圖像和聲音等的程式碼。

def getSceneKey(self):

> 此方法必須在您編寫的每個場景中實作。您的方法必須返回與該場景關聯
> 的唯一「場景鍵」。

def handleInputs(self, events, keyPressedList):

> 此方法必須在您編寫的每個場景中實作。它要完成與事件或鍵所需的一切
> 處理。events 參數是自上一幀影格以來發生的事件串列，keyPressedList 是
> 表示所有鍵盤鍵狀態的布林值串列（True 表示按住）。要尋找特定鍵是 up
> 放開還是 down 按住，您應該使用常數而不是整數索引來尋找。代表鍵盤
> 所有鍵的常數可在 pygame 官方說明文件（https://www.pygame.org/docs/ref/
> key.html）中找到。
>
> 這個方法的實作應該會有個 for 迴圈，遍訪傳入之串列的所有事件。如果
> 需要，它還可以放入實作處理鍵盤的連續模式的程式碼，如第 5 章所述。

def draw(self):

> 此方法必須在您編寫的每個場景中實作。它會繪製目前場景中需要顯示的
> 所有內容。

場景管理器還在每個場景中呼叫以下的方法來進行處理。在 Scene 基礎類別
中，這些方法都含有一個簡單的 pass 陳述句（表示它們不處理任何事情）。您
可以覆寫任何一個或全部，以執行特定場景所需的任何程式碼：

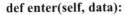

def enter(self, data):

在場景管理器切換到該場景後呼叫此方法。有一個 data 參數,預設值為
None。如果 data 不是 None,那麼它的資訊是在呼叫 goToScene() 時從前
一個場景發送的(在下一節會介紹說明)。data 的值可以是任何型別(從單
個字串或數值到串列或字典再到物件都可以),只要離開場景和進入場景
就傳入的 data 型別是一致的就可以了。當這個場景即將被控制時,enter()
方法會去執行它需要處理的所有事情。

def update(self):

此方法會在每幀影格中呼叫。在這裡,您可以執行第 5 章介紹的原始 12 步
驟範本的第 8 步所做的任何操作。例如,您可能希望此方法在畫面上移動
影像、檢測碰撞等。

def leave(self):

每當程式即將切換到不同的場景時,場景管理器都會呼叫此方法。它會在
切換離開之前完成所有需要完成的清理工作,例如把資訊寫入檔案。

場景的轉換

場景管理器和 Scene 基礎類別提供了一種在場景之間切換的簡單方法。當程式
要轉換到另一個場景時,目前場景會呼叫自己的 goToScene() 方法,該方法是
繼承自 Scene 基礎類別,如下所示:

```
self.goToScene(nextSceneKey, data)
```

goToScene() 方法會告知場景管理器您希望切換到的另一個場景,其場景鍵是
nextSceneKey。您應該透過諸如 Constants.py 之類的檔案讓所有場景鍵可以運
用。data 參數是您想要傳遞到下一個場景的任何可選擇性的資訊。如果不需要
傳送資料,則可以刪除此引數。

典型的呼叫寫法如下所示:

```
self.goToScene(SOME_SCENE_KEY) # 沒有要傳送資料
# 或
self.goToScene(ANOTHER_SCENE_KEY, data=someValueOrValues) # 切換到另一個場景並傳入資料
```

data 的值可以是任何型式，只要離開和進入的場景都用一樣的格式就可以了。
為了回應這個呼叫，在離開目前場景之前，場景管理器會呼叫該場景的 leave()
方法。當下一個場景即將啟用時，場景管理器會呼叫該場景的 enter() 方法並
把 data 的值傳入新的場景。

結束程式

場景管理器用來處理使用者結束目前執行程式的三種不同方式：

■ 點按視窗頂端的關閉按鈕。

■ 按下 ESCAPE 鍵。

■ 透過任何附加機制，例如 Quit 按鈕之類。在這種情況下需要進行以下呼叫
（它也內建在 Scene 基礎類別中）：

```
self.quit() # 結束程式
```

典型的場景

Listing 15-3 展示了一個典型場景的範例，這支範例程式是實作「Scene A」的
SceneA.py 檔案，如圖 15-5 所示。請記住，主迴圈是由場景管理器實作的。在
其主迴圈中，場景管理器會呼叫目前場景的 handleInputs()、update() 和 draw()
方法。

🖢 檔案：SceneDemo/SceneA.py
Listing 15-3：典型的場景（在場景範例程式中的 Scene A）

```
# Scene A

import pygwidgets
import pyghelpers
import pygame
from pygame.locals import *
from Constants import *

class SceneA(pyghelpers.Scene):
 ❶ def __init__(self, window):
        self.window = window

        self.messageField = pygwidgets.DisplayText(self.window,
                    (15, 25), 'This is Scene A', fontSize=50,
                    textColor=WHITE, width=610, justified='center')
```

```
          self.gotoAButton = pygwidgets.TextButton(self.window,
                                         (100, 100), 'Go to Scene A')
          self.gotoBButton = pygwidgets.TextButton(self.window,
                                         (250, 100), 'Go to Scene B')
          self.gotoCButton = pygwidgets.TextButton(self.window,
                                         (400, 100), 'Go to Scene C')
          self.gotoAButton.disable()

❷ def getSceneKey(self):
      return SCENE_A

❸ def handleInputs(self, eventsList, keyPressedList):
      for event in eventsList:
          if self.gotoBButton.handleEvent(event):
            ❹ self.goToScene(SCENE_B)
          if self.gotoCButton.handleEvent(event):
            ❺ self.goToScene(SCENE_C)

  --- 省略（傳送訊息的測試程式碼）---

❻ def draw(self):
      self.window.fill(GRAYA)
      self.messageField.draw()
      self.gotoAButton.draw()
      self.gotoBButton.draw()
      self.gotoCButton.draw()

  --- 省略（回應訊息的測試程式碼）---
```

在 __init__() 方法❶中，我們把 window 參數儲存在實例變數內，隨後建立一個 DisplayText 欄位的實例來顯示標題並建立一些 TextButtons 來讓使用者可以導航切換到其他場景。

getSceneKey() 方法❷只返回此場景的唯一場景鍵（可在 Constants.py 中找到）。在 handleInputs() 方法❸中，如果使用者點按了不同場景的按鈕，則會呼叫 self.goToScene() 方法❹❺把控制轉移到新場景。在 draw() 方法❻中，我們填滿背景、繪製訊息欄位和繪製按鈕。這個範例場景處理的工作很少，所以不需要編寫自己的 enter()、update() 和 leave() 方法。對這些方法的呼叫會由 Scene 基礎類別中的同名方法來處理，這些方法目前沒有做任何事情，它們只是執行一個 pass 陳述句。

另外兩個場景程式檔是 SceneB.py 和 SceneC.py。唯一的區別是顯示的標題、繪製的按鈕以及點按按鈕來切換轉移到適當新場景的效果。

猜拳遊戲的使用場景

讓我們使用場景管理器來建構「Rock, Paper, Scissors」猜拳遊戲的替代實作版本。對使用者而言，遊戲的執行方式與前面介紹的狀態機版本是完全相同的。我們會建構一個 Splash 場景、一個 Play 場景和一個 Results 場景。

所有的原始程式碼都是可用的，所以我不會逐一介紹每個 Python 檔。Splash 場景只是一張帶有開始按鈕的背景圖片。當使用者按下 Start 按鈕時，程式碼會執行 goToScene(SCENE_PLAY) 來切換轉移到 Play 場景。在 Play 場景中，對使用者顯示一組影像圖（石頭、布和剪刀）並要求使用者挑選一個，點按影像圖之後就會把控制轉移到結果場景。Listing 15-4 列出了 Play 場景的程式碼。

✦ 檔案：RockPaperScissorsWithScenes/ScenePlay.py
Listing 15-4：猜拳遊戲的 Play 場景

```python
# Play 場景
# 玩家選擇石頭、布和剪刀

import pygwidgets
import pyghelpers
import pygame
from Constants import *
import random

class ScenePlay(pyghelpers.Scene):
    def __init__(self, window):
        self.window = window

        self.RPSTuple = (ROCK, PAPER, SCISSORS)

        --- 省略 ---
    def getSceneKey(self):                      ❶
        return SCENE_PLAY

    def handleInputs(self, eventsList, keyPressedList):  ❷
        playerChoice = None

        for event in eventsList:
            if self.rockButton.handleEvent(event):
                playerChoice = ROCK

            if self.paperButton.handleEvent(event):
                playerChoice = PAPER

            if self.scissorButton.handleEvent(event):
                playerChoice = SCISSORS
```

```
        if playerChoice is not None: ❸ # 使用者做了選擇
            computerChoice = random.choice(self.RPSTuple)  # 電腦選擇
            dataDict = {'player': playerChoice, 'computer': computerChoice} ❹
            self.goToScene(SCENE_RESULTS, dataDict) ❺ # 切換到 Results 場景

    # 不需要引入 update 方法，預設是由繼承而來，但方法不做任何處理

    def draw(self):
        self.window.fill(GRAY)
        self.titleField.draw()
        self.rockButton.draw()
        self.paperButton.draw()
        self.scissorButton.draw()
        self.messageField.draw()
```

這裡因版面有限而省略沒有列出建立文字欄位和石頭、布和剪刀按鈕的程式碼。而 getSceneKey() 方法❶直接會返回該場景的場景鍵。

最重要的方法是 handleInputs() ❷，它會在每幀影格中被呼叫。如果點按了任何按鈕，就會由 playerChoice 變數設定適當的常數值❸，隨後換電腦也做出隨機選擇。接著把玩家的選擇和電腦的選擇結合起來建構一個簡單的字典❹，因此可以將這項資訊當作資料傳到 Results 場景。最後要切換轉移到 Results 場景，我們呼叫 goToScene() 並傳入字典❺。

場景管理器收到這個呼叫，會在目前場景（Play）呼叫 leave()，把目前場景切換到新場景（Results），並在新場景（Results）呼叫 enter()，它會把離開場景的資料傳給新場景的 enter() 方法。

Listing 15-5 列出了 Results 場景的程式碼，這裡的程式碼有很多行，但其中大部分都是用來顯示適當的圖示和對回合結果的評斷。

↳ 檔案：RockPaperScissorsWithScenes/SceneResults.py
Listing 15-5：猜拳遊戲的 Results 場景

```
# Results 場景
# 顯示玩家在這回合的猜拳結果

import pygwidgets
import pyghelpers
import pygame
from Constants import *
```

```
class SceneResults(pyghelpers.Scene):
    def __init__(self, window):
        self.window = window

        self.playerScore = 0
        self.computerScore = 0

❶      self.rpsCollectionPlayer = pygwidgets.ImageCollection(
                            window, (50, 62),
                            {ROCK: 'images/Rock.png',
                            PAPER: 'images/Paper.png',
                            SCISSORS: 'images/Scissors.png'}, '')

        self.rpsCollectionComputer = pygwidgets.ImageCollection(
                            window, (350, 62),
                            {ROCK: 'images/Rock.png',
                            PAPER: 'images/Paper.png',
                            SCISSORS: 'images/Scissors.png'}, '')

        self.youComputerField = pygwidgets.DisplayText(
                            window, (22, 25),
                            'You                      Computer',
                            fontSize=50, textColor=WHITE,
                            width=610, justified='center')

        self.resultsField = pygwidgets.DisplayText(
                            self.window, (20, 275), '',
                            fontSize=50, textColor=WHITE,
                            width=610, justified='center')

        self.restartButton = pygwidgets.CustomButton(
                            self.window, (220, 310),
                            up='images/restartButtonUp.png',
                            down='images/restartButtonDown.png',
                            over='images/restartButtonHighlight.png')

        self.playerScoreCounter = pygwidgets.DisplayText(
                            self.window, (86, 315), 'Score:',
                            fontSize=50, textColor=WHITE)

        self.computerScoreCounter = pygwidgets.DisplayText(
                            self.window, (384, 315), 'Score:',
                            fontSize=50, textColor=WHITE)
        # 聲音
        self.winnerSound = pygame.mixer.Sound("sounds/ding.wav")
        self.tieSound = pygame.mixer.Sound("sounds/push.wav")
        self.loserSound = pygame.mixer.Sound("sounds/buzz.wav")

❷   def enter(self, data):
        # 資料 data 是個字典值（由 Play 場景而來），看起像：
        #    {'player':playerChoice, 'computer':computerChoice}
        playerChoice = data['player']
        computerChoice = data['computer']
```

```
        # 設定玩家和電腦影像
❸    self.rpsCollectionPlayer.replace(playerChoice)
     self.rpsCollectionComputer.replace(computerChoice)

        # 評判遊戲的贏／輸／平手的條件
❹    if playerChoice == computerChoice:
         self.resultsField.setValue("It's a tie!")
         self.tieSound.play()

     elif playerChoice == ROCK and computerChoice == SCISSORS:
         self.resultsField.setValue("Rock breaks Scissors. You win!")
         self.playerScore = self.playerScore + 1
         self.winnerSound.play()

     --- 省略 ---

        # 顯示玩家和電腦的分數
     self.playerScoreCounter.setValue(
                         'Score: ' + str(self.playerScore))
     self.computerScoreCounter.setValue(
                         'Score: ' + str(self.computerScore))
❺ def handleInputs(self, eventsList, keyPressedList):
     for event in eventsList:
         if self.restartButton.handleEvent(event):
             self.goToScene(SCENE_PLAY)

   # 不用引入 update 方法，
   # 預設是會繼承而來且這個方法不會做任何處理

❻ def draw(self):
     self.window.fill(OTHER_GRAY)
     self.youComputerField.draw()
     self.resultsField.draw()
     self.rpsCollectionPlayer.draw()
     self.rpsCollectionComputer.draw()
     self.playerScoreCounter.draw()
     self.computerScoreCounter.draw()
     self.restartButton.draw()
```

這裡因版面有限而省略沒有列出一些遊戲評判的邏輯處理。enter() 方法❷是這個類別中最重要的方法。當玩家在前一個 Play 場景中做出選擇時，程式會切換轉到這個 Results 場景。首先，我們把從 Play 場景中傳入的玩家和電腦的選擇提取為字典，如下所示：

```
{'player': playerChoice, 'computer': computerChoice}
```

在 __init__() 方法❶中，我們為玩家和電腦建立 ImageCollection 物件，每個物件都包含石頭、布和剪刀影像圖。在 enter() 方法❷中，我們使用 ImageCollection 的 replace() 方法❸來顯示代表玩家和電腦選擇的影像。

隨後的評判處理就很簡單了❹。如果電腦和玩家做出相同的選擇就是平局，我們會播放適當的平局聲音檔。如果玩家獲勝，我們會遞增玩家的分數並播放快樂的聲音檔。如果電腦獲勝，則會遞增電腦的分數並播放悲傷的聲音檔。我們更新玩家或電腦的分數，並在對應的文字顯示欄位中顯示分數。

在 enter() 方法執行後（每輪一次），場景管理器在每幀影格中呼叫 handleInputs() 方法❺。當使用者點按 Restart 時，就會呼叫繼承的 goToScene() 方法切換轉移到 Play 場景。

draw() 方法❻會為該場景繪製視窗中所有的內容。

在這個場景中，我們沒有在每幀影格中做任何額外的工作，所以我們不需要編寫 update() 方法。當場景管理器呼叫 update() 時，Scene 基礎類別中的繼承方法會執行，而這其中只執行一個 pass 陳述句。

場景之間的溝通

場景管理器提供了一組讓場景透過發送或請求資訊來相互溝通的方法。並非所有程式都需要這種溝通方式，但這種做法非常有用。場景管理器允許任何場景進行如下的交流：

■ 從另一個場景請求資訊

■ 把資訊發送到另一個場景

■ 向所有其他場景發送資訊

在接下來的小節中，我會把使用者正在看的場景稱為「**目前**」場景。目前場景正在向目前場景發送資訊或從目前場景請求資訊的場景就是「**目標**」場景。用來傳遞資訊的方法都在Scene基礎類別中實作。因此，所有場景（必須從Scene基礎類別繼承）都可以使用 self.<method>() 來存取這些方法。

從目標場景請求資訊

若想要從任何其他場景請求資訊，需要從場景呼叫繼承的 request() 方法，如下所示：

```
self.request(targetSceneKey, requestID)
```

上述這行呼叫是讓目前場景向目標場景請求資訊，由其場景鍵（targetScene Key）來標識。requestID 是用來唯一標識您所要求資訊的識別。requestID 的值通常是放在 Constants.py 等檔案中定義的常數。該呼叫返回請求的資訊。典型的呼叫寫法如下所示：

```
someData = self.request(SOME_SCENE_KEY, SOME_INFO_CONSTANT)
```

這行程式實際上是說：「向 SOME_SCENE_KEY 場景發出請求，請求標識為 SOME_INFO_CONSTANT 的資訊」。資訊返回後指定到 someData 變數。

場景管理器充當中介：它接收對 request() 呼叫返回的東西，並將其轉換為對目標場景中 respond() 的呼叫。要讓目標場景能夠提供資訊，您必須在該場景的類別中實作一個 respond() 方法。該方法的第一行應該像下列這樣定義：

```
def respond(self, requestID):
```

respond() 方法中的典型程式碼會檢查 requestID 參數的值，並返回適當的資訊。返回資料的格式可以採用目前場景和目標場景一致的型式。

向目標場景發送資訊

為了向目標場景發送資訊，目前場景會呼叫繼承的 send() 方法，如下所示：

```
self.send(targetSceneKey, sendID, info)
```

上述這行呼叫會讓目前場景把資訊發送到標識為場景鍵（targetSceneKey）的目標場景。sendID 是用來唯一標識您發送資訊的識別。info 參數則是您要發送到目標場景的資訊內容。

典型的呼叫寫法如下所示：

```
self.send(SOME_SCENE_KEY, SOME_INFO_CONSTANT, data)
```

這行程式實際上是說：「把資訊發送到 SOME_SCENE_KEY 場景。資訊由 SOME_INFO_CONSTANT 標識，資訊為 data 變數的值」。

場景管理器接收對 send() 的呼叫，並將其轉換為對目標場景中 receive() 的呼叫。若想要讓某個場景向另一個場景發送資訊，您必須在目標場景類別中實作一個 receive() 方法，如下所示：

```
def receive(self, receiveID, info):
```

如果需要處理不同的 receiveID 值，receive() 方法可放入一個 if/elif/else 結構。傳輸的資訊可以用目前場景和目標場景一致的方式來進行格式化。

向所有場景發送資訊

若想要更方便的處理，場景可以使用單一方法 sendAll() 把資訊發送到所有其他的場景：

```
self.sendAll(sendID, info)
```

此呼叫允許目前場景向所有其他場景發送資訊。sendID 唯一標識了您發送的資訊。info 參數是您要發送到所有場景的資訊內容。

典型的呼叫寫法如下所示：

```
self.sendAll(SOME_INFO_CONSTANT, data)
```

這行程式實際上是說：「向所有場景發送資訊。資訊由 SOME_INFO_CONSTANT 標識，資訊為 data 變數的值」。

為此，如上一節所述，除了目前場景之外的所有場景都必須實作 receive() 方法。場景管理器會把訊息發送到所有場景（目前場景除外）。目前場景可能含一個 receive() 方法，用於接收其他場景發送的資訊。

測試場景之間的溝通

前面在 Listing 15-2 和 15-3 中討論過的場景範例程式（包含 Scene A、Scene B 和 Scene C），在每個場景中都示範了呼叫 send()、request() 和 sendAll() 的程式碼。此外，每個場景都實作了簡單版本的 receive() 和 respond() 方法。在範例程式中，使用者可以透過按下 A、B 或 C 向另一個場景發送訊息。按下 X 則是向所有場景發送訊息。按 1、2 或 3 會發送要從目標場景獲取資訊的請求，目標場景會以字串回應。

場景管理器的實作

在接下來的內容中會探討場景管理器是如何實作的。但 OOP 技術中有說過客戶端程式碼的開發人員不需要了解類別的實作，只需了解介面即可。關於場景管理器，您不需要知道它是怎麼運作的，只需要知道您必須在場景中實作什麼方法、什麼時候呼叫它們、可以呼叫什麼方法。因此，如果您對內部結構不感興趣，可以直接跳過。如果您感興趣，本節會介紹實作細節，並且在此過程中讓您學習到有趣的技術，能讓物件之間的雙向溝通。

場景管理器是在 pyghelpers 模組中名為 SceneMgr 的類別中實作。如前所述，在您的主程式中，您可以像下列這般建立場景管理器的單個實例：

```
oSceneMgr = SceneMgr(scenesList, FRAMES_PER_SECOND)
```

在您的主程式最後一行需要寫入：

```
oSceneMgr.run()
```

Listing 15-6 展示了 SceneMgr 類別中 __init__() 方法的程式碼。

ᛋ Listing 15-6：SceneMgr 類別中 __init__() 方法

```
--- 省略 ---
def __init__(self, scenesList, fps):

    # 建立字典，其中各個項目都有 sceneKey：場景物件
❶ self.scenesDict = {}
❷ for oScene in scenesList:
        key = oScene.getSceneKey()
        self.scenesDict[key] = oScene

    # 串列中第一個元素用來當作起始場景
❸ self.oCurrentScene = scenesList[0]
    self.framesPerSecond = fps

    # 給每個場景一個指到 SceneMgr 的參照。
    # 這允許任何場景執行 goToScene、request、send，
    # 或 sendAll，它被轉發到場景管理器。
❹ for key, oScene in self.scenesDict.items():
        oScene._setRefToSceneMgr(self)
```

__init__() 方法會追蹤字典中所有場景❶，它遍訪場景串列，向每個場景取得
場景鍵來建構字典❷。場景串列中的第一個場景物件會用來當作起始場景❸。

__init__() 方法的最後一部分做了一些有趣的處理。場景管理器持有對每個場
景的參照，所以它可以向任何場景發送訊息，但是每個場景還需要有能力向場
景管理器發送訊息。為了讓每個場景都能這麼做，__init__() 方法中的最後一
個 for 迴圈會呼叫放在每個場景基礎類別中的特殊方法 _setRefToSceneMgr()
❹，並傳入 self，這是指到場景管理器的參照。這個方法的整個程式碼由一行
組成：

```
def _setRefToSceneMgr(self, oSceneMgr):
--- 省略 ---
    self.oSceneMgr = oSceneMgr
```

此方法只是把此參照儲存回場景管理器的實例變數 self.oSceneMgr 中。每個場
景都可以使用這個變數來呼叫場景管理器。我會在本節稍後的內容中展示場景
是怎麼使用的。

run() 方法

對於您建構的每個專案，您都必須編寫一個小的主程式來實例化場景管理器。
主程式的最後一步是呼叫場景管理器的 run() 方法。這是整支程式主迴圈的所
在。Listing 15-7 展示了該方法的程式碼內容。

↳ Listing 15-7：SceneMgr 類別的 run() 方法

```
def run(self):

--- 省略 ---
    clock = pygame.time.Clock()

    # 6 - 持續執行的迴圈
    while True:

❶   keysDownList = pygame.key.get_pressed()

        # 7 - 檢查和處理事件
❷   eventsList = []
        for event in pygame.event.get():
            if (event.type == pygame.QUIT) or \
                    ((event.type == pygame.KEYDOWN) and
                    (event.key == pygame.K_ESCAPE)):
                # 告知目前場景我們要離開
                self.oCurrentScene.leave()
                pygame.quit()
                sys.exit()

            eventsList.append(event)

        # 在這裡，我們讓目前場景處理所有事件，
        # 在其 update 方法中進行「每幀」影格的處理，
        # 並繪製所有需要顯示的內容。
❸   self.oCurrentScene.handleInputs(eventsList, keysDownList)
❹   self.oCurrentScene.update()
❺   self.oCurrentScene.draw()

        # 11 - 更新視窗
❻   pygame.display.update()

        # 12 - 放慢速度
        clock.tick(self.framesPerSecond)
```

run() 方法是場景管理器運作的關鍵。請記住，所有場景都必須是多型的，至少每個場景都必須實作一個 handleInputs() 和一個 draw() 方法。每次迴圈時，run() 方法會執行以下操作：

■ 獲取所有鍵盤按鍵❶狀態的串列（False 表示放開，True 表示按下）。

■ 建構自上次迴圈以來發生的事件的串列❷。

■ 呼叫目前場景的多型方法❸。目前場景始終保存在名為 self.oCurrentScene 的實例變數中。在呼叫場景的 handleInputs() 方法時，場景管理器會傳入已發生的事件串列和按鍵串列。每個場景負責處理事件和處理鍵盤的狀態。

- 呼叫 update() 方法❹來讓場景執行任何每幀影格要進行的動作。Scene 基礎類別實作了只有一行 pass 陳述句的 update() 方法，但場景可以用它想要執行的任何程式碼來覆寫這個方法。

- 呼叫 draw() 方法❺來讓場景繪製需要在視窗中顯示的任何東西。

在迴圈的底部（與沒有場景管理器的標準主迴圈相同），該方法會更新視窗❻並等待適當的時間。

主要的方法

SceneMgr 類別的其餘方法是用來實作場景之間的導航轉換和溝通：

> **_goToScene()**　呼叫來切換轉移到不同的場景。
>
> **_request_respond()**　呼叫來在另一個場景中查詢資訊。
>
> **_send_receive()**　呼叫來把資訊從一個場景發送到另一個場景。
>
> **_sendAll_receive()**　呼叫來把資訊從一個場景發送到所有其他場景。

您編寫的任何場景的程式碼都不應該直接呼叫這些方法，並且不應該覆寫它們。這些方法名稱前面的底線就是表示它們是私有（內部）方法。雖然它們不會直接由場景管理器本身呼叫，但它們會由 Scene 基礎類別來呼叫。

為了解釋這些方法的運作原理，我會先概述某個場景想要切換到另一個場景時所涉及的步驟。若想要切換到目標場景，目前場景要呼叫：

```
self.goToScene(SOME_SCENE_KEY)
```

當場景進行這行呼叫時，會轉到繼承的 Scene 基礎類別中的 goToScene() 方法來進行。繼承方法的程式碼是下列這一行組成：

```
def goToScene(self, nextSceneKey, data=None):
--- 省略 ---
    self.oSceneMgr._goToScene(nextSceneKey, data)
```

它是呼叫場景管理器中的私有 _goToScene() 方法。在場景管理器的方法中，我們需要讓目前場景有機會進行任何可能需要的清理，隨後把控制權轉移到新的場景。下面是場景管理器 _goToScene() 方法的程式碼內容：

```
def _goToScene(self, nextSceneKey, dataForNextScene):
--- 省略 ---
    if nextSceneKey is None: # 表示要結束離開
        pygame.quit()
        sys.exit()

    # 呼叫舊場景的 leave 方法,讓其進行清理工作。
    # 設定新場景(以「鍵」為基礎)和
    # 呼叫新場景的 enter 方法。
❶   self.oCurrentScene.leave()
    pygame.key.set_repeat(0) # 關掉重複字元
    try:
❷       self.oCurrentScene = self.scenesDict[nextSceneKey]
    except KeyError:
        raise KeyError("Trying to go to scene '" + nextSceneKey +
                "' but that key is not in the dictionary of scenes.")
❸   self.oCurrentScene.enter(dataForNextScene)
```

_goToScene() 方法執行多個步驟來從目前場景轉換到目標場景。首先,它在目前場景中呼叫 leave() 方法❶,讓目前場景可以進行任何必要的清理。隨後,使用傳入的目標場景「鍵」,找到目標場景的物件❷並將其設定為目前場景。最後,它會為新的目前場景呼叫 enter() 方法❸,讓新的目前場景進行所需的設定。

從此時開始,場景管理器的 run() 方法會進入迴圈並呼叫目前場景的 handle Inputs()、update() 和 draw() 方法。這些方法會在目前場景中呼叫,直到程式再次呼叫 self.goToScene() 轉換到另一個場景或使用者結束退出程式為止。

場景之間的溝通

最後,讓我們探討場景是如何與另一個場景溝通交流的。若想要從某個場景請求資訊,場景只需要呼叫 self.request() 方法,它放在 Scene 基礎類別中,如下所示:

```
dataRequested = self.request(SOME_SCENE_KEY, SOME_DATA_IDENTIFIER)
```

目標場景必須有一個 respond() 方法,該方法需要像下列這般定義:

```
def respond(self, requestID):
```

它使用 requestID 的值來唯一標識要擷取的資料並返回該資料。同樣地,請求場景和目標場景必須對標識符號的值要維持一致。整個過程如圖 15-10 所示。

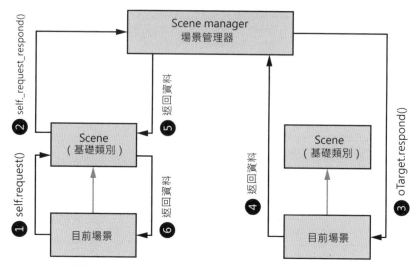

圖 15-10：某個場景向另一場景請求資訊的溝通路徑

目前場景不能直接從另一個場景獲取資訊，因為目前場景沒有指到任何其他場景的參照。

不過可以使用場景管理器作為中介。以下是它的工作原理：

1. 目前場景呼叫 self.request()，此方法位於繼承的 Scene 基礎類別中。

2. Scene 基礎類別在其實例變數 self.oSceneMgr 中有指到場景管理器的參照，允許其方法呼叫場景管理器的方法。self.request() 方法呼叫場景管理器的 _request_respond() 方法從目標場景請求資訊。

3. 場景管理器有一個含有所有場景鍵和對應關聯物件的字典，它使用傳入的參數來尋找與目標場景關聯的物件。隨後它在目標場景中呼叫 respond() 方法。

4. 目標場景中的 respond() 方法（您必須自己編寫）執行它需要做的所有工作來生成請求的資料，隨後把資料返回給場景管理器。

5. 場景管理器會把資料返回給目前場景所繼承 Scene 基礎類別中的 request() 方法。

6. 最後，Scene 基礎類別中的 request() 方法把資料返回給原來的呼叫方。

相同的機制可用來實作 send() 和 sendAll() 方法。唯一的區別是，向一個場景或所有場景發送訊息時，沒有資料要返回給原本的呼叫方。

總結

在本章中，我介紹了兩種不同的做法來實作含有多個場景的程式。第一種狀態機（state machine）是透過一系列狀態來表示和控制執行流程的技術。您可以使用這項技術來實作具有少量場景的程式。場景管理器（scene manager）的目標是透過提供導航切換和場景相互溝通的通用功能來協助您建構有大量多重場景的應用程式。本章還介紹了場景管理器是怎麼實作這些功能的。

場景管理器和 Scene 基礎類別提供了物件導向程式設計三個主要原則（封裝、多型和繼承）的清晰示範。每個場景都是個很好的封裝範例，因為一個場景的所有程式碼和資料都會寫成一個類別。每個場景類別都必須是多型的，因為它必須實作一組通用的方法來配合來自場景管理器的呼叫。最後，每個場景都繼承自一個通用的 Scene 基礎類別。場景管理器和 Scene 基礎類別之間的雙向溝通是利用每個場景使用基礎類別中繼承的方法和實例變數來實作的。

16

完整遊戲實作：

Dodger

在本章中，我們會建構一個名為 Dodger 的完整遊戲程式，
這支程式會運用本書已經講解過的各種技術和觀念。這是
個完全物件導向的遊戲程式擴充版本，這支程式最初版本
是由 Al Sweigart 在他的書《Python 好好玩：趣學電玩遊戲
程式設計（2017 年，碁峰出版）》中開發過。

在我進入遊戲程式本身之前，我會先介紹一組函式，這些函式展示了會在遊戲
中使用的**互動對話方塊**（**modal dialog**，或譯**模態對話方塊**）。互動對話方塊是
一種強制使用者與其進行互動的對話方塊（例如，選取某個選項），然後才能
繼續使用後面的程式。這些對話方塊會暫停下程式的執行，直到點按了某個選
項後才繼續。

互動對話方塊

pyghelpers 模組有兩種互動對話方塊：

- **Yes/No 對話方塊**是提出問題並等待使用者點按兩個按鈕之一來回應。這兩個按鈕的文字預設為 Yes 和 No，但您可以改成您喜歡的其他文字（例如，Ok 和 Cancel）。如果沒有為 No 按鈕指定文字，則此對話方塊可當作警告提示，只有一個 Yes（或 OK）按鈕。

- **Answer 對話方塊**會顯示一個問題、一個供使用者輸入的文字欄位，以及一組預設為「OK」和「Cancel」的文字按鈕。使用者可以回答問題並點按「OK」，或是點按「Cancel」取消（關閉）對話方塊。

您可以透過呼叫 pyghelpers 模組中的特定函式向使用者呈現每種類型的對話方塊。每個對話方塊都有兩種風格：一種是簡單的以 TextButton 為基礎的版本和一種是較複雜的自訂版本。簡單的文字版本會使用帶有兩個 TextButton 物件的預設配置佈局，非常適合快速原型設計。在自訂版本中，您可以為對話方塊提供背景、自訂問題文字、自訂答案文字（Answer 對話方塊）以及為按鈕提供自訂的影像圖。

Yes/No 和警告對話方塊

我們先探討「Yes/No」對話方塊，從文字版本開始。

文字版

下面是 textYesNoDialog() 函式的介面：

```
textYesNoDialog(theWindow, theRect, prompt, yesButtonText='Yes',
                noButtonText='No',
                backgroundColor=DIALOG_BACKGROUND_COLOR,
                textColor=DIALOG_BLACK)
```

呼叫此函式時，需要傳入要繪製的視窗、表示要建立之對話方塊的位置和大小的矩形物件或元組，以及要顯示的文字提示。您還可以選擇指定兩個按鈕的文字、背景色彩和提示文字的色彩。如果未指定，按鈕文字會預設為 Yes 和 No。

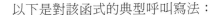

以下是對該函式的典型呼叫寫法：

```
returnedValue = pyghelpers.textYesNoDialog(window,
                        (75, 100, 500, 150),
                        'Do you want fries with that?')
```

上述這行呼叫會顯示如圖 16-1 的對話方塊。

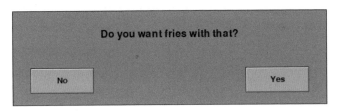

圖 16-1：典型的 textYesNoDialog 對話方塊

Yes 和 No 按鈕是 pygwidgets 中 TextButton 類別的實例。對話方塊顯示時主程式會停止。當使用者點按下按鈕時，若按下 Yes 則該函式會返回 True，若按下 No 則會返回 False。您的程式碼可以根據返回的布林值執行任何需要的操作，隨後主程式會從它停止的地方繼續執行。

您還可以使用此功能建立一個只有一個按鈕的簡單警告提醒對話方塊。如果為 noButtonText 傳入的值為 None，則不會顯示該按鈕。例如，您可以像下面這樣呼叫，只顯示一個按鈕：

```
ignore = pyghelpers.textYesNoDialog(window, (75, 80, 500, 150),
                    'This is an alert!', 'OK', None)
```

圖 16-2 顯示了警告提醒對話方塊的樣貌。

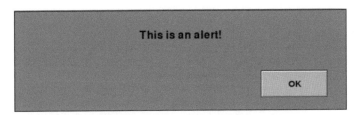

圖 16-2：textYesNoDialog 當作警告提醒用的對話方塊

自訂版本

設定自訂的 Yes/No 對話方塊是更複雜的作業，但能進行更多的控制。下面是 customYesNoDialog() 函式的介面：

```
customYesNoDialog(theWindow, oDialogImage, oPromptText, oYesButton,
                  oNoButton)
```

在呼叫此函式之前，您需要為對話方塊的背景、提示文字以及 Yes 和 No 按鈕來建立物件。為此，您通常會使用從 pygwidgets 類別建立的 Image、Display Text 和 CustomButton（或 TextButton）物件來配合。customYesNoDialog() 程式碼透過呼叫按鈕的 handleEvent() 方法來示範多型，因此無論是使用 Custom Buttons 還是 TextButtons 來透過呼叫構成對話方塊所有物件的 draw() 方法，都無關緊要。因為您建立了所有這些物件，所以您可以自訂任何或所有物件的外觀。您需要為 Image 和 CustomButton 物件提供自己的影像圖，並且把這些圖檔都放在專案的 images 資料夾中。

在實作自訂 Yes/No 對話方塊時，通常您會編寫一個中間函式，如 showCustom YesNoDialog()，程式碼列示在 Listing 16-1 中。隨後在程式碼中要顯示對話方塊的位置，不是直接呼叫 customYesNoDialog()，而是呼叫中間函式，該函式會實例化 widgets 小工具並進行實際的呼叫。

↳ Listing 16-1：建立自訂 Yes/No 對話方塊的中間函式

```
def showCustomYesNoDialog(theWindow, theText):
❶ oDialogBackground = pygwidgets.Image(theWindow, (60, 120),
                          'images/dialog.png')
❷ oPromptDisplayText = pygwidgets.DisplayText(theWindow, (0, 170),
                          theText, width=WINDOW_WIDTH,
                          justified='center', fontSize=36)
❸ oNoButton = pygwidgets.CustomButton(theWindow, (95, 265),
                          'images/noNormal.png',
                          over='images/noOver.png',
                          down='images/noDown.png',
                          disabled='images/noDisabled.png')
   oYesButton = pygwidgets.CustomButton(theWindow, (355, 265),
                          'images/yesNormal.png',
                          over='images/yesOver.png',
                          down='images/yesDown.png',
                          disabled='images/yesDisabled.png')
❹ userAnswer = pyghelpers.customYesNoDialog(theWindow,
                          oDialogBackground,
                          oPromptDisplayText,
                          oYesButton, oNoButton)
❺ return userAnswer
```

在函式內部編寫程式碼來使用您指定的影像圖❶，為背景建立一個 Image 物件。您還為 promt 提示建立一個 DisplayText 物件❷，可以在其中指定位置、文字大小、字型等。隨後把按鈕建構為 TextButton 物件，或者更可能是 Custom Button 物件，以便可以顯示自訂的影像❸。最後，此函式呼叫 customYesNo Dialog()，傳入您剛剛建立的所有物件❹。呼叫 customYesNoDialog() 會返回使用者對這個中間函式的選擇，中間函式把使用者的選擇返回給原始呼叫方❺。這種做法很有效，因為在這個函式中建立的 widgets 小工具物件（oDialogBackground、oPromptDisplayText、oYesButton 和 oNoButton）都是區域變數，因此當中間函式結束時，一切都會消失。

呼叫該函式時，只需要傳入要顯示的視窗和文字提示即可。例如：

```
returnedValue = showCustomYesNoDialog(window,
                        'Do you want fries with that?')
```

圖 16-3 顯示了這行呼叫後所生成的對話方塊。這只是一個例子，您可以設計任何喜歡的版面配置和佈局。

圖 16-3：典型的 customYesNoDialog 對話方塊

與簡單的文字版本一樣，如果為 oNoButton 傳入的值為 None，則不會顯示該按鈕，這對於建構和顯示警告提醒用的對話方塊是很有用的。

在內部，textYesNoDialog() 和 customYesNoDialog() 函式各自執行自己的 while 迴圈來處理事件和更新並繪製對話方塊。如此一來，呼叫程式會暫停（其主迴圈不執行），直到使用者點按了按鈕且互動對話方塊返回選定的答案為止（這兩個函式的原始程式碼都可以在 pyghelpers 模組中找到）。

Answer 對話方塊

Answer 對話方塊新加了一個輸入文字欄位,使用者可以在其中鍵入回應。pyghelpers 模組含有 textAnswerDialog() 和 customAnswerDialog() 函式可用來處理這類對話方塊,它們的工作原理與 Yes/No 對話方塊很類似。

文字版本

下面是 textAnswerDialog() 函式的介面:

```
textAnswerDialog(theWindow, theRect, prompt, okButtonText='OK'
                cancelButtonText='Cancel',
                backgroundColor=DIALOG_BACKGROUND_COLOR,
                promptTextColor=DIALOG_BLACK,
                inputTextColor=DIALOG_BLACK)
```

如果使用者點按 OK 按鈕,該函式會返回使用者輸入的任何文字。如果使用者點按 Cancel 按鈕,該函式會返回 None。以下是典型的呼叫寫法:

```
userAnswer = pyghelpers.textAnswerDialog(window, (75, 100, 500, 200),
                        'What is your favorite flavor of ice cream?')
if userAnswer is not None:
    # 使用者按下 OK 時,配合變數 userAnswer 可進行任何處理
else:
    # 使用者按下 Cancel 時可進行的任何處理
```

上述呼叫執行後顯示的對話方塊會像圖 16-4 所示。

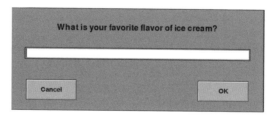

圖 16-4:典型的 textAnswerDialog 對話方塊

自訂版本

要實作自訂的 Answer 對話方塊,您要編寫一個中間函式,類似於使用 custom YesNoDialog() 的寫法。您的主程式碼呼叫中間函式,該函式又呼叫 custom AnswerDialog() 來處理。Listing 16-2 展示了典型中間函式的程式碼。

↳ Listing 16-2：建立自訂 Answer 對話方塊的中間函式

```
def showCustomAnswerDialog(theWindow, theText):
    oDialogBackground = pygwidgets.Image(theWindow, (60, 80),
                            'images/dialog.png')
    oPromptDisplayText = pygwidgets.DisplayText(theWindow, (0, 120),
                            theText, width=WINDOW_WIDTH,
                            justified='center', fontSize=36)
    oUserInputText = pygwidgets.InputText(theWindow, (225, 165), '',
                            fontSize=36, initialFocus=True)
    oNoButton = pygwidgets.CustomButton(theWindow, (105, 235),
                            'images/cancelNormal.png',
                            over='images/cancelOver.png',
                            down='images/cancelDown.png',
                            isabled='images/cancelDisabled.png')
    oYesButton = pygwidgets.CustomButton(theWindow, (375, 235),
                            'images/okNormal.png',
                            over='images/okOver.png',
                            down='images/okDown.png',
                            disabled='images/okDisabled.png')
    response = pyghelpers.customAnswerDialog(theWindow,
                            oDialogBackground, oPromptDisplayText,
                            oUserInputText,
                            oYesButton, oNoButton)
    return response
```

您可以自訂對話方塊的整個外觀：背景影像、字型以及顯示和輸入文字欄位以
及兩個按鈕的大小和位置。若要顯示自訂對話方塊，您的主程式碼會呼叫中間
函式並傳入提示文字，如下所示：

```
userAnswer = showCustomAnswerDialog(window,
                    'What is your favorite flavor of ice cream?')
```

上述這行呼叫會顯示一個自訂 Answer 對話方塊，如圖 16-5 所示。

圖 16-5：典型的 customAnswerDialog 對話方塊

如果使用者點按 OK 鈕，該函式會返回使用者輸入的文字。如果使用者點按
Cancel 鈕，該函式會返回 None。

示範所有類型對話方塊的範例程式放在 DialogTester/Main_DialogTester.py，可在本書下載的資源中找到。

建構完整遊戲程式：Dodger

在本節中，我們會把本書這一部分會用到的所有材料都整合運用在這個 Dodger 遊戲程式中。從使用者的角度來看，這個遊戲程式非常簡單：閃避遊戲中紅色壞人和接觸綠色好人來盡量取得更多的分數。

遊戲概述

紅色壞人（red Baddie）會從視窗頂端掉落，玩家要避開它們。任何到達遊戲區域底部的壞人都會被移除，使用者可獲得一分。使用者移動滑鼠游標來控製玩家的代表圖示。如果玩家圖示接觸到任何壞人，遊戲就結束了。會有少量綠色好人（green Goodie）隨機出現並水平移動，使用者每接觸到任何一個綠色好人即可獲得 25 分。

遊戲有 3 個場景：帶有說明的開始 Splash 場景、玩遊戲的 Play 場景和可以查看前 10 名最高分玩家的 High Score 場景。如果您的得分在前 10 名以內，可以選擇在高分表中輸入姓名和得分。圖 16-6 顯示了這 3 個場景的畫面。

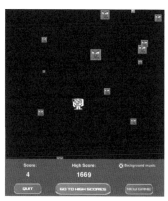

圖 16-6：Splash、Play 和 High Score 場景（由左而右）

實作

Dodger 專案資料夾的內容如下（檔案名稱以斜體表示）：

__init__.py　空的檔案，表明這是個 Python 套件。

Baddies.py　含有 Baddie 和 BaddieMgr 類別。

Constants.py　含有多個場景使用到的常數。

Goodies.py　含有 Goodie 和 GoodieMgr 類別。

HighScoresData.py　含有 HighScoresData 類別。

images　含有遊戲所有影像藝術圖檔的資料夾。

Main_Dodger.py　主程式。

Player.py　含有 Player 類別。

SceneHighScores.py　顯示和記錄高分的場景。

ScenePlay.py　主要的 Play 場景。

Scene.Splash.py　開場的 Splash 場景。

sounds　含有遊戲所有聲音檔的資料夾。

這個遊戲程式的專案資料夾也可從下載的本書資源中找到。我不會討論整支程式碼的所有內容，但我會瀏覽原始程式檔並解說關鍵部分的運作原理。

檔案：Dodger/Constants.py

這份檔案放了常數，這些常數可以讓多個原始程式檔運用。最重要的常數是場景鍵（Scene keys）：

```
# 場景鍵
SCENE_SPLASH = 'scene splash'
SCENE_PLAY = 'scene play'
SCENE_HIGH_SCORES = 'scene high scores'
```

這些常數的值是用來標識不同場景的唯一字串。

檔案：Main_Dodger.py

這個主檔案執行了必要的初始化，然後把控制權交給場景管理器。檔案中最重要的程式碼是：

```
# 實例化所有場景，並把實例物件儲存到串列中
scenesList = [SceneSplash(window)
              SceneHighScores(window)
              ScenePlay(window)]

# 建立場景管理器，傳入場景串列和FPS
oSceneMgr = pyghelpers.SceneMgr(scenesList, FRAMES_PER_SECOND)

# 告知場景管理器開始執行
oSceneMgr.run()
```

這裡的程式為每個場景建立一個實例，實例化了場景管理器，隨後把控制權交給場景管理器。場景管理器的 run() 方法把控制權交給串列中的第一個場景。以這個遊戲來看，它是把控制權交給 Splash 場景。

如前一章所述，每個場景類別都繼承自 Scene 基礎類別。除了提供自己的 __init__() 方法外，這些類別中的每一個都需要覆寫基礎類別中的 getScene Key()、handleInputs() 和 draw() 方法。

檔案：Dodger/SceneSplash.py

Splash 場景向使用者顯示了遊戲規則的文字和三個按鈕的影像圖（Start、Quit 和 Go to High Scores）。該場景類別的程式碼僅含有需要的方法，所有其他方法預設為 Scene 基礎類別中的方法。

__init__() 方法為背景影像建立一個 Image 物件，為使用者選項建立了 3 個 CustomButton 物件。getSceneKey() 方法必須在所有場景中實作，它的作用是返回場景的唯一鍵。

handleInputs() 方法是用來檢查使用者是否有點按了任何按鈕。如果使用者點按了 Start 鈕，就呼叫繼承的 self.goToScene() 方法要求場景管理器把控制權轉移給 Play 場景。同樣地，若點按了 Go to High Scores 鈕，則會把使用者帶到 High Scores 場景。如果使用者點按了 Quit 鈕，則呼叫場景繼承的 self.quit() 方法，結束並退出程式。

在 draw() 方法中，程式會繪製背景和 3 個按鈕。

檔案：Dodger/ScenePlay.py

Play 場景管理遊戲的實際執行了遊戲的相關處理：使用者移動 Player 玩家圖示、Baddies 和 Goodies 圖示的生成和移動，以及碰撞檢測等。它還管理視窗底部顯示的元素，包括目前遊戲得分和高分記錄，並回應點按 Quit、Go to High Scores、Start 按鈕和 Background Music 核取方塊。

Play 場景有很多程式碼，所以我會把它分成更小的區塊（Listing 16-3 ~ Listing 16-7）來解釋這些方法的內容。透過實作 __init__()、handleInputs()、update() 和 draw() 方法，場景遵循了第 15 章所設立的設計規則。它也實作了一個 enter() 方法來處理場景在成為作用中場景時應該要處理的工作，並且還實作一個 leave() 方法來處理使用者離開時場景應該要處理的工作。最後，它有一個 reset() 方法，用於在開始新一輪之前重置所有狀態。Listing 16-3 顯示了初始化的程式碼。

❖ Listing 16-3：ScenePlay 類別中的 __init__() 和 getSceneKey() 方法

```
# Play 場景 - 主要的遊戲場景
--- 省略了 imports 和 showCustomYesNoDialog ---

BOTTOM_RECT = (0, GAME_HEIGHT + 1, WINDOW_WIDTH,
WINDOW_HEIGHT - GAME_HEIGHT)
STATE_WAITING = 'waiting'
STATE_PLAYING = 'playing'
STATE_GAME_OVER = 'game over'
class ScenePlay(pyghelpers.Scene):

    def __init__(self, window):
    ❶ self.window = window
        self.controlsBackground = pygwidgets.Image(self.window,
                        (0, GAME_HEIGHT),
                        'images/controlsBackground.jpg')

        self.quitButton = pygwidgets.CustomButton(self.window,
                        (30, GAME_HEIGHT + 90),
                        up='images/quitNormal.png',
                        down='images/quitDown.png',
                        over='images/quitOver.png',
                        disabled='images/quitDisabled.png')

        self.highScoresButton = pygwidgets.CustomButton(self.window,
                        (190, GAME_HEIGHT + 90),
                        up='images/gotoHighScoresNormal.png',
                        down='images/gotoHighScoresDown.png',
                        over='images/gotoHighScoresOver.png',
                        disabled='images/gotoHighScoresDisabled.png')
```

```
        self.startButton = pygwidgets.CustomButton(self.window,
                        (450, GAME_HEIGHT + 90),
                        up='images/startNewNormal.png',
                        down='images/startNewDown.png',
                        over='images/startNewOver.png',
                        disabled='images/startNewDisabled.png',
                        enterToActivate=True)

        self.soundCheckBox = pygwidgets.TextCheckBox(self.window,
                        (430, GAME_HEIGHT + 17),
                        'Background music',
                        True, textColor=WHITE)

        self.gameOverImage = pygwidgets.Image(self.window, (140, 180),
                        'images/gameOver.png')

        self.titleText = pygwidgets.DisplayText(self.window,
                        (70, GAME_HEIGHT + 17),
                        'Score:                            High Score:',
                        fontSize=24, textColor=WHITE)

        self.scoreText = pygwidgets.DisplayText(self.window,
                        (80, GAME_HEIGHT + 47), '0',
                        fontSize=36, textColor=WHITE,
                        justified='right')

        self.highScoreText = pygwidgets.DisplayText(self.window,
                        (270, GAME_HEIGHT + 47), '',
                        fontSize=36, textColor=WHITE,
                        justified='right')

        pygame.mixer.music.load('sounds/background.mid')
        self.dingSound = pygame.mixer.Sound('sounds/ding.wav')
        self.gameOverSound = pygame.mixer.Sound('sounds/gameover.wav')

        # 初始化物件
❷       self.oPlayer = Player(self.window)
        self.oBaddieMgr = BaddieMgr(self.window)
        self.oGoodieMgr = GoodieMgr(self.window)

        self.highestHighScore = 0
        self.lowestHighScore = 0
        self.backgroundMusic = True
        self.score = 0
❸       self.playingState = STATE_WAITING

❹  def getSceneKey(self):
       return SCENE_PLAY
```

執行時遊戲的主程式碼會實例化所有場景。在 Play 場景中，__init__() 方法為
視窗的底部❶建立所有按鈕和文字顯示欄位，隨後載入聲音。非常重要的是，
我們使用第 4 章和第 10 章中討論過的組合（composition）來建構 Player 物件

（oPlayer）、Baddie 管理器物件（oBaddieMgr）和 Goodie 管理器物件
（oGoodieMgr）❷。Play 場景物件建立這些管理器並期望他們建構和管理所有
的 Baddie 壞人和 Goodie 好人。　__init__() 方法在程式啟動時執行，但實際上
並不會啟動遊戲。相反地，它實作了一個從等待狀態開始的狀態機❸（第 15 章
有說明）。當使用者按下 New Game 鈕時，一輪新的遊戲才會正式開始。

所有場景都必須有一個 getSceneKey() 方法❹，它會返回一個表示目前場景的
字串。Listing 16-4 顯示了擷取分數並根據請求重置遊戲的程式碼。

↳ Listing 16-4：ScenePlay 類別的 enter()、getHiAndLowScores() 和 reset() 方法

```
❶ def enter(self, data):
      self.getHiAndLowScores()

❷ def getHiAndLowScores(self):
      # 向 High Scores 場景取得分數的字典
      # 字典的樣貌如下：
      # {'highest': highestScore, 'lowest': lowestScore}
   ❸ infoDict = self.request(SCENE_HIGH_SCORES, HIGH_SCORES_DATA)
      self.highestHighScore = infoDict['highest']
      self.highScoreText.setValue(self.highestHighScore)
      self.lowestHighScore = infoDict['lowest']

❹ def reset(self):  # 開始新的遊戲
      self.score = 0
      self.scoreText.setValue(self.score)
      self.getHiAndLowScores()

      # 告知管理器進行重設
   ❺ self.oBaddieMgr.reset()
      self.oGoodieMgr.reset()

      if self.backgroundMusic:
          pygame.mixer.music.play(-1, 0.0)
   ❻ self.startButton.disable()
      self.highScoresButton.disable()
      self.soundCheckBox.disable()
      self.quitButton.disable()
      pygame.mouse.set_visible(False)
```

當導航轉移到 Play 場景時，場景管理器會呼叫 enter() 方法❶，隨後呼叫 getHi
AndLowScores() 方法❷，該方法向 High Scores 場景發出請求❸，從高分記錄
表中擷取最高和最低的分數，因此我們可以從視窗底部欄位中的記錄表取得最
高分。在每輪遊戲結束時，它會把這場的得分與前 10 名的最低分數進行比
較，以查看這輪遊戲的得分是否有進入前 10 名。

當使用者點按了 New Game 按鈕時，就會呼叫 reset() 方法❹重新初始化所有需要在開始新一輪遊戲之前重設的內容。reset() 方法告知 Baddie 管理器和 Goodie 管理器透過呼叫自己的 reset() 方法重新對本身進行初始化❺，停用視窗底部的按鈕，讓按鈕在遊戲過程中無法按下❻，並隱藏滑鼠游標。在遊戲的過程中，使用者移動滑鼠游標來控制視窗中的代表玩家的圖示。Listing 16-5 中的程式碼是用來處理使用者的輸入。

↳ Listing 16-5：ScenePlay 類別的 handleInputs() 方法

```
❶ def handleInputs(self, eventsList, keyPressedList):
❷   if self.playingState == STATE_PLAYING:
        return # ignore button events while playing

    for event in eventsList:
❸       if self.startButton.handleEvent(event):
            self.reset()
            self.playingState = STATE_PLAYING

❹       if self.highScoresButton.handleEvent(event):
            self.goToScene(SCENE_HIGH_SCORES)

❺       if self.soundCheckBox.handleEvent(event):
            self.backgroundMusic = self.soundCheckBox.getValue()

❻       if self.quitButton.handleEvent(event):
            self.quit()
```

handleInputs() 方法❶負責處理點按事件。如果狀態機處於 playing 遊戲中狀態，使用者就不能點按按鈕，所以我們不用檢查事件❷。如果使用者按下 New Game 鈕❸，則呼叫 reset() 重新初始化變數並把狀態機更改為 playing 狀態。如果使用者按下 Go to High Scores 鈕❹，則使用繼承的 self.goToScene() 方法導航切換到 High Scores 場景。如果使用者勾選了 Background Music 核取方塊❺，則呼叫它的 getValue() 方法來擷取它的新設定，reset() 方法會使用此設定來判別是否應該播放背景音樂。如果使用者按下 Quit 鈕❻，則呼叫從基礎類別繼承而來的 self.quit() 方法。Listing 16-6 列出了實際遊戲的程式碼。

↳ Listing 16-6：ScenePlay 類別的 update() 方法

```
❶ def update(self):
    if self.playingState != STATE_PLAYING:
        return # 只在執行時才會更新

    # 把玩家移動到滑鼠游標的位置，取回它的 rect 物件
```

```
❷ mouseX, mouseY = pygame.mouse.get_pos()
   playerRect = self.oPlayer.update(mouseX, mouseY)

   # 告知 GoodieMgr 管理器移動所有 Goodie
   # 返回玩家碰觸的 Goodie 的數量
❸ nGoodiesHit = self.oGoodieMgr.update(playerRect)
   if nGoodiesHit > 0:
       self.dingSound.play()
       self.score = self.score + (nGoodiesHit * POINTS_FOR_GOODIE)

   # 告知 BaddieMgr 管理器移動所有 Baddie
   # 返回 Baddie 掉落到視窗底部的數量
❹ nBaddiesEvaded = self.oBaddieMgr.update()
   self.score = self.score + (nBaddiesEvaded * POINTS_FOR_BADDIE_EVADED)
   self.scoreText.setValue(self.score)

   # 檢測玩家是否有碰觸到 Baddie
❺ if self.oBaddieMgr.hasPlayerHitBaddie(playerRect):
       pygame.mouse.set_visible(True)
       pygame.mixer.music.stop()

       self.gameOverSound.play()
       self.playingState = STATE_GAME_OVER
❻     self.draw() # 繪製 game over 訊息

❼     if self.score > self.lowestHighScore:
           scoreAsString = 'Your score: ' + str(self.score) + '\n'
           if self.score > self.highestHighScore:
               dialogText = (scoreString +
                   'is a new high score, CONGRATULATIONS!')
           else:
               dialogText = (scoreString +
                   'gets you on the high scores list.')

           result = showCustomYesNoDialog(self.window, dialogText)
           if result: # 導航切換
               self.goToScene(SCENE_HIGH_SCORES, self.score)

       self.startButton.enable()
       self.highScoresButton.enable()
       self.soundCheckBox.enable()
       self.quitButton.enable()
```

場景管理器在每幀影格中呼叫 ScenePlay 類別的 update() 方法❶，此方法處理
遊戲進行時發生的所有事情。首先，它告知 Player 物件把 Player 玩家圖示移動
到滑鼠游標的位置，隨後呼叫 Player 的 update() 方法❷，該方法會返回視窗中
圖示的目前 rect 值，我們使用這個值來檢測玩家的圖示是否接觸了任何
Goodies 好人或 Baddie 壞人的圖示。

接下來，它會呼叫 Goodie 管理器的 update() 方法❸來移動所有 Goodie。這個方法會返回玩家碰觸 Goodie 好人的數量，我們用此數量來計算分數。

隨後呼叫 Baddie 管理器的 update() 方法❹來移動所有 Baddie 壞人，此方法會返回掉落到遊戲區域底部的 Baddie 壞人數量。

接下來要檢測玩家圖示是否碰觸到任何 Baddie 壞人❺。如果有碰到，遊戲就結束了，這時會顯示一個 Game Over 圖形。我們還會對 draw() 方法❻進行了特殊呼叫，因為需要為使用者建立一個對話方塊，而且遊戲的主迴圈不會在使用者點按對話方塊中的按鈕之前繪製 Game Over 圖形。

最後，當遊戲結束時，如果目前這輪遊戲的得分高於第十名❼，就會彈出一個對話方塊，讓使用者可以選擇把他們的得分記錄到高分表中。如果目前遊戲的得分是歷史新高，則會在對話方塊中秀出特殊訊息。

Listing 16-7 中的程式碼會繪製遊戲中的角色圖示。

Listing 16-7：ScenePlay 類別的 draw() 和 leave() 方法

```
❶ def draw(self):
      self.window.fill(BLACK)
      # 告知管理器要繪製所有 Baddie 和 Goodie 圖示
      self.oBaddieMgr.draw()
      self.oGoodieMgr.draw()

      # 告知 Player 要繪製本身圖示
      self.oPlayer.draw()

      # 繪製視窗底部的所有資訊
❷    self.controlsBackground.draw()
      self.titleText.draw()
      self.scoreText.draw()
      self.highScoreText.draw()
      self.soundCheckBox.draw()
      self.quitButton.draw()
      self.highScoresButton.draw()
      self.startButton.draw()

❸    if self.playingState == STATE_GAME_OVER:
          self.gameOverImage.draw()

❹ def leave(self):
      pygame.mixer.music.stop()
```

draw() 方法告知 Player 繪製本身的圖示，告知 Goodie 和 Baddie 管理器要繪製所有 Goodie 和 Baddie 圖示❶。隨後在視窗的底部繪製所有按鈕和文字顯示欄位❷。如果處於遊戲結束狀態❸，則要繪製遊戲結束 Game Over 圖形。

當使用者離開這個場景時，場景管理器會呼叫 leave() 方法❹並且停止播放的任何音樂。

檔案：Dodger/Baddies.py

Baddies.py 檔案中含有兩個類別：Baddie 和 BaddieMgr。Play 場景建立單個 Baddie 管理器物件，該物件會建構並維護含有所有 Baddie 的串列。Baddie 管理器以計時器為基礎，每隔幾幀影格就會從 Baddie 類別實例化出物件。Listing 16-8 列出了 Baddie 類別的程式碼。

↳ Listing 16-8：Baddie 類別

```
# Baddie 類別
--- 省略了 imports ---

class Baddie():
    MIN_SIZE = 10
    MAX_SIZE = 40
    MIN_SPEED = 1
    MAX_SPEED = 8
    # 只載入影像一次
❶ BADDIE_IMAGE = pygame.image.load('images/baddie.png')

    def __init__(self, window):
        self.window = window
        # 建立 image 物件
        size = random.randrange(Baddie.MIN_SIZE, Baddie.MAX_SIZE + 1)
        self.x = random.randrange(0, WINDOW_WIDTH - size)
        self.y = 0 - size # 在視窗頂端開始
❷      self.image = pygwidgets.Image(self.window, (self.x, self.y),
                                 Baddie.BADDIE_IMAGE)

        # 量測大小
        percent = (size * 100) / Baddie.MAX_SIZE
        self.image.scale(percent, False)
        self.speed = random.randrange(Baddie.MIN_SPEED,
                                           Baddie.MAX_SPEED + 1)

❸ def update(self): # 讓 Baddie 圖示往下移
        self.y = self.y + self.speed
        self.image.setLoc((self.x, self.y))
        if self.y > GAME_HEIGHT:
            return True # 需要刪除
```

```
        else:
            return False # 留在視窗中

❹ def draw(self):
        self.image.draw()

❺ def collide(self, playerRect):
        collidedWithPlayer = self.image.overlaps(playerRect)
        return collidedWithPlayer
```

我們把 Baddie 的影像載入指定到類別變數中❶，以便**所有** Baddie 都能共享這個影像圖。

__init__() 方法❷為每個新的 Baddie 選擇一個隨機的大小，因此使用者會看到不同大小的 Baddie 壞人圖示。它也會選擇一個隨機的 x 座標和一個 y 座標，讓影像圖示放置在視窗的頂端。隨後它會建立一個 Image 物件，並把影像縮小到選定的大小❷。最後則是選擇一個隨機的速度值。

Baddie 管理器（稍後會展示其程式碼內容）在每幀影格中呼叫 update() 方法❸，此處的程式碼會讓 Baddie 的位置以其速度的像素值來向下移動。如果 Baddie 壞人已經超出遊戲區域的底部則返回 True，表示這個 Baddie 壞人已經準備好要被刪除。如果還沒超出底部則返回 False，告知 Baddie 管理器把這個 Baddie 圖示留在視窗內。

draw() 方法❹在新位置繪製 Baddie 影像圖示。

collide() 方法❺檢測 Player 玩家圖示和 Baddie 壞人圖示是否有碰觸。

BaddieMgr 類別的程式碼如 Listing 16-9 所示，會建構並管理一個 Baddie 物件串列，這是物件管理器物件的典型範例。

⤷ Listing 16-9：BaddieMgr 類別

```
# BaddieMgr 類別
class BaddieMgr():
    ADD_NEW_BADDIE_RATE = 8 # 新增 Baddie 的速率

❶ def __init__(self, window):
        self.window = window
        self.reset()

❷ def reset(self): # 在開始新一輪遊戲時呼叫
        self.baddiesList = []
        self.nFramesTilNextBaddie = BaddieMgr.ADD_NEW_BADDIE_RATE
```

```
❸ def update(self):
      # 告知每個 Baddie 更新自身
      # 計算掉落底部的 Baddie 有幾個
      nBaddiesRemoved = 0
❹    baddiesListCopy = self.baddiesList.copy()
      for oBaddie in baddiesListCopy:
❺       deleteMe = oBaddie.update()
          if deleteMe:
              self.baddiesList.remove(oBaddie)
              nBaddiesRemoved = nBaddiesRemoved + 1

      # 檢查是否到時間新增 Baddie
❻    self.nFramesTilNextBaddie = self.nFramesTilNextBaddie - 1
      if self.nFramesTilNextBaddie == 0:
          oBaddie = Baddie(self.window)
          self.baddiesList.append(oBaddie)
          self.nFramesTilNextBaddie = BaddieMgr.ADD_NEW_BADDIE_RATE

      # 返回移除的 Baddie 計數
      return nBaddiesRemoved

❼ def draw(self):
      for oBaddie in self.baddiesList:
      oBaddie.draw()

❽ def hasPlayerHitBaddie(self, playerRect):
      for oBaddie in self.baddiesList:
          if oBaddie.collide(playerRect):
              return True
      return False
```

__init__() 方法呼叫❶ BaddieMgr 自己的 reset() 方法，把 Baddie 物件串列設定為空串列。我們以相對頻繁的影格計數方法來建構一個新的 Baddie，這樣可以保持遊戲的趣味性。我們使用實例變數 self.nFramesTilNextBaddie 來計算影格的數量。

開始新一輪遊戲時會呼叫 reset() 方法❷來重設，它會清除 Baddie 壞人串列並重設影格計數器。

update() 方法❸是對 Baddie 物件進行真正管理的地方，這裡的作用是遍訪串列中所有的 Baddie，告知每個 Baddie 去更新自己的位置，並刪除所有落下超出視窗底部的 Baddie。但這裡有一個潛在的錯誤，如果您只是遍訪一個串列並刪除某個符合刪除條件的元素，那麼該串列會立即被壓縮。發生這種情況時，會跳過緊跟在被刪除元素之後的元素，在這個迴圈中，該元素不會被告知去更新自身。雖然在第 11 章的 Balloon 遊戲，我們需要消除漂出視窗頂端的氣球時也遇

到了同樣的問題，但我沒有詳細深入說明。在那裡我採用了一種解決方案，運用了串列的 reversed() 函式以相反的順序進行迭代（請參考 Listing 11-6）。

這裡我實作了一個更通用的解決方案❹。BaddieMgr 類別中使用的方法是複製串列並遍訪複製出來的串列，隨後若是找到滿足刪除條件的元素（在本例中是某個掉出視窗底部的 Baddie），我們會從原始串列來刪除該元素（那個符合刪除條件的 Baddie）。使用這種方法，我們迭代遍訪的串列是一個不同於從中刪除元素的串列。

當我們遍訪 Baddie 串列時，對每個 Baddie 呼叫 update() 方法❺來返回一個布林值：False 表示它仍在視窗內往下移動，或者 True 表示已掉出視窗底部。我們計算掉出底部的 Baddie 數量，並從串列中刪除掉出的 Baddie 物件。在方法結束時，我們把計數返回給主程式碼，方便主程式更新分數。

在每幀影格中，我們還會檢查時間是否到了要建一個新的 Baddie ❻。當我們迴圈迭代的影格計數已達到常數 ADD_NEW_BADDIE_RATE 的影格數時，就要建立一個新的 Baddie 物件並將其加到串列中。

draw() 方法❼會遍訪 Baddie 的串列並呼叫每個 Baddie 的 draw() 方法以在其適當的位置繪製顯示自身。

最後，hasPlayerHitBaddie() 方法❽檢查 Player 玩家圖示的 rect 是否與任何 Baddie 發生碰撞，程式碼會遍訪 Baddie 的串列並呼叫每個 Baddie 的 collide() 方法來進行這樣的處理。如果與任何 Baddie 發生碰撞（重疊），就要回報主程式，從而結束遊戲。

檔案：Dodger/Goodies.py

GoodieMgr 和 Goodie 類別與 BaddieMgr 和 Baddie 類別的程式內容非常相似。Goodie 管理器是個維護 Goodie 串列的物件管理器物件。與 Baddie 管理器的不同之處在於它會隨機把 Goodie 放置在視窗的左側邊緣（它會向右移動）或右側邊緣（它會向左移動）。它是在迴圈迭代隨機數量的影格之後才會建立新的 Goodie 物件。當玩家與 Goodie 發生碰撞時，使用者可獲得 25 分獎勵。Goodie 管理器的 update() 方法使用了上一節介紹過的技術：它會複製 Goodie 的串列，以生成的副本進行遍訪。

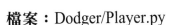

檔案：Dodger/Player.py

Player 類別的程式如 Listing 16-10 所示，這裡是用來管理 Player 玩家圖示的影像，並追蹤它應該出現在遊戲視窗中的位置。

↳ Listing 16-10：Player 類別

```
# Player 類別
--- 省略了 imports ---

class Player():
❶ def __init__(self, window):
        self.window = window
        self.image = pygwidgets.Image(window,
                                      (-100, -100), 'images/player.png')
        playerRect = self.image.getRect()
        self.maxX = WINDOW_WIDTH - playerRect.width
        self.maxY = GAME_HEIGHT - playerRect.height

    # 每幀影格，把玩家的圖示移動到滑鼠游標的位置
    # 限制 x 軸和 y 軸座標在視窗的遊戲區域內
❷ def update(self, x, y):
        if x < 0:
            x = 0
        elif x > self.maxX:
            x = self.maxX
        if y < 0:
            y = 0
        elif y > self.maxY:
            y = self.maxY

        self.image.setLoc((x, y))
        return self.image.getRect()

❸ def draw(self):
        self.image.draw()
```

__init__() 方法❶載入 Player 玩家圖示的影像，並設定許多實例變數來供以後運用。

Play 場景在每幀影格中都會呼叫 update() 方法❷來進行處理，其基本思維是在傳入的滑鼠游標位置顯示 Player 玩家圖示。我們做一些檢查以確保圖示有放置在遊戲區域的矩形內。在每幀影格中，update() 方法都會返回 Player 玩家圖示的更新矩形物件，因此 Listing 16-6 中的主要的 Play 程式碼可以檢測 Player 的矩形區域是否與任何 Baddie 或 Goodie 的矩形區域發生碰撞。

最後，draw() 方法❸在新位置繪製 Player 玩家的圖示影像。

Goodie 管理器、Baddie 管理器和 Player 物件的運用清楚地展示了 OOP 技術的強大功用。我們可以只向這些物件發送訊息、要求它們更新或重設，隨後它們可以進行任何需要處理的回應。Goodie 和 Baddie 管理器會把這些訊息傳給所有管理的 Goodie 和 Baddie 物件。

檔案：Dodger/SceneHighScores.py

High Scores 場景會以表格來顯示最高分前 10 名的分數（玩家的姓名）。它還允許得分進入前 10 名的使用者選擇性在表格中輸入他們的姓名和得分。場景實例化一個 HighScoresData 物件來管理實際的資料，包括讀取和寫入資料檔。這樣可以讓 High Scores 場景更新表格並回應 Play 場景對表格中目前高分和低分的請求。

Listing 16-11 到 Listing 16-13 展示了 SceneHighScores 類別的相關程式碼。我們會從 Listing 16-11 中的 __init__() 和 getSceneKey() 方法開始介紹。

↳ Listing 16-11：SceneHighScores 類中的__init__() 和 getSceneKey() 方法

```
# High Scores 場景
--- 省略了 imports、showCustomAnswersDialog 和 showCustomResetDialog ---

class SceneHighScores(pyghelpers.Scene):
    def __init__(self, window):
        self.window = window
    ❶   self.oHighScoresData = HighScoresData()
        self.backgroundImage = pygwidgets.Image(self.window,
                (0, 0),
                'images/highScoresBackground.jpg')

        self.namesField = pygwidgets.DisplayText(self.window,
                (260, 84), '', fontSize=48,
                textColor=BLACK,
                width=300, justified='left')

        self.scoresField = pygwidgets.DisplayText(self.window,
                (25, 84), '', fontSize=48,
                textColor=BLACK,
                width=175, justified='right')

        self.quitButton = pygwidgets.CustomButton(self.window,
                (30, 650),
                up='images/quitNormal.png',
                down='images/quitDown.png',
```

```
                        over='images/quitOver.png',
                        disabled='images/quitDisabled.png')

        self.backButton = pygwidgets.CustomButton(self.window,
                (240, 650),
                up='images/backNormal.png',
                down='images/backDown.png',
                over='images/backOver.png',
                disabled='images/backDisabled.png')

        self.resetScoresButton = pygwidgets.CustomButton(self.window,
                (450, 650),
                up='images/resetNormal.png',
                down='images/resetDown.png',
                over='images/resetOver.png',

❷      self.showHighScores()

❸ def getSceneKey(self):
        return SCENE_HIGH_SCORES
```

__init__() 方法❶建構了 HighScoresData 類別的實例，用來維護 High Scores 場景的所有資料。隨後，我們為此場景建立所有影像、欄位和按鈕。在初始化結束時，我們呼叫 self.showHighScores() ❷來填入 name 和 score 欄位。

getSceneKey() 方法❸返回場景的唯一鍵，並且必須在所有場景中實作。

Listing 16-12 展示了 SceneHighScores 類別的 enter() 方法的程式碼。

↳ Listing 16-12：SceneHighScores 類別的 enter() 方法

```
❶ def enter(self, newHighScoreValue=None):
        # 這裡可以由兩種方式來進行呼叫：
        # 1. 如果沒有新的高分，newHighScoreValue 會設為 None
        # 2. 如果分數有進前 10，newHighScoreValue 就設為目前的分數
❷    if newHighScoreValue is None:
            return  # 沒有處理任何事

❸    self.draw()  # 顯示對話方塊之前先繪製
        # 有個新的高分記錄送入 Play 場景
        dialogQuestion = ('To record your score of ' +
                str(newHighScoreValue) + ',\n' +
                'please enter your name:')
❹    playerName = showCustomAnswerDialog(self.window,
                                         dialogQuestion)

❺    if playerName is None:
            return  # 使用者按下 Cancel 鈕

        # 新增使用者和分數到高分表中
```

- 399 -

```
    if playerName == '':
        playerName = 'Anonymous'
❻ self.oHighScoresData.addHighScore(playerName,
                                    newHighScoreValue)

    # 顯示更新後的高分表
    self.showHighScores()
```

當從 Play 場景導航切換到 High Scores 場景❶時,場景管理器會呼叫 High Scores 場景的 enter() 方法。如果使用者剛剛完成的遊戲分數沒有進前 10 名,則此方法就只是返回❷,沒有做任何處理。但如果使用者的分數確實取得了前 10 名,那就會配合一個額外的值來呼叫 enter() 方法——這個值就是使用者剛剛完成遊戲的分數。

在這種情況下,我們呼叫 draw() 方法❸來繪製 High Scores 場景的內容,然後顯示對話方塊,讓使用者可以選擇性把分數加到高分清單中,接著我們呼叫一個中間函式 showCustom AnswerDialog(),它會建構並顯示自訂對話方塊❹,如圖 16-7 所示。

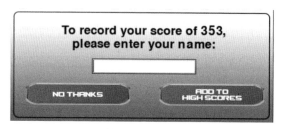

圖 16-7:customAnswerDialog 讓使用者可以把他們的名字加到高分清單上

如果使用者選按了 No Thanks 鈕,就會得到 None 的返回值,這會跳過該方法的其餘部分❺。如果選按了 Add to High scores 鈕,我們會取得返回的名稱並透過呼叫 HighScoresData 物件的方法把名稱和分數加到表格中❻。最後,我們透過呼叫 showHighScores() 方法來更新欄位。如果呼叫此方法時是沒有放入新的分數❷,則無需執行任何操作,因為目前的高分表已是最新狀態。

Listing 16-13 列出了這個類別中其餘方法的程式碼。

↳ Listing 16-13：SceneHighScores 類別中其餘的方法 showHighScores()、
　　　　　　handleInputs()、draw() 和 respond()

```python
def showHighScores(self):  ❶
    # 取得分數和名稱，顯示在兩個欄位中
    scoresList, namesList = self.oHighScoresData.getScoresAndNames()
    self.namesField.setValue(namesList)
    self.scoresField.setValue(scoresList)

def handleInputs(self, eventsList, keyPressedList):  ❷
    for event in eventsList:
        if self.quitButton.handleEvent(event):
            self.quit()

        elif self.backButton.handleEvent(event):
            self.goToScene(SCENE_PLAY)

        elif self.resetScoresButton.handleEvent(event):
            confirmed = showCustomResetDialog(self.window,  ❸
                        'Are you sure you want to \nRESET the high scores?')

            if confirmed:
                self.oHighScoresData.resetScores()
                self.showHighScores()

def draw(self):  ❹
    self.backgroundImage.draw()
    self.scoresField.draw()
    self.namesField.draw()
    self.quitButton.draw()
    self.resetScoresButton.draw()
    self.backButton.draw()

def respond(self, requestID):  ❺
    if requestID == HIGH_SCORES_DATA:
        # 從 Play 場景請求最高和最低分數
        # 建立字典並返回給 Play 場景
        highestScore, lowestScore = self.oHighScoresData.getHighestAndLowest()
        return {'highest':highestScore, 'lowest':lowestScore}
```

showHighScores() 方法❶首先向 HighScoresData 物件要求兩項資料：前 10 個名稱和分數。取得返回的串列並將它們指定到兩個要顯示的顯示欄位上。如果把串列傳給 DisplayText 物件的 setValue() 方法，它會在單獨一行上顯示每個元素。這裡使用了兩個 DisplayText 物件來顯示，因為 self.namesField 是左對齊的，而 self.scoresField 是右對齊的。

handleInputs() 方法❷只需要檢查並回應使用者點按 Quit、Back 和 Reset Scores 按鈕的處理。因為 Reset Scores 按鈕會擦除資料，所以要在執行此操作之前要求確認。因此，當使用者按下此按鈕時，我們呼叫中間函式 showCustomReset

Dialog() 來建立一個對話方塊❸，要求使用者確認是否真的要清除所有目前的分數。

draw() 方法❹會繪製視窗中的所有元素。

最後，respond() 方法❺允許另一個場景向這個場景詢問資訊。這就是允許 Play 場景請求目前最高分數和第十名分數的原因，第十名的分數是玩家有資格進入高分表的最低分數。呼叫方發送一個值，指示它想要找的什麼資訊。在這種情況下，請求的資訊是 HIGH_SCORES_DATA，這是個從 Constants.py 檔案共享的常數，此方法會建構兩個請求值的字典並將其返回給呼叫方的場景。

檔案：Dodger/HighScoresData.py

最後一個類別是 HighScoresData，負責管理高分的資訊，它處理的檔案是以 JSON 格式來讀取和寫入資料。資料始終按順序排列，從最高分到最低分。舉例來說，前 10 名最高分的檔案可能放了如下所示的資料：

```
[['Moe', 987], ['Larry', 812], ... ['Curly', 597]]
```

Listing 16-14 列出了 HighScoresData 類別的程式碼內容。

↳ Listing 16-14：HighScoresData 類別

```python
# HighScoresData 類別
from Constants import *
from pathlib import Path
import json

class HighScoresData():
    """資料檔是以 JSON 格式來存放串列中的串列資料。
    每個串列是由名稱和分數組成：
        [[name, score], [name, score], [name, score] ...]
    在這個類別中，所有的分數都存放在 self.scoresList。
    串列是按分數高低順序排放。
    """
❶   def __init__(self):
        self.BLANK_SCORES_LIST = N_HIGH_SCORES * [['-----', 0]]
❷       self.oFilePath = Path('HighScores.json')

        # 從資料檔開啟和載入資料
        try:
❸           data = self.oFilePath.read_text()
        except FileNotFoundError:  # 若找不到檔案，則設定空白並存檔
❹           self.scoresList = self.BLANK_SCORES_LIST.copy()
```

```
                    self.saveScores()
                    return

                    # 如果檔案存在，則從 JSON 檔載入分數
          ➎ self.scoresList = json.loads(data)

➏ def addHighScore(self, name, newHighScore):
        # 找出適當的位置來加入新的高分資料
        placeFound = False
        for index, nameScoreList in enumerate(self.scoresList):
            thisScore = nameScoreList[1]
            if newHighScore > thisScore:
                # 插入到適當的位置，移除最後一個項目
                self.scoresList.insert(index, [name, newHighScore])
                self.scoresList.pop(N_HIGH_SCORES)
                placeFound = True
                break
        if not placeFound:
            return # 分數不屬於這個串列

        # 儲存更新的分數
        self.saveScores()

➐ def saveScores(self):
        scoresAsJson = json.dumps(self.scoresList)
        self.oFilePath.write_text(scoresAsJson)

➑ def resetScores(self):
        self.scoresList = self.BLANK_SCORES_LIST.copy()
        self.saveScores()

➒ def getScoresAndNames(self):
        namesList = []
        scoresList = []
        for nameAndScore in self.scoresList:
            thisName = nameAndScore[0]
            thisScore = nameAndScore[1]
            namesList.append(thisName)
            scoresList.append(thisScore)

        return scoresList, namesList

➓ def getHighestAndLowest(self):
        # 元素 0 是最高分的項目，元素 -1 是最低分的項目
        highestEntry = self.scoresList[0]
        lowestEntry = self.scoresList[-1]
        # 取得每個子串列的分數（元素 1）
        highestScore = highestEntry[1]
        lowestScore = lowestEntry[1]
        return highestScore, lowestScore
```

在 __init__() 方法➊中，我們先建立一個所有內容都是代表空白橫線的串列。
我們使用 Path 模組來建構一個帶有資料檔案位置的路徑物件➋。

> **NOTE**
>
> 上面程式中顯示的路徑與程式檔都放置在同一個資料夾內。這樣的路徑關係
> 對於學習檔案的輸入和輸出概念是比較好理解。但是，如果您打算與其他人
> 共享您的程式，在別人的電腦上執行，最好在使用者的根目錄（home 目錄）
> 中使用不同的路徑。這條路徑可以像下列這般：
>
> ```
> import os.path
> DATA_FILE_PATH = os.path.expanduser('~/DodgerHighScores.json')
> ```
>
> 或是：
>
> ```
> from pathlib import Path
> DATA_FILE_PATH = Path('~/DodgerHighScores.json').expanduser()
> ```

接下來的程式會透過檢查資料檔❸是否存在來判別是否已經保存了一些高分記
錄。如果找不到檔案❹，我們把分數設定為代表空白的橫線串列，呼叫 save
Scores() 儲存分數，然後返回。如果有找到檔案，就讀取檔案的內容❺並把
JSON 格式轉換為串列的串列（串列中含有多筆名稱和分數組成的子串列）。

addHighScores() 方法❻負責把新的高分記錄加到串列內。由於資料始終要保持
有序狀態，因此我們遍訪分數串列，直到找到適當的索引位置並插入新的名稱
和分數資料。因為這項操作會擴展串列一筆內容，所以我們要刪除最後一個元
素來保持只有前 10 名。我們還會檢查新分數是否應該實際插入到串列內。最
後是呼叫 saveScores() 將分數儲存到資料檔中。

saveScores() 方法❼把分數資料儲存到 JSON 格式的檔案內。這個方法會在很多
地方呼叫。

當使用者說他們希望把所有名稱和分數重設回起始狀態（記錄清空為空白名稱
和所有分數都設為 0）時，就呼叫 resetScores() 方法❽來處理。我們呼叫 save
Scores() 來重新寫入資料檔。

High Scores 場景會呼叫 getScoresAndNames() 方法❾來獲取前 10 名的分數和名
稱。我們遍訪高分資料串列來建構一個分數串列和一個名稱串列，再返回這兩
個串列。

最後，High Scores 場景呼叫 getHighestAndLowest() 方法❿取得表格中的最高分和最低分。它會利用最高分和最低分來確定使用者的分數是否有資格將其名稱和分數放入到高分表內。

擴充這支遊戲

程式的整體架構是模組化的，修改十分方便。每個場景都封裝了自己的資料和方法，而溝通和導航轉換則由場景管理器來處理。在某個場景中擴充程式，是不會影響其他場景中的任何內容。

舉例來說，您可能希望設定使用者在遊戲有多條命，而不是只有一條命，在 Player 玩家圖示一碰撞到 Baddie 壞人圖示時就立即結束。當玩家圖示碰撞到 Baddie 壞人圖示時，就減一條命，直到玩家的多條命的值為 0 時遊戲才結束。這種改變相對容易達成，而且只會影響 Play 場景。

另外的擴充想法是，玩家開始遊戲時可能有少量炸彈，當他們在綁定炸彈狀態時可以引爆，從而消除玩家圖示周圍一定半徑內的所有 Baddie 壞人。每次使用炸彈時，炸彈的數量就會減少，直到炸彈數量歸 0。這樣的修改只會影響 Play 場景和 Baddie 管理器的程式碼。

又或者，您可能想要追蹤更多的高分記錄，例如要列出前 20 名而不是前 10 名。可以在 High Scores 場景中進行類似的修改，這些都不會影響 Play 或 Splash 場景。

總結

本章示範了怎麼建構和使用「Yes/No」和「Answer」對話方塊（包括文字型和自訂型的版本）。隨後我們專注於建構一個完整的物件導向遊戲程式 Dodger。

我們使用了 pygwidgets 模組來建構所有按鈕、文字顯示和輸入文字欄位。接著使用了 pyghelpers 模組建構所有的對話方塊。SceneMgr 允許我們把游戲拆分為更小、更易於管理的部分（場景物件），並可以在不同場景之間導航切換。

Dodger 遊戲使用或示範了以下的物件導向概念：

封裝（**Encapsulation**）　每個場景都只處理特定於該場景的事物。

多型（**Polymorphism**）　每個場景都實作相同的方法。

繼承（**Inheritance**）　每個場景都繼承自 Scene 基礎類別。

物件管理器物件（**Object manager object**）　Play 場景使用組合來建構一個 Baddie 管理器物件 self.oBaddieMgr 和一個 Goodie 管理器物件 self.oGoodieMgr，每個管理器都管理其物件的串列。

共享常數（**Shared constants**）　Goodie 和 Baddie 使用單獨的模組，而 Constants.py 檔允許我們輕鬆地跨模組共享常數。

17

設計模式與學習總結

在最後一章中，我會介紹**設計模式**的物件導向程式設計概念，這是針對常見軟體開發問題的可重用 OOP 解決方案。其實我們已經在本書中看過一種設計模式了：使用物件管理器物件來管理物件串列或字典。關於設計模式這個主題在市面上已經有許多完整的書籍，所以我們不會全都拿來討論。在本章中，我們會把重點放在「MVC（Model view controller）」模式，中譯為「模型視圖控制器」模式，該模式用來把系統分解為更小、更易於管理和更好修改的多個部分。最後，我還會對 OOP 做一個學習的總結。

MVC 模式

MVC（**Model view controller**）設計模式強制把資料的集合和向使用者表示資料的方式之間進行明確的劃分。該模式把功能分為三個部分：模型 M、視圖 V 和控制器 C。每個部分都有明確定義的職責，每個部分都由一個或多個物件來實作。

模型用來儲存資料。視圖負責以多種方式之一從模型中提取資訊。控制器通常會建構模型和視圖物件，處理所有使用者的互動交流，把修改傳達給模型，並告知視圖去顯示資料。這種分離的做法讓整個系統具有高度的可維護性和可修改性。

檔案顯示的範例

舉一個 MVC 模式的很好範例來說，請想一下檔案在 macOS Finder 或 Windows 檔案總管中的顯示方式。假設我們有一個內含四個檔案和一個子資料夾的資料夾。終端使用者可以選擇把這些項目顯示為清單，如圖 17-1 所示。

圖 17-1：在資料夾中的檔案顯示為清單

又或者，使用者可以選擇把這些項目顯示為圖示，如圖 17-2 所示。

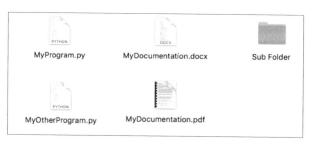

圖 17-2：在資料夾中的檔案顯示為圖示

兩種顯示的基礎資料是相同的，但對使用者的資訊呈現卻不同。在這個例子中，資料是檔案和子資料夾的串列，這存放在模型物件中。視圖物件以使用者選擇的任何方式來顯示資料：以清單、以圖示、以詳細清單等方式呈現。控制器告知視圖在使用者選擇的配置佈局中顯示資訊。

統計資料顯示的範例

舉另一個 MVC 模式更廣泛的範例來說明，請思考一下，有一個模擬擲骰子多次並顯示其結果的程式。在每次擲骰子中，我們會把兩個骰子的值相加，因此總和（我們稱之為結果）必然在 2 到 12 之間。資料包括每個結果值的擲骰子出現的計數和該計數占擲骰子總數的百分比。該程式可以用三種不同的方式來顯示這些資料：長條圖、圓形圖和文字表格。程式預設為長條圖，並在模擬擲骰子 2,500 次後顯示其結果。由於這支程式只是作為 MVC 模式的示範，我們會使用 pygame 和 pygwidgets 生成輸出的結果。若想要更專業的圖表和顯示方式，我建議讀者研究 Python 的資料視覺化程式庫，例如 Matplotlib、Seaborn、Plotly、Bokeh 和其他為此目的而設計的程式庫。

圖 17-3 是資料顯示為長條圖的畫面。

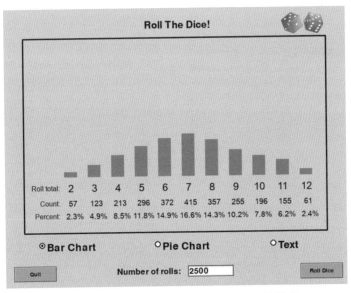

圖 17-3：擲骰子結果資料呈現為長條圖的樣貌

長條形下方是結果值、該結果值的擲骰子出現計數，以及該計數占擲骰子總數的百分比。長條形的高度對應於計數（或百分比）。點按 Roll Dice 鈕可再次執行模擬，使用輸入欄位中指定的擲骰子總次數。使用者可以點選不同的選項按鈕來顯示相同資料的不同視圖。如果使用點選 Pie Chart 圓形圖選項鈕，資料畫面會如圖 17-4 所示。

Roll The Dice!
2: 2.3%
3: 4.9%
4: 8.5%
5: 11.8%
6: 14.9%
7: 16.6%
8: 14.3%
9: 10.2%
12: 2.4%
Bar Chart
Pie Chart
Text
Quit
Number of rolls: 2500
Roll Dice

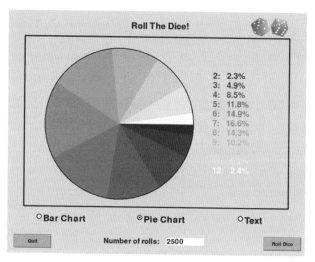

圖 17-4：擲骰子結果資料呈現為圓形圖的樣貌

如果使用者點選 Text 選項鈕，其資料畫面顯示如圖 17-5 所示。

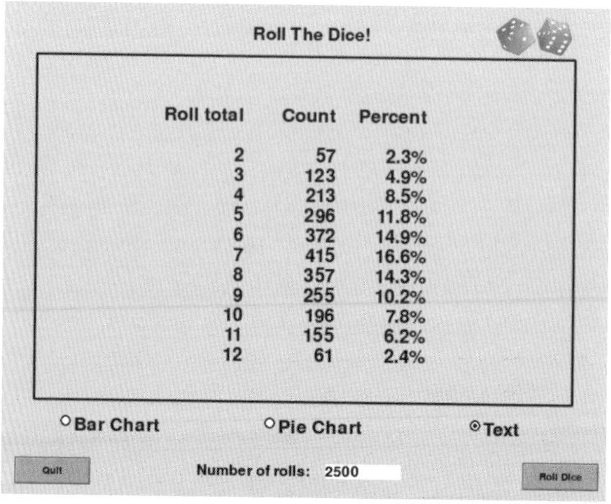

Roll The Dice!
Roll total Count Percent
2 57 2.3%
3 123 4.9%
4 213 8.5%
5 296 11.8%
6 372 14.9%
7 415 16.6%
8 357 14.3%
9 255 10.2%
10 196 7.8%
11 155 6.2%
12 61 2.4%
Bar Chart
Pie Chart
Text
Quit
Number of rolls: 2500
Roll Dice

圖 17-5：擲骰子結果資料呈現為文字表格的樣貌

使用者可以更改「Number of rolls」欄位中的值，決定要擲骰子的次數。該程式中的資料是以統計和隨機性為基礎來建立的。對於不同的樣本數量，確切的計數顯然會有所不同，但百分比的常態分配應該始終大致相同。

我不會在這裡展示程式碼的完整內容，但會重點介紹程式中關鍵的部分，這部分的程式行展示了 MVC 模式中的設定和控制流程。完整的程式可以從下載的本書隨附資源中找到（https://nostarch.com/download/Object-Oriented-Python-Code.zip，或 https://github.com/IrvKalb/Object-Oriented-Python-Code/），所有程式相關資源都放在 MVC_RollTheDice 資料夾中，該資料夾包含了以下檔案：

Main_MVC.py 主程式 Python 檔。

Controller.py 內含 Controller 類別。

Model.py 內含 Model 類別。

BarView.py 內含顯示長條圖的 BarView 類別。

Bin.py 內含在長條圖中繪製單一長條形的 Bin 類別。

PieView.py 內含顯示圓形圖的 PieView 類別。

TextView.py 內含顯示文字視圖的 TextView 類別。

Constants.py 內含多個模組共享的常數。

主程式會實例化一個 Controller 物件並執行主迴圈。主迴圈中的程式碼把所有事件（pygame.QUIT 事件除外）轉發給 Controller 來進行處理。

Controller

Controller（控制器）是整支程式的監督者，一開始會先實例化 Model 物件，隨後實例化每個不同的 View 物件之一：BarView、PieView 和 TextView。下面是 Controller 類別的 __init__() 方法中的起始程式碼：

```
# 實例化 Model 物件
self.oModel = Model()
# 實例化不同的 View 物件
self.oBarView = BarView(self.window, self.oModel)
self.oPieView = PieView(self.window, self.oModel)
self.oTextView = TextView(self.window, self.oModel)
```

當 Controller 物件實例化這些 View 物件時，它會傳入 Model 物件，因此每個 View 物件都可以直接從模型中請求資訊。MVC 模式的不同實作可能會以不同的方式處理這三個元素之間的溝通。舉例來說，控制器可以充當中介，從模型請求資料並將其轉發到目前的視圖，而不是讓模型和視圖直接溝通。

控制器繪製並回應視窗中黑色矩形之外的所有內容，包括標題、骰子的影像圖和選項鈕等。它會繪製 Quit 和 Roll Dice 按鈕，並在使用者點按這些按鈕時做出回應，處理使用者對擲骰子次數所做的任何修改。

Controller 物件保留了目前的 View 物件，它決定了目前顯示的是哪個視圖。我們預設將其設定為 BarView 物件（長條圖）：

```
self.oView = self.oBarView
```

當使用者點按選項鈕時，Controller 把其目前 View 物件設定為新選擇的視圖，並透過呼叫其 update() 方法告訴新 View 物件去更新自己本身：

```
if self.oBarButton.handleEvent(event):
    self.oView = self.oBarView
    self.oView.update()
elif self.oPieButton.handleEvent(event):
    self.oView = self.oPieView
    self.oView.update()
elif self.oTextButton.handleEvent(event):
    self.oView = self.oTextView
    self.oView.update()
```

在啟動時，每當使用者點按 Roll Dice 鈕後，控制器都會驗證「Number of rolls」欄位中指定的擲骰子總次數，並告知模型生成新的資料：

```
self.oModel.generateRolls(nRounds)
```

所有視圖都是多型的，因此在每幀影格中，Controller 物件都會呼叫目前 View 物件的 draw() 方法：

```
self.oView.draw() # 告知目前的 view 去繪製自己本身
```

Model

Model（模型）負責取得（且可能會更新）資訊。在這支程式中，Model 物件很簡單：它模擬擲骰子多次，再把結果儲存在實例變數中，並在 View 物件請求時回報資料。

當被請求生成資料時，模型就會執行模擬擲骰子的迴圈並將其資料存放在兩個字典內：self.rollsDict（使用每個結果作為鍵，計數作為值），和 self.percentsDict（使用每個結果作為鍵和擲骰子的百分比作為值）。

在更複雜的程式中，模型可以從資料庫、網際網路或其他來源取得資料。舉例來說，Model 物件可以用來維護股票資料、人口資料、城市住房資料、溫度讀數等。

在此模型中，View 物件會呼叫 getRoundsRollsPercents() 方法來一次擷取所有資料。然而，模型中所擁有的資訊可能比視圖需要的還多。因此，不同的 View 物件可以呼叫 Model 物件中的不同方法，向同一個模型請求不同的資訊。為了說明這個觀點，在範例程式中會放入多個額外的 getter 方法（getNumberOfRounds()、getRolls() 和 getPercents()），程式設計師可以在建構新的 View 物件時使用這些方法只取用新視圖想要顯示的資訊。

View

View 物件負責向使用者顯示資料。在我們的範例程式中會有三個不同的 View 物件，它們以三種不同的形式顯示相同的底層資訊，每種都在視窗的黑色矩形內顯示資訊。在啟動時，當使用者點按 Roll Dice 鈕時，控制器會呼叫目前 View 物件的 update() 方法來進行處理，隨後所有 View 物件對 Model 物件進行相同的呼叫來獲取目前資料：

```
nRounds, resultsDict, percentsDict = self.oModel.getRoundsRollsPercents()
```

接下來 View 物件以自己的方式格式化資料並將結果呈現給使用者。

MVC 模式的優點

MVC 設計模式把職責分解成為獨立行動但又協同運作的個別類別。把元件建構為不同的類別，並讓生成的物件之間的交流互動最小化，從而使每個單獨的元件變得不那麼複雜且不易出錯。一旦定義好每個元件的介面，類別的程式碼甚至可以由不同的程式設計師來編寫。

使用MVC的做法，各個元件都展示了封裝和抽象的核心OOP概念。使用MVC物件結構，Model（模型）可以改變它在內部表示資料的方式，但不會影響Controller（控制器）或 View（視圖）。如前所述，模型所擁有的資料可能比單個視圖需要的更多。只要控制器不改變它與模型溝通交流的方式，模型就能持續以約定的方式把請求的資訊返回給視圖，模型就可以在不破壞系統的情況下加入新的資料。

MVC 模型還可以輕鬆加入改進增強的新功能。舉例來說，在擲骰子程式中，該模型可以追蹤構成每個結果的兩個骰子的不同骰子組合的計數，例如透過擲出 1 和 4，或擲出 2 和 3 得到 5 的結果，隨後可以修改 BarChart 視圖，從模型中獲取這項新加入的資訊，把每條長條圖拆分成更小的長條圖以顯示每個組合的百分比。

每個 View 物件都是完全可自訂的。TextView 可以使用不同的字型和字型大小，或不同的配置來進行佈局。PieView 中的扇形可以顯示不同色彩。BarView 中的長條形可以更粗或更高，或者以不同的色彩顯示，甚至變成水平橫條圖來顯示。任何此類修改都只會在適當的 View 物件中進行，完全獨立於模型或控制器。

MVC 模式還可以透過編寫新的 View 類別輕鬆加入另一種查看資料的新方式。唯一需要的額外修改是讓控制器繪製另一個選項鈕，實例化新的 View 物件，並在使用者選擇新視圖時呼叫新 View 物件的 update() 方法來進行處理。

> NOTE
>
> MVC 和其他設計模式是獨立於任何特定的電腦程式語言，可以在任何支援 OOP 的程式語言中應用。如果您有興趣了解更多相關內容，我建議讀者在網路上搜尋 OOP 設計模式，例如 Factory、Flyweight、Observer，和 Visitor patterns 等。這些模式都有大量的視訊和文字教學指引（以及相關書籍）。

若以通論一般性說明和介紹，Erich Gamma、Richard Helm、Ralph Johnson 和 John Vlissides（四人組）所著的《Design Patterns: Elements of Reusable Object-Oriented Software(Addison-Wesley)》被大家公認為是設計模式的聖經教本。

學習總結

在思考物件導向程式設計時，請記住我對物件的最初定義：資料加上隨時間作用於該資料的程式碼。

OOP 為您提供了一種思考程式設計的新方法，給與了一種簡單方便的做法來把資料和作用於該資料的程式碼組合在一起。您編寫類別並從這些類別中實例化物件，每個物件都會取得類別中定義的所有實例變數的集合，但不同物件中的實例變數可以放入不同的資料並維持彼此的獨立性。物件的方法可以不同的方式工作，因為處理的是不同的資料。物件可以隨時實例化，也可隨時銷毀。

當從一個類別實例化出多個物件時，您通常會建構一個物件串列或字典，然後遍訪該串列或字典，呼叫每個物件的方法來處理相關工作。

最後提醒一下，OOP 的三個主要原則是：

封裝（Encapsulation）　所有東西都放在一個地方，物件有自己的資料。

多型（Polymorphism）　不同的物件可以實作相同的方法。

繼承（Inheritance）　類別可以擴充或修改另一個類別的行為。

物件通常在階層結構中運作，他們可以使用組合（composition）來實例化其他物件，並且可以呼叫較低階層物件的方法來要求它們進行處理或提供資訊。

為了能清楚直觀地展示 OOP 的原理，本書中的大多數範例大都集中在可在遊戲環境中使用的 widget 小工具和其他物件。我開發了 pygwidgets 和 pyghelpers 套件來示範各種不同的 OOP 技術，並讓讀者可以在 pygame 程式中輕鬆使用 GUI widgets 小工具。我希望您能發現這些軟體套件的用途，並繼續使用它們來開發您自己感興趣或有用的程式。

更重要的是，我希望讀者體認到物件導向程式設計是一種通用的做法，可以應用於各種環境。任何時候您看到兩個或多個函式需要對一組共享資料進行操作，您就應該思考建構類別並實例化物件來進行處理。您可能還需要考慮建構一個物件管理器物件來管理一組物件。

說了這麼多，我還是要恭賀您：您已經讀完了這本書！雖然這只是您進入物件導向程式設計之旅的起始（希望書中描述的概念能為您提供一個可以運用和搭建的框架），但您要想真正掌握 OOP 工作原理的唯一方法，還是需要寫出大量程式碼。隨著時間的推移，您會留意到在程式碼中一次又一次的運用模式。了解如何建構類別是個困難的過程，只有透過實際的練習和經歷，才能確保您能更容易地建構出正確的類別，而其中又寫了正確的方法和實例變數。

請動手練習、練習、再練習吧！

Object-Oriented Python｜以 GUI 和遊戲程式學物件導向程式設計

作　　者：Irv Kalb
譯　　者：H&C
企劃編輯：蔡彤孟
文字編輯：詹祐甯
設計裝幀：張寶莉
發 行 人：廖文良

發 行 所：碁峰資訊股份有限公司
地　　址：台北市南港區三重路 66 號 7 樓之 6
電　　話：(02)2788-2408
傳　　真：(02)8192-4433
網　　站：www.gotop.com.tw
書　　號：ACL064600
版　　次：2022 年 11 月初版
建議售價：NT$520

國家圖書館出版品預行編目資料

Object-Oriented Python：以 GUI 和遊戲程式學物件導向程式設計 / Irv Kalb 原著；H&C 譯. -- 初版. -- 臺北市：碁峰資訊, 2022.11
　　面；　公分
ISBN 978-626-324-341-5(平裝)
1.CST：Python(電腦程式語言)　2.CST：物件導向
312.32P97　　　　　　　　　　　　　　　111016141

讀者服務

● 感謝您購買碁峰圖書，如果您對本書的內容或表達上有不清楚的地方或其他建議，請至碁峰網站：「聯絡我們」\「圖書問題」留下您所購買之書籍及問題。(請註明購買書籍之書號及書名，以及問題頁數，以便能儘快為您處理)
http://www.gotop.com.tw

● 售後服務僅限書籍本身內容，若是軟、硬體問題，請您直接與軟體廠商聯絡。

● 若於購買書籍後發現有破損、缺頁、裝訂錯誤之問題，請直接將書寄回更換，並註明您的姓名、連絡電話及地址，將有專人與您連絡補寄商品。